高电压技术与工程

主　编　曾　晗

参　编　朱彦锦　刘　婷
　　　　左丽霞　万梦怡

西南交通大学出版社

·成　都·

图书在版编目（CIP）数据

高电压技术与工程 / 曾晗主编. -- 成都 ：西南交
通大学出版社，2024.8. -- ISBN 978-7-5643-9914-6

Ⅰ. TM8

中国国家版本馆 CIP 数据核字第 2024HE6003 号

Gaodianya Jishu yu Gongcheng

高电压技术与工程

主　编／曾　晗

责任编辑／李　伟
封面设计／墨创文化

西南交通大学出版社出版发行

（四川省成都市金牛区二环路北一段 111 号西南交通大学创新大厦 21 楼　610031 ）
营销部电话：028-87600564　　028-87600533
网址：http://www.xnjdcbs.com
印刷：成都市新都华兴印务有限公司

成品尺寸　185 mm×260 mm
印张　13.75　　字数　342 千
版次　2024 年 8 月第 1 版　　印次　2024 年 8 月第 1 次

书号　ISBN 978-7-5643-9914-6
定价　42.00 元

课件咨询电话：028-81435775
图书如有印装质量问题　本社负责退换
版权所有　盗版必究　举报电话：028-87600562

前　言

高电压与绝缘技术是电气工程及其自动化专业的一个分支，是从事电气一次工作的工程技术人员必须掌握的基本技术，在现场工作中需要运用其解决工程实际问题。因此，本书适用于电气工程类本科生和从事高电压工作的工程技术人员学习使用。

本书分为三篇共十章，内容立足于高电压与绝缘技术的基本内容，并适当涉及国家电网和轨道交通牵引供电系统在一次专业领域的新规程、新方法、新技术。本书在着重讲述基本概念和基本原理的同时，也注重与生产实际相结合，且内容深入浅出，便于自学和教学。本书在编写过程中，基本沿袭了传统的课程体系，同时参考了国内外相关教材和资料，并引用了当前适用的相关国际标准和国家标准，力求做到概念清楚、数据正确，反映高电压技术的发展，以开阔读者的视野。

本书编写分工如下：华东交通大学左丽霞参与了第 1 章的编写工作，中车株洲电力机车有限公司朱彦锦参与了第 4、10 章的部分编写工作，国网江西省电力有限公司万梦怡参与了第 8、9 章的部分编写工作，其余部分由华东交通大学曾晗编写。南昌师范学院刘婷负责全书参考资料的审定与绘图工作，邬睿源、符思雨、杨一帆、练雨鑫、李萍等人参与了资料查找与绘图工作，国网江西省电力有限公司龚宇鹏参与了文本校对工作。全书由曾晗统稿。

华东交通大学李泽文教授、徐祥征教授、韦宝泉副教授、邓芳明副教授、余勇祥副教授，武汉大学袁佳歆教授和华中科技大学李黎研究员等审阅了本书的初稿，提出了许多宝贵意见，在此向他们表示衷心的感谢。

由于编者水平有限，书中难免存在不妥和疏漏之处，恳请广大读者批评指正。

编　者

2024 年 7 月

目　录

第 3 篇　线路保护与电力系统过电压

第 1 篇　各类电介质在高电场下的特性

本篇主要介绍气体、液体、固体介质及其组合绝缘在高电场下的特性，即在电场强度等于或大于电介质的放电起始场强或击穿场强的电场下，电介质的放电、闪络、击穿特性；同时还介绍在电场强度比电介质的击穿场强小得多的电场下，电介质的极化、电导、损耗等电气现象，以及提高电介质电气强度的方法。

第 1 章　气体的放电基本物理过程和电气强度

1.1　汤逊理论和流注理论

1.1.1　非自持放电和自持放电

气体放电可分为非自持放电和自持放电两大类。必须借助外加电离因素才能维持的放电称为非自持放电；反之，不需其他任何外加电离因素而仅由电场的作用就能维持的放电称为自持放电。

如图 1-1 所示，在空气中放置两块平行板电极，用外部光源对极板间隙进行照射。在两极间加上直流电压，间隙中形成较均匀的电场，当极间电压逐渐升高时，得到电流和电压的关系，如图 1-2 所示。

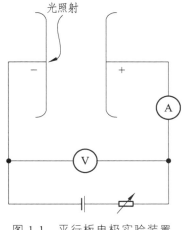

图 1-1　平行板电极实验装置

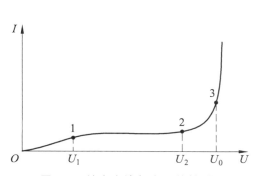

图 1-2　放电电流与电压的关系

大气中通常存在着少量的带正、负电荷的粒子，这是大气在空间的宇宙射线等高能射线作用下不断产生的电离与同时进行的复合过程相互平衡的结果。此外，当阴极受到照射时也能发射电子。在极间加上电压后，这些带异号的带电粒子分别向两极移动，形成电流。起初，随着电压的升高，带电粒子的运动速度加快，电流也随之增大（见图 1-2 中 0 ~ 1 段曲线）。当电压到达 U_1 后，电流不再随电压而显著增大，因为这时在单位时间内，由外界电离因素在极间产生的带电粒子已全部参与了导电，所以电流趋于饱和（见图 1-2 中 1 ~ 2 段曲线）。这个饱和电流的密度是极小的，一般只有 10^{-19} A/cm² 的数量级。因此，这时气体间隙仍处于良好的绝缘状态。当电压到达 U_2 后，电流又随着电压的升高而增大（见图 1-2 中 2 ~ 3 段曲线），这时间隙中出现了新的电离因素——碰撞电离，电流越来越大，最后到达图 1-2 中的 3 点。此时电流急剧增大，间隙转入良好的导电状态。在外施电压到达 U_0 以前，间隙中的电流很小，且要依靠外界的电离因素来维持，如果消除外界电离因素，电流将消失，这种放电属于非自持放电。当外施电压到达 U_0 之后，气体间隙中发生了强烈的电离，带电粒子的数量急剧增多，电流急速增大，气体间隙呈现良好的导电状态，并伴有发光发声等现象，此时间隙中的放电依靠电场的作用就可以维持，因此图 1-2 中 3 点以后的放电属于自持放电。因此，U_0 被称为自持放电起始电压。在均匀电场间隙中，U_0 等于间隙的击穿电压 U_b，根据气压、外回路阻抗等条件形成辉光放电、火花放电或电弧放电。

1.1.2 汤逊理论

20 世纪初，汤逊（J. S. Townsend）根据在均匀电场、低气压、短间隙的条件下的大量实验结果，提出了比较系统的放电理论和电流、电压的计算公式，解释了整个间隙的放电过程和击穿条件。

1. 电子崩的形成

在外界电离因素光辐射的作用下，电子主要由阴极发射产生，间隙中出现自由电子，这些电子就是放电的起始电子。起始电子在电场的作用下，由阴极奔向阳极。在这个过程中，电子不断被加速，动能不断积累，同时与中性粒子发生碰撞。当 $U > U_2$（见图 1-2）时，电场很强，电子的动能达到足够大，有可能产生碰撞电离，电流迅速增大。新电离产生的电子和原有电子一起又从电场中获得动能，继续被加速，从而发生新的碰撞电离。这样就出现了一个连锁反应的局面：一个起始电子从电场获得一定的动能后，与中性粒子碰撞电离出一个第二代电子；这两个电子作为新的起始电子从电场获得动能，又电离出两个新的第二代电子，这时间隙中已存在四个自由电子；这四个自由电子又作为新的起始电子继续与中性粒子发生碰撞电离；这样一代一代不断地发展下去。间隙中的电子数目由 1 变为 2，2 变为 4，电子的数目迅速增加。这种电子数目迅速增加的过程，犹如

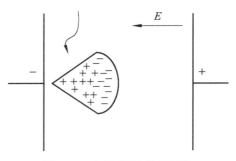

图 1-3 电子崩形成示意图

高山的雪崩过程，因此被形象地称为电子崩，如图 1-3 所示。由于电子的运动速度要比离子大两个数量级，故崩头电子数目最多，其后直到尾部则是正离子。同时由于粒子的扩散作用，电子崩在发展过程中其半径逐渐增大。电子崩过程的出现使间隙中的电流急剧增大。图 1-2 中 2 点后电流随电压的迅速增长就是碰撞电离引起电子崩的结果。

2. α 过程及 γ 过程

碰撞电离在产生电子的同时，也产生正离子。电子向阳极运动，正离子向阴极运动。在正离子向阴极运动的过程中，一方面可能与中性粒子发生碰撞产生碰撞电离，另一方面正离子可能撞击阴极表面使其产生表面电离，逸出电子。从阴极表面逸出的电子作为新的起始电子又重复上述电子崩过程。这样一直发展下去，使间隙中维持放电状态。

为了定量分析间隙中气体放电过程，引入三个系数。

（1）α 系数。它代表一个电子沿着电场方向行经单位长度后平均发生的碰撞电离次数。设每次碰撞电离产生一个电子和一个正离子，所以 α 就是一个电子在单位长度行程内新电离出的自由电子数或正离子数。α 系数对应于起始电子形成电子崩的过程，也称 α 过程。

（2）β 系数。它表示一个正离子沿着电场方向行经单位长度后平均发生的碰撞电离次数。β 系数对应于离子崩的过程，也称 β 过程。

（3）γ 系数。它表示一个正离子碰撞阴极表面时，从阴极表面逸出的自由电子数（平均值）。γ 系数描述了正离子到达阴极后，引起阴极发射电子的过程，也称 γ 过程。

与电子崩过程类似，由于离子的体积和质量较大，平均自由行程较短，离子在电场中运动获取动能产生碰撞电离的可能性比电子小得多，因此该过程基本可以忽略。

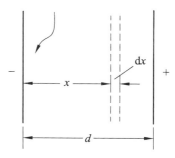

图 1-4　自持放电发展过程
计算示意图

如图 1-4 所示，假设气体间隙的距离为 d，由于某种外界电离因素，从阴极发出一个电子。这个电子在向阳极运动过程中不断引起碰撞电离，电子数目越来越多，经过距离阴极 x 后数目达到 n，这 n 个电子再经过距离 $\mathrm{d}x$ 产生新的电子数目 $\mathrm{d}n$，则有

$$\mathrm{d}n = n\alpha\mathrm{d}x \text{ 或 } \frac{\mathrm{d}n}{n} = \alpha\mathrm{d}x \tag{1-1}$$

对式（1-1）从 0 到 d 积分，可得到达阳极的电子数为

$$n = \mathrm{e}^{\int_0^d \alpha\mathrm{d}x} \tag{1-2}$$

若 α 为一常数，则有

$$n = \mathrm{e}^{\alpha d} \tag{1-3}$$

这就是电子崩的发展规律。如果 $\alpha d = 10$，则 $n = \mathrm{e}^{\alpha d} = 2.2 \times 10^4$，远大于 1。

1.1.3 巴申定律

当气体成分和电极材料一定时，气体间隙击穿电压（U_b）是气压（P）与间隙距离（d）乘积的函数，即

$$U_b = f(Pd) \qquad (1-4)$$

巴申定律给汤逊理论以实验支持，而汤逊理论在理论上解释了巴申定律，两者相互印证。

图 1-5 所示为几种气体在均匀电场中的击穿电压 U_b 与 Pd 值关系的实验曲线。由曲线可见，随着 Pd 的变化，击穿电压 U_b 存在最小值。这一现象可用汤逊理论加以解释：因为形成自持放电需要达到一定的碰撞电离数 αd，而这又取决于碰撞次数与电离概率的乘积。如果间隙距离 d 固定，则当 P 增大时，气体相对密度增大，电子很容易与气体分子相碰撞，碰撞次数增加，电子的平均自由行程缩短，不易积累动能，引起电离的可能性减小，击穿电压升高；而当 P 减小时，气体相对密度减小，虽然电子的平均自由行程增大，电子在两次碰撞间可积累很大的动能，但碰撞的概率减小，引起电离的次数减少，击穿电压也会升高。因此，在某个气压值 P 下 αd 有最大值，此时 U_b 最小。另一方面，如果气压值 P 固定，则当间隙距离 d 增大时，碰撞次数将增加，但由于距离增大后电场强度降低，电子获得的动能减小，击穿电压升高；而当间隙距离 d 减小时，电子从阴极到阳极的运动距离缩短，发生碰撞的次数减少，因此电离概率减小，击穿电压升高。因此，在某个 d 值下 αd 有最大值，此时 U_b 最小。

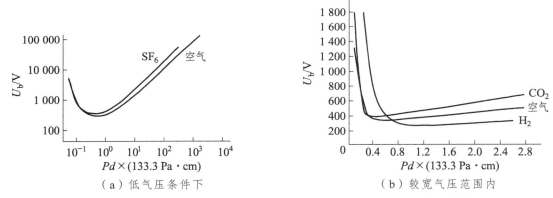

（a）低气压条件下　　　　　　（b）较宽气压范围内

图 1-5　几种气体在均匀电场中的击穿电压 U_b 与 Pd 值关系的实验曲线

该变化规律也可以从理论上推导得到，可以从理论上得到击穿电压极小值的条件：

$$(Pd)_{min} = \frac{e \ln\left(1+\dfrac{1}{\gamma}\right)}{A} \qquad (1-5)$$

以上分析是在假定气体温度不变的情况下得到的。当气体温度发生变化时，电子的平均自由行程 $\lambda(\lambda \subset T/P)$ 将发生相应变化，从而影响气体间隙的击穿电压。为了考虑温度变化的影响，巴申定律更普遍的形式是以气体密度代替压力，即

$$U_b = f(\delta d) \qquad (1-6)$$

式中，δ 为气体的相对密度。

空气间隙的 U_b 最小值为 327 V，相应的 δd 为 0.76×10^{-3} cm。在大气压力或更高的压力下，间隙的 δd 值要远大于上述数值，其击穿电压都处在巴申曲线的右半部，即 U_b 随 δd 的增大而升高。

1.1.4　流注理论

工程上感兴趣的主要是较高气压下的气体击穿。在汤逊以后，由洛依布（R. Leob）和米克（J. M. Meek）等于 1937 年在实验的基础上提出了一种新的理论——流注理论，弥补了汤逊理论的不足，较好地解释了高气压长间隙中的气体放电现象。

流注理论认为，在外界电离因素（如紫外光）的作用下，在阴极附近产生起始有效电子。当外施电场 E_0 足够强时，这些有效电子在电场作用下，在向阳极运动的途中与中性分子发生碰撞电离，电子崩中电荷数目不断扩大。由于电子的运动速度远大于正离子的速度，因此电子集中在阳极方向的崩头部，电离过程也集中于电子崩头部。受空间电荷分布影响，间隙内合成电场 E_{com} 发生畸变，崩头部的电场大为增强，崩尾电场也有所增加，而崩头内正、负电荷之间的电场则受到了削弱。

电子崩头部的电荷密度大，分子和离子容易受到激励，当它们从激励状态恢复到正常状态时，将放射出光子。而崩内中部由于电场减小，正、负粒子间容易发生复合现象，复合过程也会放射出光子。当间隙两端电压较低、外电场相对较弱时，电子崩内的空间电荷数量不多，这些过程不是很强烈，不致引起新的现象。在电子崩经过整个间隙后，电子进入阳极，正离子逐渐进入阴极，电子崩消亡，放电没有转入自持。

当外施电压达到间隙的最低击穿电压时，情况有所变化。图 1-6 表示从电子崩形成〔见图 1-6（a）〕到间隙击穿〔见图 1-6（f）〕的过程。当电子崩头部接近阳极时，崩头电子和崩尾正离子总数剧增，崩头和崩尾电场都得到急剧增强。崩头的强烈电离也伴随着强烈的激励和反激励过程，并向周围放射出大量光子；同时，崩中部的弱电场也为分子吸附电子及正、负离子复合提供了条件，强烈的复合过程也放射出大量光子，如图 1-6（b）所示。其中，射到崩尾的光子在崩尾造成光电离产生电子，这些电子在崩尾部局部增强了的电场中形成许多二次电子崩，如图 1-6（c）所示。二次电子崩头部的电子受到吸引，向主电子崩的正空间电荷区域运动，并与之汇合成为充满正负带电粒子的混合通道，通道中正、负粒子密度大致相等，这种等离子体通道称为流注，如图 1-6（d）所示。

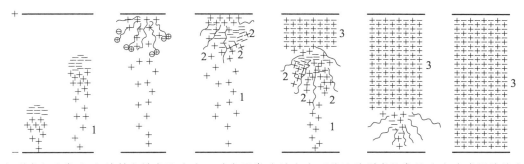

（a）形成电子崩（b）放射大量光子（c）二次电子崩（d）（e）正流注的形成及发展（f）完成间隙的击穿
1—起始电子崩（主电子崩）；2—二次电子崩；3—流注。

图 1-6　正流注的形成及发展

流注是导电性良好的等离子体，其头部又是二次电子崩形成的正电荷，因此流注头部前方电场大为增强，其中的电离过程更为激烈，流注不断向阴极方向发展，流注通道不断延伸，如图 1-6（e）所示。当流注发展到阴极后，整个间隙就被导电良好的等离子体所接通，间隙击穿，如图 1-6（f）所示。从整个间隙的放电发展来看，二次电子崩是逐步由阳极向阴极扩展的，这一过程称为正流注，即从正极出发的流注。

上述过程为电压刚刚达到间隙的最低击穿电压时，电子崩需经过整个间隙方能形成流注的情况。如外施电压比击穿电压高，则电子崩不需要通过整个间隙，其头部电离程度就很剧烈，极易产生新的二次电子崩，其后主电子崩头部的电子和二次电子崩尾部的正离子汇合，形成流注。流注形成后，迅速向阳极推进，因此称为负流注，如图 1-7 所示。当负流注贯穿整个间隙时，间隙就被击穿。

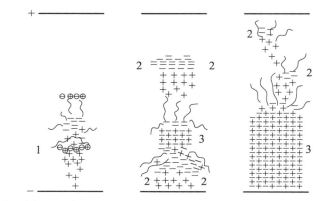

（a）形成电子崩（b）二次电子崩及负流注形成（c）负流注发展

1—起始电子崩（主电子崩）；2—二次电子崩；3—流注。

图 1-7 负流注的形成和发展

综上所述，流注理论认为：形成流注的必要条件是电子崩发展到足够的程度后，电子崩中的空间电荷足以使原电场（外施电压在间隙中产生的电场）明显畸变，大大加强了电子崩崩头和崩尾处的电场；另一方面，电子崩中电荷密度很大，反激励和复合过程频繁，放射出的光子在强电场区很容易成为引发新的空间光电离的辐射源。因此，流注理论认为，二次电子的主要来源是空间的光电离。

间隙中一旦出现流注，放电就可以由放电本身所产生的空间光电离自行维持，因此自持放电条件就是流注形成的条件。而形成流注需要初始电子崩头部的电荷达到一定的数量，使电场得到足够的畸变和加强，造成足够的空间光电离，并转入流注，所以流注形成的条件为

$$e^{\alpha d} \geqslant 常数 \qquad (1\text{-}7)$$

一般认为，当 $\alpha d \approx 20$（或 $e^{\alpha d} \geqslant 10^8$）便可满足上述条件，使流注得以形成。当 $Pd(\delta d)$ 小于临界值时，则无论 E 大或小，αd 均达不到发展流注需要的最小值，也就不可能发展流注。研究结果表明，此 Pd 的临界值约为 27 kPa·cm。

利用流注理论可以很好地解释高气压、长间隙情况下出现的一系列放电现象。

1.2　不均匀电场中的放电过程

在均匀电场中，气体间隙内的流注一旦形成，放电将达到自持的程度，间隙就被击穿。而在不均匀电场中，情况比较复杂。

电气设备绝缘结构中的电场大多是不均匀的。根据其放电特点，不均匀电场可分为稍不均匀电场和极不均匀电场两类。

1.2.1　稍不均匀电场和极不均匀电场的放电特点

图 1-8 表示直径为 D 的球-板间隙的击穿电压与极间距离 d 的关系曲线。实验结果表明：当 $d < D$ 时，电场还比较均匀，其放电特性与均匀电场间隙相似，即当电压升高使间隙中出现自持放电（流注）时，立即导致整个间隙击穿，击穿电压取决于间隙中最高场强。当 $d < 2D$ 时，由于间隙中电场强度分布极不均匀，因而当所加电压达到某一临界值时，电场最强的球表面发生局部放电，产生流注，但由于远离球极处电场较弱，不能使流注放电贯穿整个间隙。此时，在球的表面出现蓝紫色的晕光，并发出"咝咝"的响声，这种仅发生在高场强区域的局部放电现象称为电晕放电，开始出现电晕放电的电压称为电晕起始电压。这时的放电电流很小（毫安级及以下），间隙还保持绝缘性能。当外施电压进一步升高时，球电极表面电晕层也随之扩大，并出现刷状的细火花，这种放电形式称为刷状放电；电压继续升高，火花越来越长，最终导致间隙完全击穿，击穿电压与球径无关，主要取决于间隙平均场强。电场越不均匀（两球间距离越大时），则击穿电压和电晕起始电压之间的差别也越大。当极间距离 d 在 $D \sim 2D$ 之间时，属于过渡区域，放电过程极不稳定，放电电压分散性较大。

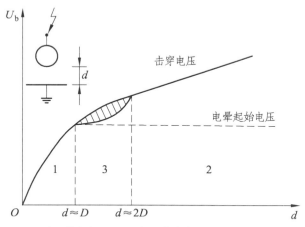

1—稍不均匀场区；2—极不均匀场区；3—过渡区。

图 1-8　球-板间隙放电电压与极间距离的关系

从放电的观点看，电场的不均匀程度也可以根据是否存在稳定的电晕放电来区分。如果电场的不均匀程度导致存在稳定的电晕放电（如 $d > 2D$），则称为极不均匀电场；虽然电场不均匀，但还不存在稳定的电晕放电，放电电压与电晕起始电压重合，电晕一旦出现，间隙立刻被击穿（如 $d < D$ 时），则称为稍不均匀电场。从电场均匀程度看，要明确地划分稍不均匀

场和极不均匀场是比较困难的，但通常可用电场的不均匀系数来大致划分。电场不均匀系数 f 等于间隙中最大场强 E_{max} 与平均场强 E_{av} 的比值，即

$$f = E_{max} / E_{av} \tag{1-8}$$

通常 $f < 2$ 时的电场为稍不均匀电场，$f > 4$ 时则属于极不均匀电场。

在稍不均匀电场中放电达到自持条件时发生击穿现象，此时间隙中平均电场强度比均匀电场间隙略小，因此在同样极间距离时，稍不均匀场间隙的击穿电压较均匀场间隙低；在极不均匀场间隙中，自持放电条件即是电晕起始条件，由发生电晕至击穿的过程还必须提高电压才能完成。

极不均匀电场中的放电具有如下特征：

（1）极不均匀电场间隙的击穿电压比均匀电场低。

（2）极不均匀电场如果由不对称电极形成，则放电有明显的极性效应。

（3）极不均匀电场中具有特殊的放电形式——电晕放电。

1.2.2 极不均匀电场中的电晕放电现象

在极不均匀电场中，当间隙上所加的电压远低于击穿电压，间隙被完全击穿以前，在曲率半径小的电极表面附近，场强可能已经达到自持放电的条件，这时会出现电晕放电，产生蓝紫色的晕光。这种特殊的晕光是电极表面电离区的放电过程造成的。电离区内的分子，在外部电离因素和电场的作用下，产生了激发、电离，形成大量的电子崩，与此同时也产生激发和电离的可逆过程——反激励和复合。在这些去电离过程中，会产生强烈的光辐射，从而形成了晕光，即所谓电晕。在黑暗的环境中，可以看到电晕电极周围出现微弱的晕光，伴随着电晕噪声，并嗅到由电晕放电产生的臭氧的味道。与此同时，电路电流也突然增大到可以测量的数值。电晕电极周围的电离区称为电晕层，电晕层以外的电场很弱，不发生强烈的电离过程。

电晕放电是极不均匀场所特有的一种自持放电形式，开始爆发电晕时的电压称为电晕起始电压 U_c，而电极表面的场强称为电晕起始场强 E_c。

在电晕的起始阶段，放电电流通常由一系列短促的陡脉冲组成，一般认为这与电离的间歇性质有关。电晕层中的碰撞电离过程不断产生正、负带电粒子，其中与电极同极性的粒子在电场作用下离开电晕层，逐步走向对面电极（其中电子在弱场强区运动常会附着在中性粒子上形成负离子），而异号电荷则快速进入电极。因此，电极附近存在较多的与电极同号的电荷，电极表面场强减小，导致电离停止，等到这些电荷逐渐向外移动及扩散，电场得以重新增强后，电离才再次爆发。上述过程不断重复，就造成了放电的脉冲现象，电晕电流也呈脉冲形式。

对于由平行的导线和极板组成的极不均匀场间隙，由于电晕的影响，表现出明显的细线效应。实验发现，在间隙距离较大，电场为极不均匀场时，间隙的击穿电压随着导线直径的减小而增大。这是因为在导线直径较小时，导线周围容易形成比较均匀的电晕层，并随电压升高而扩大。均匀的电晕层改善了间隙中的电场分布，使间隙击穿电压提高。空间电荷对电场的改善越显著，细线效应越明显。当导线直径较大时，因为电极表面不可能绝对光滑，总存在电场局部加强的地方。由于粗导线周围强电场区扩大，局部电离一旦发展，就比较强烈，

将显著加强电离区前方的电场，从而使该电离区进一步发展，击穿电压较低。

因此，在某些情况下可以利用电晕放电的空间电荷来改善极不均匀场的电场分布，以提高其击穿电压。但当间隙距离超过一定值时，细线也将产生刷状放电，从而破坏比较均匀的电晕层，此后击穿电压也与棒-板间隙的放电电压相近了。

电晕放电的起始电压在理论上可根据自持放电的条件求取，但这种方法计算繁杂且不精确，所以通常都是通过实验建立经验公式来确定的。

1.2.3　极不均匀电场中的放电过程

棒-板间隙是典型的极不均匀电场，下面以正棒负板组成的棒-板间隙为例，讨论极不均匀电场中的放电过程。

1. 非自持放电阶段

当棒具有正极性时，间隙中出现的电子向棒运动，进入强电场区，开始引起电离现象并形成电子崩。随着电压逐渐上升，到放电达到自持、爆发电晕之前，间隙中的这种电子崩数量已相当多了。当电子崩到达棒极后，其中的电子就进入棒极，而正离子仍留在空间，相对缓慢地向板极移动。于是在棒极附近，积聚起正空间电荷，从而减小了棒极表面附近的电场，而略微加强了外部空间的电场，如图 1-9 所示。靠近棒极的空间电荷感应的电场 E_q 与外施电场公式方向相反，棒极表面附近电场被削弱，难以造成流注，电晕放电难以形成，放电难以自持。

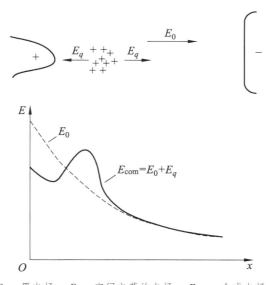

E_0 —原电场；　E_q —空间电荷的电场；　E_{com} —合成电场。

图 1-9　正棒-负板间隙中非自持放电阶段及其电场

2. 流注发展阶段

随着电压的继续升高，棒极表面附近形成流注，由于外电场的特点，流注等离子体头部具有正电荷。空间正电荷减小了流注中的电场，而加强了其头部电场，使此处易于产生新的二次电子崩。二次电子崩中的电子被吸引进入流注头部的正电荷区内，加强并延长了流注通道，电子崩尾部的正离子则构成了流注新的头部。流注及其头部的正电荷使强电场区向前移动，好像将棒极向前延伸，由此促进了流注通道的进一步发展，且逐渐向阴极推进，如图1-10所示。

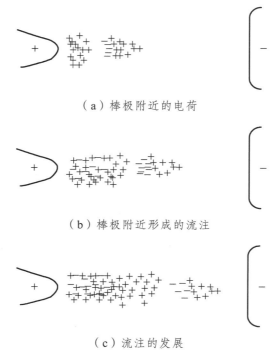

（a）棒极附近的电荷

（b）棒极附近形成的流注

（c）流注的发展

图 1-10　正棒-负板间隙中流注的形成和发展

3. 先导放电阶段

当间隙距离较长（如极间距离大于1 m）时，在流注通道还不足以贯通整个间隙的电压作用下，仍可能发展起击穿过程。当外施电压达到一定程度时，高电压使棒极附近电场很高，在棒极前方较大范围内都能产生强烈电离，形成电子崩和流注。电离出来的自由电子沿流注通道汇聚到棒极上。当流注通道发展到足够的长度后，数目极多的电子沿通道流向电极，于是流注根部温度急剧上升，出现了热电离过程。这个具有热电离过程的通道称为先导通道，如图1-11所示。先导中由于出现了新的电离过程，电离加强，外观上更为明亮，电导率提高，近似把棒极电位带到通道的前段，轴向场强比流注通道中的场强低得多，从而加大了其头部前沿区域中的电场，引发新的流注，导致先导通道不断向前伸长。

先导　　　　　　　　流注　　　　电子崩

图 1-11　正棒-负板长间隙中先导通道的发展

4. 主放电阶段

当先导通道头部发展到非常接近极板时，这一很小间隙中的场强可达很高的值，引起强烈的电离过程，使这一间隙中出现了带电粒子浓度远大于先导通道、电导率极高的等离子体。新出现的等离子体通道大致具有极板电位，因此在它和先导通道交界处总保持着极高的电场强度，继续引起强烈的电离。于是高场强区，即强电离区迅速向阳极传播，强电离通道也迅速向前推进，这就是主放电过程。由于其头部电场极强，所以主放电通道的发展速度远大于先导通道的发展速度。主放电通道贯穿电极间隙后，间隙就失去绝缘性能，击穿过程完成。

1.2.4　极不均匀电场中的极性效应

图 1-9 已经表示了正极性棒-板间隙中发生非自持放电时空间电荷对原电场的畸变情况。由图可知，棒极附近的外部合成电场 E_{com} 比原电场 E_0 要小，因此棒极附近难以形成流注，使电晕起始电压提高；而外部空间正空间电荷产生的附加电场 E_q 与原电场方向一致，加强了外部空间的电场，有利于流注的发展，因此击穿电压较低。而在负极性棒-板间隙中，棒极附近电离形成电子崩，由于棒极为负极性，电子崩中的电子迅速扩散并向板极运动，离开强电场区后，不再能引起电离，向阳极运动的速度也越来越慢，一部分消失于阳极，另一部分被气体吸附形成负离子。电子崩中的正离子逐渐向棒极运动，但其运动速度远比电子慢，所以在棒极附近总是存在着正空间电荷，如图 1-12 所示。这些正空间电荷加强了棒极附近的电场，使棒极附近容易形成流注，因而电晕起始电压比正极性时要低；而外部空间正空间电荷产生的附加电场与原电场方向相反，削弱了外部空间的电场，阻碍了流注的发展，因此击穿电压较高。

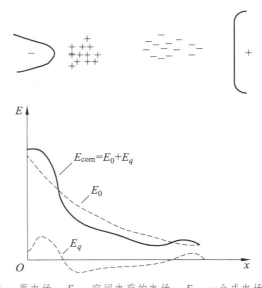

E_0—原电场；E_q—空间电荷的电场；E_{com}—合成电场。

图 1-12　负极性棒-板间隙中自持放电前空间电荷对原电场的畸变

1.3 空气间隙在各种电压下的击穿特性

直流电压和工频交流电压是持续作用的稳态电压，这类电压的变化速率很低。气体间隙的击穿电压与电场分布有很大关系，当间隙距离相同时，通常电场越均匀，击穿电压也越高。

1.3.1 空气间隙在稳态电压下的击穿

1. 均匀电场气隙的击穿

在均匀电场中，从自持放电开始到间隙完全击穿的放电时延可以忽略不计，因此相同间隙的直流击穿电压与工频击穿电压（幅值）都相同，且击穿电压的分散性也较小。均匀电场中空气间隙的击穿电压经验公式为

$$U_b = 24.4\delta d + 6.1\sqrt{\delta d} \ (\text{kV}) \tag{1-9}$$

式中，d 为间隙距离，cm；δ 为空气相对密度。

图 1-13 给出了在标准大气状态条件下，具有均匀电场的空气间隙的稳态击穿电压幅值 U_b 与极间距离 d 的关系。从图中可以看出，即使在均匀电场中，空气间隙击穿场强 E_b 也随间隙距离 d 增大而减小，当间隙距离 d 大于 1 cm 时，空气间隙击穿场强 E_b 约为 30 kV/cm。

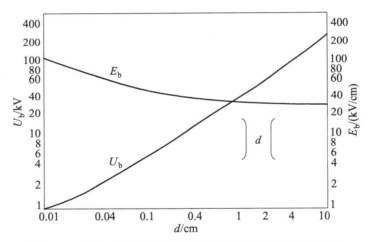

图 1-13 稳态电压作用时空气间隙的击穿电压的幅值 U_b

2. 稍不均匀电场气隙的击穿

在稍不均匀电场气体间隙中，与均匀场类似，间隙各处的场强大致相等，不可能发生稳定的电晕放电，一旦出现自持放电，则间隙击穿。由于稍不均匀场的间隙距离一般不会很大，放电时延较短，因此在不同波形的电压作用下击穿电压很接近，其分散性也不大。

稍不均匀电场有多种结构形式，如球-球间隙、球-板间隙、同轴圆筒构成的间隙等。在稍不均匀电场间隙中，击穿电压和电场均匀程度关系极大，电场越均匀，相同间隙距离下的击穿电压就越高，其极限值就是均匀电场时的击穿电压。

在稍不均匀电场中也有极性效应，主要体现在不对称电场中。以球-球间隙为例，若两球

对称布置，其中任何一球不接地，在间隙上施加电压时，电场对称，无极性效应；但通常是一球接地使用，由于大地和周围物体的影响，电场分布不对称，因而有较弱的极性效应。

图 1-14 表示两直径为 D 的球形电极中一球接地时，球隙的击穿电压与间隙距离的关系。由图可见，当 $d < D/4$ 时，由于大地及周围物体对球隙电场分布的影响很小，且电场相当均匀，因而其击穿特性与均匀电场相似，直流、工频交流（包括冲击电压）作用下的击穿电压大致相同。球隙测压器（简称球间隙）是标准的高电压测量器具，为了保证测量的准确度和稳定性，间隙距离应保证在 $d \leqslant D/2$ 内。但当 $d > D/4$ 时，电场不均匀度增大，大地对球隙中电场分布的影响加大，平均击穿场强减小。此时不接地的球为正极时，击穿电压高于负极性时的数值，其产生的原因是由于空间电荷的影响。在稍不均匀电场中，不能形成稳定的电晕放电，电晕起始电压就是其击穿电压，所以电晕起始电压较低的负极性下击穿电压略低于正极性下的数值。

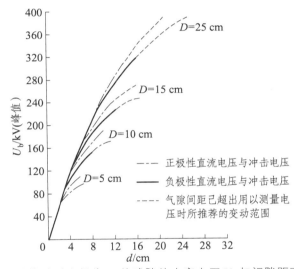

图 1-14　一球接地时直径为 D 的球隙的击穿电压 U_b 与间隙距离 d 的关系

3. 极不均匀电场中的击穿

在极不均匀电场中，直流击穿电压、工频击穿电压、冲击击穿电压间的差别比较明显，分散性也较大，不对称电场的极性效应显著。

对于棒-板间隙，由于极性效应，棒电极为正极性时击穿电压比负极性时低得多；而棒-棒间隙的击穿电压介于极性不同的棒-板间隙之间。这是由于一方面，棒-棒间隙有正极性，棒-棒间隙有两个尖端，即有两个强电场区域，而同样间隙距离下强电场区域增多后，通常其电场均匀程度会增加，因此棒-棒间隙中的最大场强应比棒-板间隙低，从而击穿电压又应比正棒-负板间隙高。

从图 1-15 中可以看出，对于短距离间隙，平均击穿场强随着间隙距离的增大而减小。当间隙很短（约小于 1.5 cm）时，由于棒尖端均匀的电晕层改善了电场分布，正棒-负板间隙和负棒-正板间隙的平均击穿场强分别达到 15 kV/cm 和 20 kV/cm。随着间隙距离的继续增大，由于流注的产生及对电场分布的影响，负棒-正板间隙的平均击穿场强逐渐下降到约 10 kV/cm，而正棒-负板间隙的平均击穿场强则降到约 5 kV/cm。棒-棒间隙仍具有微弱的极性效应，当一极接地时，受大地影响，电场分布不对称，加强了高压电极处的场强，所以不接地棒为正极性时的平均击穿电压略低。较长棒-棒间隙的平均击穿场强约为 5.4 kV/cm。当间隙距离超过约 2.5 m 后，在放电的发展过程中产生了先导，间隙击穿电压呈现明显的饱和现象，正棒-负板间隙和负棒-正板间隙的平均击穿场强分别可以下降到 1 kV/cm 和 2～3 kV/cm。

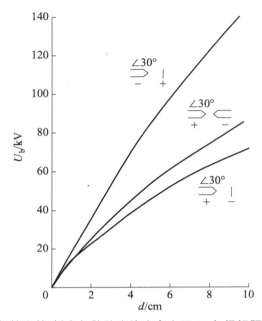

图 1-15　棒-棒和棒-板空气隙的直流击穿电压 U_b 与极间距离 d 的关系

1.3.2　空气间隙在冲击电压下的击穿

在电力系统中，冲击电压分为雷电冲击电压和操作冲击电压两类，前者是由雷电造成的峰值高、陡度大、作用时间极短的冲击电压；后者是由电力系统在开关操作或发生事故时，因系统状态发生突然变化引起的持续时间较长、峰值高于系统运行电压的冲击电压。不同于稳态电压，在冲击电压作用下空气间隙的击穿特性有许多新的特点，且雷电冲击电压与操作冲击电压下的放电特性也有很大不同。下面讨论在雷电冲击电压下空气间隙的击穿特性。

1. 在雷电冲击电压下的击穿

1）雷电冲击电压标准波形

为了检验绝缘耐受雷电冲击电压的能力，在高压实验室中利用冲击电压发生器产生冲击电压，以模拟雷闪放电引起的过电压。如果施加电压的波形不同，绝缘击穿电压往往也不同，所得结果无法互相比较。为使实验结果具有可比性，根据大量实测结果，国际电工委员会（IEC）规定标准的雷电冲击电压用非周期性衰减波表示，并通过规定波头时间和波尾时间确定了标准波形，如图 1-16 所示。由于在实际实验测量中，测量得到的波形原点较为模糊，峰值附近较为平缓，因此波形的原点和峰值的位置不易确定。为此，取波形中峰值幅 U_m 的 30% 和 90% 两点连成直线，这条直线与横坐标的交点 O_1 定义为视在原点，直线与峰值所在水平线的交点为 P。将 O_1 点与 P 点之间的时间间隔定义为视在波头时间 T_1，从 O_1 点到半峰值电压点的时间间隔定义为视在波尾时间 T_2。IEC 规定标准的雷电冲击电压波形参数为：$T_1 = 1.2$ μs，容许偏差±30%；$T_2 = 50$ μs，容许偏差±20%。标准雷电冲击电压波形也可以用±1.2/50 μs 表示，其中"±"符号表示波的极性。我国国家标准规定的波形参数与 IEC 相同。

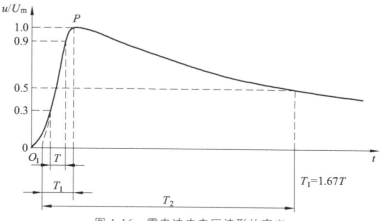

图 1-16　雷电冲击电压波形的定义

2）延时放电

实验研究表明，对空气间隙施加冲击电压，要使间隙击穿，不仅需要足够高的电压、有引起电子崩并导致流注和主放电的有效电子，而且需要电压作用一定的时间，让放电得以发展才能发生击穿。冲击电压作用时间很短，因此其击穿电压可能与冲击电压随时间的变化规律有关。对间隙施加冲击电压，当经过时间 t_1 后，电压升高到持续作用电压下的击穿电压 U_s（称为静态击穿电压）时，间隙并不立即击穿，而需要经过一定的时间才能击穿。间隙中受到外界因素的作用出现有效的自由电子需要一定的时间，从 t_1 开始到间隙中出现第一个有效电子所需的时间 t_s 称为统计时延，因为这一电子的出现，受电离、去游离等过程影响而具有统计性。从出现有效电子到产生电子崩，乃至间隙击穿完成所需的时间称为放电形成时延，它同样具有统计性。所以，冲击放电所需的全部时间为

$$t_b = t_1 + t_s + t_f \tag{1-10}$$

式中，$t_s + t_f$ 称为放电时延，记为 t_{lag}，是统计时延和放电形成时延的总和（见图 1-17）。

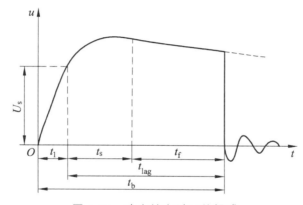

图 1-17　冲击放电时延的组成

研究表明，间隙距离越短，放电形成时延 t_f 越小；电场越均匀，t_f 也越小。在短间隙（几厘米内）中，特别是电场较均匀时，间隙中的电场到处都很强，放电发展速度快，放电形成时延短，此时 $t_s \gg t_f$，这种情况下放电时延主要取决于统计时延 t_s。要减小 t_s，一方面可提高外施电压使间隙中出现有效电子的概率增加，另一方面可采用人工光源照射，使阴极释放出更多电子，例如用球隙测冲击电压时通常就采取紫外光照射措施。在较长的间隙中，由于电场往往不均匀，局部场强很高，出现有效电子的概率增加，统计时延较小。放电时延主要取决于放电形成时延 t_f，且电场越不均匀 t_f 越长，此时提高外施电压则可以减小放电形成时延。

3）雷电冲击 50% 击穿电压

在持续电压作用下，当气体状态不变时，击穿电压与间隙距离具有确定的关系。在冲击电压作用下，间隙的击穿过程有自身的特点。当冲击电压峰值很低时，即使多次重复施加冲击电压，间隙均不击穿。发生这种现象的原因可能是没有发生电离过程，或虽然发生了电离过程，但所需放电时间超过了冲击电压的作用时间，因而导致间隙不击穿。随着电压增高，间隙有时击穿有时不击穿。发生这种现象的原因是，随着外施电压的升高，放电时延缩短；由于放电时延有分散性，对于较短的放电时延，有可能发生击穿，而在较长的放电时延时，则不发生击穿。随着电压继续升高，间隙击穿的百分比越来越高；最后，当电压超过某一值后，间隙每次都能被击穿。

由于冲击电压作用下放电有分散性，所以很难准确得到一个使间隙击穿的最低电压值，因此工程上采用 50% 冲击击穿电压（$U_{50\%}$）来描述间隙的冲击击穿特性，即在多次施加波形相同的冲击电压时，用间隙击穿百分比（概率）为 50% 时的电压值来反映间隙的冲击击穿特性。从统计的角度看，施加电压的次数越多，结果越准确，但工作量太大。在工程实际中，如果在某个电压作用下，施加的 10 次冲击中有 4～6 次击穿，则这一电压可以认为是该间隙的 50% 冲击击穿电压。

根据 50% 冲击击穿电压确定绝缘距离时，应根据击穿电压分散性的大小，留有一定的裕度。50% 冲击击穿电压和稳态电压下的击穿电压之比称为冲击系数。在均匀电场和稍不均匀电场中，击穿电压分散性小，其 $U_{50\%}$ 和稳态击穿电压 U_s 相差不大，因此冲击系数 β 接近于 1。而在极不均匀电场中，由于放电时延较长，其冲击系数 β 均大于 1，击穿电压分散性也大一些，其标准偏差可取 3%。实验表明，棒-棒和棒-板间隙冲击击穿特性有极性效应，其中棒-板间隙极性效应明显。雷电冲击 50% 击穿电压较工频击穿电压的峰值要高。雷电冲击 50% 击穿电压和间隙距离大致呈线性关系，因为作用时间短，当间隙距离加大后，需要提高先导发展速度才能完成放电，因而导致击穿电压升高。

4）伏秒特性

由于雷电冲击电压持续时间很短，间隙的击穿存在放电时延现象，放电电压与该电压的作用有很大的关系，仅靠 50% 击穿电压来表征间隙的击穿特性是不全面的，击穿特性最好用击穿时的电压和时间两个参量来表示。这种特性称为伏秒特性，它是表征间隙击穿特性的另一种方法。

图 1-18 表示了通过实验绘制间隙伏秒特性的方法。其方法是保持间隙距离和冲击电压波

形不变，逐级升高电压使间隙发生击穿，读取击穿电压值 U 与击穿时间 t。当电压不是很高时，放电时延较长，击穿一般在波尾时间发生；当电压很高时，击穿百分比将达 100%，放电时间大大缩短，击穿可能在波头时间发生。以图 1-18 中三个坐标点为例说明绘制方法：当击穿发生在波头或峰值时，U 与 t 均取击穿时的值（如图中 2、3 坐标点）；当击穿发生在波尾时，虽然此时电压已从峰值下降，但该峰值仍然是间隙击穿过程中的重要因素，因此在曲线上 U 取该冲击电压波的峰值，t 取击穿时对应值（图中 1 坐标点）。根据不同幅值的冲击电压，将得到一系列坐标点，将这些坐标点连接起来，即可得到伏秒特性曲线。

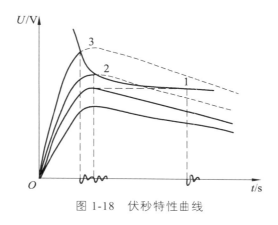

图 1-18　伏秒特性曲线

间隙伏秒特性曲线的形状与间隙中的电场分布有关。在均匀电场和稍不均匀电场中，击穿时平均场强较高，放电发展较快，放电时延较短，伏秒特性曲线比较平坦；在极不均匀电场中，平均击穿场强较低，放电时延较长，伏秒特性曲线较为陡峭。

实际上，放电时间有分散性，即在每级电压作用下可测得不同的放电时间，所以伏秒特性是如图 1-19 所示的具有上、下包络线的带状区域，放电时间小于下包络线横坐标所示数值的概率为 0，而小于上包络线横坐标所示数值的概率为 100%。工程上为方便起见，通常用平均伏秒特性或 50%伏秒特性曲线表征气体间隙的冲击击穿特性，此时每个电压下放电时间小于或大于横坐标所示数值的概率各为 50%。

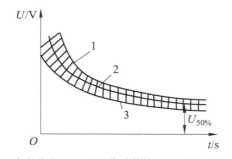

1—上包络线；2—50%伏秒特性；3—下包络线。

图 1-19　伏秒特性带与 50%伏秒特性

图 1-20 表示被保护设备绝缘的伏秒特性 1 与并联的保护间隙的伏秒特性 2 配合的情况，因为伏秒特性 1 的下包络线始终都在伏秒特性 2 的上包络线之上，这种配合可达到完全保

护，即任何情况下保护间隙都会先动作，从而保护了电气设备的绝缘。为了降低被保护设备的绝缘造价，应使伏秒特性 1 与伏秒特性 2 的间隔不致过大，并要求保护间隙的伏秒特性低而平坦。

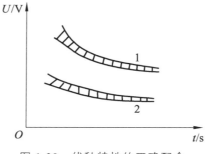

图 1-20　伏秒特性的正确配合

用伏秒特性表征间隙的冲击击穿特性较为全面和准确，但其制作相当费时。在某些情况下，只用某一特定的，如 50%冲击击穿电压值就够了。

2. 操作冲击电压下的击穿

1）操作冲击电压标准波形

与雷电冲击电压类似，操作冲击电压的标准波形也是非周期性衰减波，如图 1-21（a）所示。我国国家标准规定标准操作冲击波为 ±250/2 500 μs 波，即其波头时间 T_1 为 250 μs，容许偏差±20%；波尾时间即半峰值时间为 2 500 μs，容许偏差±60%；"±"符号表示电压的极性。由于原点和峰值点的位置较清晰，所以波头、波尾都为自然波头和波尾。此外，标准还建议当标准操作冲击不能满足要求或不适合时，在有关设备标准中可以采用其他非周期性波形或振荡波形两种特殊的操作冲击，其中衰减振荡波如图 1-21（b）所示。

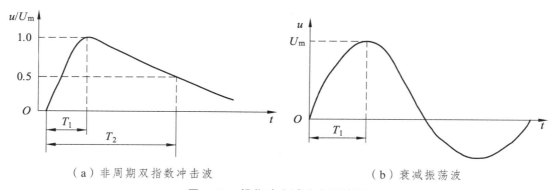

（a）非周期双指数冲击波　　　　　　　　（b）衰减振荡波

图 1-21　操作冲击试验电压波形

2）操作冲击 50%击穿电压

操作冲击电压作用下气体绝缘间隙的击穿电压也具有分散性，也可采用 50%冲击击穿电压来反映间隙的绝缘强度。研究表明，在均匀电场和稍不均匀电场中，由于操作冲击电压的作用时间介于工频电压和雷电冲击电压的作用时间之间，间隙的操作冲击 50%击穿电压也与雷电冲击 50%击穿电压和工频击穿电压（幅值）几乎相同，且击穿都几乎发生在峰值，击穿电压的分散性也较小；而在极不均匀电场中，操作冲击电压下的击穿通常发生在波头部分，击穿电压与波头时间有关，而与波尾时间无关。正极性操作冲击击穿电压较负极性下要低得多。

实验结果表明，在操作冲击电压作用下，极不均匀场长空气间隙的击穿电压呈 U 形曲线。图 1-22 表明棒-板间隙正极性操作冲击 50%击穿电压与波头时间的关系。从图中可以看出，对于一个固定长度的间隙，某一波头时间的 $U_{50\%}$ 具有极小值，这个波头时间称为临界波头时间，它随间隙距离的加大而增大，也随电极曲率半径的提高而增大。在正极性棒-板间隙中，临界波头时间约为 $50d$μs（ d 为间隙距离，m）；在负极性棒-板间隙中约为 $10d$μs。这种"U形曲线"现象被认为是由于放电时延和空间电荷形成迁移两类不同因素的影响所造成的。在 U 形曲线极小值的左边，击穿电压随波头时间的减小而增高，这是由于在波头时间较短时，在短时间内放电不足以发展到使间隙完全击穿，需要有更高的电压才能击穿，这一点与雷电冲击电压下的伏秒特性是相似的。在 U 形曲线极小值的右边，由于放电发展的时间已足够长，电晕产生的空间电荷不再集中在电晕电极附近，而有时间被驱赶到离电极较远的地方，改善了间隙中的电场分布，不利于放电的进一步发展，从而使击穿电压提高。

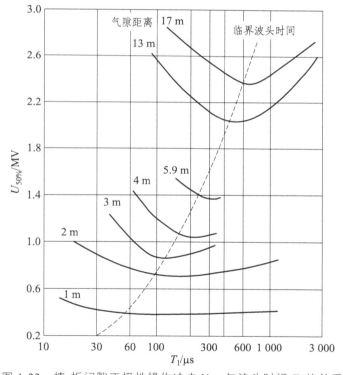

图 1-22　棒-板间隙正极性操作冲击 $U_{50\%}$ 与波头时间 T_1 的关系

当间隙距离为 1 ~ 20 m 时，正极性棒-板间隙的操作冲击 U 形曲线底部的最小击穿电压 $U_{50\%\min}$ 可以用下述经验公式表示：

$$U_{50\%\min} = \frac{3.4}{1+\dfrac{8}{d}}(\text{MV}) \tag{1-11}$$

式中，d 为间隙距离，m。

由于上述原因，虽然操作冲击电压的变化速度和作用时间均介于工频交流电压和雷电冲击电压之间，但间隙的操作冲击击穿电压不仅远低于雷电冲击击穿电压，在某些波头时间内，甚至比工频击穿电压还低。图 1-23 是棒-板间隙在正极性操作冲击波、雷电冲击波下和工频击穿电压作用下的实验曲线。图中虚线为不同距离间隙对应的临界波头时间 T_{1C} 及操作冲击 50%击穿电压极小值 $U_{50\%\min}$，该虚线所对应的击穿电压最低。

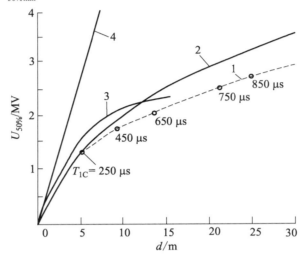

1—在不同 T_{1C} 值下得出的 $U_{50\%\min}$ ；2— + 250/2 500 μs 操作冲击电压；

3—工频击穿电压；4— + 1.2/50 μs 雷电冲击电压。

图 1-23　棒-板间隙的不同类型电压下的实验曲线

从图 1-23 中还可以看出，在极不均匀电场中的操作冲击 50%击穿电压和间隙距离的关系具有"饱和"特征。这是因为形成先导后，放电易于发展。其"饱和"程度与电极对称度、操作冲击电压极性、波形等有关，随着极间距离的增大，间隙的"饱和"程度更高。正极性操作冲击击穿电压的"饱和"现象最为严重。

由于空间电荷的形成、扩散和放电时延具有很大的统计性，所以操作冲击电压作用下间隙的击穿电压的分散性比雷电冲击电压下大得多，在极不均匀电场中的相对标准偏差可达 5% ~ 8%。

1.4　大气条件对气体间隙击穿特性的影响

大气条件主要是指压力、温度、湿度等条件，通常这些条件都是千变万化的，都会影响气隙放电环境，如空气的密度、电子自由行程长度、碰撞电离及附着过程，因而也必然会影响气隙的击穿电压。海拔高度也有类似的影响，因为海拔高度的增加将会导致空气压力和密度的减小。所以，在不同大气条件下测得的击穿电压必须换算到统一的参考大气条件下才能进行比较。我国规定的标准大气条件是：压力 $P_0 = 101.3 \text{ kPa}$ ；温度 $t_0 = 20\,^\circ\text{C}$ 或 $T_0 = 293 \text{ K}$ ，绝对湿度 $h_0 = 11 \text{ g/m}^3$ 。

下面对空气密度、湿度、海拔高度校正系数分别进行讨论。

1.4.1　对空气密度的校正

气压和温度的变化都可以反映为空气相对密度的变化，因此气压和温度的影响就可归结为空气相对密度的影响。

当气压增大或者温度降低时，空气的相对密度增大，带电粒子在气体中运动的平均自由行程减小，在电场作用下运动中所积累的动能就较小，发生碰撞电离的概率下降，电离能力较弱，因此间隙的击穿电压较高；反之则击穿电压下降。空气相对密度 δ 与气压 P 成正比，与绝对温度 T 成反比，即

$$\delta = \frac{PT_0}{P_0 T} = \frac{273 + t_0}{273 + t} \cdot \frac{P}{P_0} = \frac{2.89P}{273 + t} \qquad （1\text{-}12）$$

式中，P 为气压，kPa；t 为温度，℃。

在大气条件下，空气间隙的击穿电压随 δ 的增大而升高。实验表明，空气间隙的击穿电压和标准参考大气条件下的击穿电压 U_{bs} 的关系为

$$U_b = \delta^n U_{bs} \qquad （1\text{-}13）$$

式中，n 为与间隙长度有关的指数。

（1）对于工频交流电压和正极性操作冲击电压波，$n = 1.12 - 0.12 l_i$（$1 \leqslant l_i \leqslant 6$），式中 l_i 为绝缘的长度（对于绝缘子，即串的净长；对于空气间隙，即间距），单位符号为 m；对其他的 l_i，$n = 1$。

（2）对正极性雷电冲击电压，$n = 1$。

当空气相对密度 δ 在 0.95 ~ 1.05 内变动时，间隙的击穿电压与 δ 近似成正比，即实验或运行条件下的击穿电压为

$$U_b \approx \delta U_0 \qquad （1\text{-}14）$$

1.4.2　对湿度的校正

湿度反映了空气中水分子数量的多少。从理论上讲，由于水分子能捕获自由电子而形成负离子，使电离能力下降，故对气体中的放电过程起到抑制作用，因此空气的湿度越大，间隙的击穿电压也会越高。但实验表明，湿度对击穿电压的影响比较复杂。在均匀或稍不均匀电场中，空气间隙的击穿电压随着空气湿度的增加而略有增加，但程度极微弱，可以忽略不计，如 1 cm 长的均匀场空气间隙在正常大气压下当湿度从 9.6 g/m³ 增大到 24.0 g/m³ 时，击穿电压大约仅提高 2%。推测原因，可能均匀场中的平均击穿场强较高，电子运动速度较快，分子不易吸附电子，故湿度对其影响小。

在极不均匀场中，平均击穿场强较低，易形成负离子，所以湿度对间隙的击穿电压的影响就比较明显，击穿电压通常将随湿度的增大而升高。因此对不均匀场间隙的放电电压需要进行湿度校正，根据我国电力行业标准《交流电气装置的过电压保护和绝缘配合》（DL/T 620—1997），放电电压可校正为

$$U_b = \frac{U_{bs}}{H^n} \quad (1\text{-}15)$$

式中，指数 n 与式（1-13）中 n 的取值方法完全相同；H 为空气湿度校正系数。

（1）对于工频交流电压，$H = 1 + 0.012\ 5(11 - h)$。其中 h 为空气的绝对湿度，g/m^3。

（2）对于雷电及操作冲击电压，$H = 1 + 0.009(11 - h)$。

综合气压、温度、湿度的影响，在试验或运行条件下的间隙击穿电压 U_b，和标准参考大气条件下的击穿电压 U_{bs} 可以进行如下换算：

$$U_b = \frac{\delta^n}{H^n} U_{bs} \quad (1\text{-}16)$$

式（1-16）既适用于空气间隙的击穿电压，也适用于外绝缘的沿面闪络电压。当实际试验条件不同于标准大气条件时，应将试验标准中规定的标准参考大气条件下的试验电压值换算成实际的试验电压值。

1.4.3　对海拔高度的校正

随着海拔的增加，空气逐渐稀薄，气压下降，空气密度减小，带电粒子在气体中运动的平均自由行程增大，在电场驱动下运动所积累的动能增大，电离能力增强，因此间隙的击穿电压降低。对于海拔高于 1 000 m，但不超过 4 000 m 处的设备的外绝缘及干式变压器的绝缘，海拔每升高 100 m，绝缘强度约下降 1%。

海拔对间隙的击穿电压和外绝缘的闪络电压的影响可由一些经验公式求得。我国标准规定：凡拟安装在海拔超过 1 000 m 而又低于 4 000 m 地区的电力设备，在海拔 1 000 m 以下地区进行出厂试验时，其外绝缘试验电压 U 与平原地区同电压等级电力设备外绝缘的试验电压 U_p 的关系为

$$U = K_a U_p \quad (1\text{-}17)$$

式中，K_a 为海拔校正系数，有

$$K_a = \frac{1}{1.1 - H_a \times 10^{-4}} \quad (1\text{-}18)$$

式中，H_a 为电力设备安装地点的海拔，m，$1\ 000\ \text{m} \leqslant H_a \leqslant 4\ 000\ \text{m}$。

1.5　提高气体介质电气强度的方法

工程中很多电气设备采用空气间隙作为绝缘介质。为保证具有足够高的电气强度，又要减小设备尺寸，即采用尽量小的间隙距离，为此需要采取措施，以提高气隙的击穿电压。

提高气体间隙击穿电压的措施可概括为两个方面：一是改善电场分布，使其分布尽量均匀，具体方法又分为两种，一种是改进电极形状，另一种是利用气隙放电产生的空间电荷对外电场的畸变作用；二是利用其他方法来削弱气隙中的游离过程。

实际应用中，仅靠改善电场分布的方法还不够，更多的情况下，是采用削弱它的游离过程来提高击穿电压。

当空气压力增大（高气压）或降低（真空）时，气隙中的游离过程都将被削弱，而显著提高其击穿电压，这已被巴申实验所证明；若采用高耐电强度的气体，如 SF_6（六氟化硫）、CCl_2F_2（氟利昂）代替空气，由于它们具有很强的负电性，游离受到抑制，游离过程被削弱，同样，击穿电压也将提高。

1.5.1　改善电场分布

如前所述，均匀与稍不均匀电场气隙平均击穿场强比极不均匀电场气隙的平均击穿场强要高得多。电场越均匀，平均击穿场强越高，因此，尽量采用较均匀电场。但是在实际中很多情况下无法避免出现不均匀电场，这就需要改进电极形状，以改善电场分布。一般采用下列几种方法。

1. 增大电极曲率半径

电极曲率半径增大后，电极表面电场分布得到改善，提高了起始放电电压和击穿电压。如高压套管端部加装球形屏蔽罩、高压装置中的均匀环等，都可避免在工作电压下出现电晕放电。

2. 改善电极表面状态

在电极加工时，一定要将电极边缘部分做成光滑圆弧形，消除边缘效应；同时还应避免出现毛刺、尖棱角，以降低电极表面的局部强电场，提高起始放电电压。

3. 利用空间电荷改善电场分布

在极不均匀电场中，由于间隙击穿前先发生电晕放电，因此在一定条件下，可以利用放电自身产生的空间电荷来改善电场分布，提高击穿电压。例如细线效应，在线-板结构中电极间隙距离在一定范围内，有可能提高间隙的击穿电压。当间隙距离超过一定值时，细线周围将产生刷状放电，破坏了比较均匀的电晕层，其击穿电压也将下降。

细线效应只对提高稳态作用下的击穿电压有效。因为雷电冲击电压作用时间太短，来不及形成充分的空间电荷层，所以在雷电冲击电压下没有细线效应。

4. 在极不均匀电场中采用屏障改善电场分布

在极不均匀电场中放入薄层固体绝缘材料（如纸或纸板）作为屏障，可以提高间隙的击穿电压。屏障本身的击穿电压并不高，但其拦住了与电晕电极同号的空间电荷，使得电晕电极与屏障之间电场减弱，并在屏障与极板之间形成比较均匀的电场，从而使整个间隙的击穿电压得到提高，但在均匀场中加屏障并无多大的作用。虽然屏障与间隙中另一电极之间的空间电场增强了，但其电场分布更具有均匀场的特性，所以整个间隙的击穿电压得到了提高。

图 1-24 给出了在直流电压作用下间距为 8 cm 棒-板空气间隙中直流击穿电压和屏障位置的关系曲线。由图可见，随着屏障位置不同，击穿电压有很大变化。当棒极极性不同时，屏障的影响也有区别。对于正棒-负板间隙，屏障的作用明显；但当屏障离电极过近时，屏障上正电荷的分布将变得很不均匀，屏障前方又出现了极不均匀场，造成了电离发展的有利条件，因而屏障的作用有所削弱。

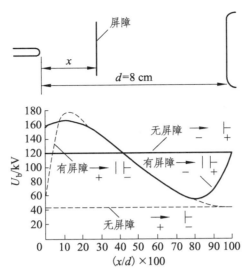

图 1-24　棒-板空气间隙中直流击穿电压 U_b 和屏障位置 x 的关系曲线

对于负棒-正板间隙，在设置屏障后，屏障上集中了大量的负离子，在屏障与极板之间形成了均匀的电场，因此间隙击穿电压和屏障位置的关系曲线与正棒-负板间隙相近。所不同的是，当屏障离开棒电极一定距离后，由于屏障上集中了大量的负离子，提高了屏障与板极之间的场强，反而将降低间隙的击穿电压。而当屏障靠近负棒极时，由于强电场作用下电子速度很高，已可穿透屏障，故屏障上积聚的负电荷不是很多；相反，正离子为屏障所挡而大量积聚，因此屏障总体带正电荷，从而削弱了屏障前方的电场，提高了击穿电压。

最有利的屏障位置是在 $x/d \approx 0.2$ 处，这时该间隙的击穿电压在正极性棒-板时增加 2 ~ 3 倍；但屏障在负极性棒-板时只是略有提高（约 20%）。在工频电压下，由于击穿发生在棒为正极性的那半周，因此设置屏障仍然是有效果的。而对于棒-棒间隙，电晕放电都从两棒极发生，故在两个棒极附近都应设置屏障。

一般来说，屏障插入极不均匀场的电极附近能提高间隙的稳态击穿电压。而在冲击电压下，由于屏障来不及积累足够的空间电荷，屏障的作用不大。

1.5.2　削弱或抑制电离过程

通过改善电场分布提高常压下气体间隙的击穿电压的方法，效果有限，其极限是均匀场强下的击穿电压。如果设法削弱或抑制电离过程，使间隙中发生碰撞电离和自持放电的概率大为下降，也可以提高间隙的击穿电压。

1. 采用高气压

空气压力增大时，削弱了气隙中的游离过程，从而提高了击穿电压。均匀电场中，当压力增至 1 ~ 1.5 MPa，气隙击穿电压随压力增大而呈线性增加，高压力空气的电气强度和灭弧能力都将显著提高。高气压在实际中得到广泛应用，如高压空气断路器、电容器等都是采用压缩空气作为内绝缘，不但提高了气隙的击穿电压，同时又减小了设备体积。不均匀电场中，增大气压提高击穿电压的程度不如均匀电场。

2. 采用高度真空

当气隙中压力低至 133×10^{-4} Pa 后，接近于真空，击穿电压迅速提高。这是由于接近真空的间隙，空气极其稀薄，气体分子数目极少，引起电子碰撞游离的概率几乎为零，所以其击穿电压很高。但是，真空间隙外加电压增至某一数值时，仍有可能发生放电现象。主要是在强电场下，阴极释放出的电子经过间隙到达阳极的过程中，几乎没发生碰撞现象，积累起足够大的动能撞击阳极，可使阳极直接发射正离子，正离子向阴极运动并撞击阴极又产生二次电子，如此过程反复进行，真空中带电质点增加而导致击穿。

3. 采用高耐电强度气体

含有卤族元素的化合物，如 SF_6、CCl_2F_2 等，其电气强度比空气高得多。SF_6 在正常压力下是空气的 2.5 倍，提高压力时甚至高于一般液体或固体介质的绝缘强度。

SF_6 的负电性强于空气，分子容易吸附电子成为负离子，削弱了游离过程，并加强了复合过程，使 SF_6 气体击穿电压显著提高。

SF_6 除了优良的电气性能外，化学性能比较稳定，是一种无色、无味、无毒、不燃的气体，对金属及绝缘材料无腐蚀作用，即使在放电过程中也不易分解。此外，SF_6 气体是一种优良的灭弧介质，灭弧能力是空气的 100 倍，极适用于高压断路器、电容器等。它还可制造成套的组合电器，具有占地面积小、运行安全可靠、维护量小且方便等优点。SF_6 组合电器很有发展前途。

1.6　沿面放电和防污治理

1.6.1　界面电场分布的典型情况

沿着固体介质表面发生的气体放电现象称为沿面放电。沿面放电发展成贯穿两极的放电时，称为沿面闪络。在放电距离相同时，沿面闪络电压低于纯空气间隙的击穿电压。

气体介质与固体介质的分界面称为界面。沿面放电现象及沿面闪络电压与界面电场的分布情况有关。界面电场分布有以下三种典型情况。

（1）固体介质处于均匀电场中，且界面与电力线平行，如图 1-25（a）所示。

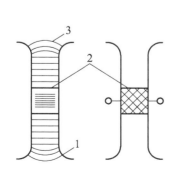
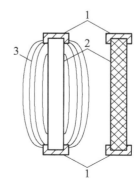

（a）均匀电场，场强方向与固体介质表面平行　　（b）不均匀电场，场强具有较弱的法线分量

1—电极；2—固体介质；3—电通量密度线。

图 1-25　分界面气隙场强中法线分量较弱示例

（2）固体介质处于极不均匀电场中，且电力线垂直于界面的分量（以下简称垂直分量）比平行于界面的分量大。套管就属于这种情况，如图 1-25（b）所示。

（3）固体介质处于极不均匀电场中，在界面大部分地方电力线平行于界面的分量比垂直分量大。支持绝缘子就属于这种情况，如图 1-25（b）所示。

1.6.2　均匀电场中的沿面放电

在两平行板电极构成的均匀电场中放入一长度等于极间距离的圆柱形固体介质，柱面与电力线平行。当两极间的电压增加时，放电总是发生在界面处，并且沿固体表面的闪络电压比同样条件下纯空气间隙的击穿电压低得多。造成这种现象的主要原因如下：

（1）固体介质与电极表面接触不良，存在小气隙。气隙处场强大，气隙先放电，产生的带电质点到达固体介质与气体的交界面时，畸变原有电场。

（2）大气中的潮气被吸附到固体介质的表面形成水膜，水膜中的离子在电场作用下沿固体介质表面运动使电极附近有电荷集聚，从而使沿面电压分布不均匀。

（3）固体介质表面电阻不均匀和介质表面粗糙不平也会造成电场畸变。

以上原因都使得原来均匀的电场变得不均匀，所以沿面闪络电压降低。闪络电压下降的程度与气体的状态、固体介质表面吸附水分的能力、固体介质与电极结合的紧密程度、外加电压变化的速度等多种因素有关。

1.6.3　极不均匀电场中的沿面放电

1. 具有强垂直分量时的沿面放电

在交流电压作用下，套管的沿面放电发展过程如图 1-26 所示。由于法兰附近的电场最强，所以当外施电压升高到一定值时，接地法兰处首先出现电晕放电，如图 1-26（a）所示。随着外施电压的升高，电晕放电的火花向前延伸，形成许多平行的细线状火花，如图 1-26（b）所示，称为刷形放电。放电细线的长度随着外施电压的升高而增加。当外施电压超过某临界值后，某些细线的长度随着电压的升高迅速增长，转变为较明亮的树枝状火花。这种树枝状火花通道的位置并不固定，而是不断地改变放电通道的路径，所以称为滑闪放电。出现滑闪放电是因为出现了热游离现象。当滑闪放电的火花通道到达另一电极时，发生沿面闪络。

滑闪放电通道中电导较大，压降较小，且滑闪放电的火花长度随着外施电压的升高而迅速增长，所以靠增加套管长度来提高闪络电压效果并不好。套管沿面放电时的等值电路如图 1-27 所示，图中 r 为固体介质单位面积的表面电阻，G 为介质单位面积的体积电导，C 为介质表面单位面积对导杆的电容（比电容）。从图 1-27 中可以看出，G、C 支路的分流作用使得沿表面电阻 r 中流过的电流分布不均匀，造成沿面电场分布不均匀。法兰附近电阻 r 中流过的电流最大，此处的电场也最强。G、C 的值越大，其分流作用越强，介质表面电场分布越不均匀。所以可通过减小比电容 C（可增大固体介质的厚度或采用相对介电常数较小的固体介质）或减小法兰附近的表面电阻 r（在法兰附近涂半导体漆）的方法来提高套管的电晕起始电压和沿面闪络电压。

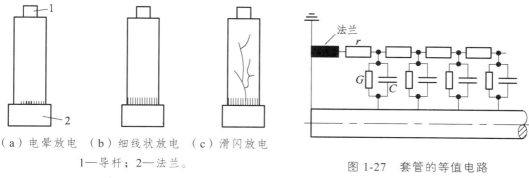

（a）电晕放电　（b）细线状放电　（c）滑闪放电
1—导杆；2—法兰。
图 1-26　套管表面放电示意图

图 1-27　套管的等值电路

2. 具有弱垂直分量时的沿面放电

由于电极本身的形状和布置已经使电场很不均匀，所以固体介质表面的情况、材料的吸潮能力和电极与介质之间的气隙造成的电场畸变，不会显著降低沿面闪络电压。此外电场的垂直分量很弱，放电过程中不会出现热游离现象，故无明显的滑闪放电。沿面闪络电压与纯空气间隙的击穿电压相比降低不多。对于这种电场，可以通过改善电极形状（如屏蔽电极、均压环等）来提高沿面闪络电压。

1.6.4　脏污绝缘表面的沿面放电

表面脏污的绝缘子在受潮情况下发生的闪络称为污闪。线路污闪事故和变电站污闪事故是造成跳闸停电事故的主要原因之一。

户外绝缘子会受到工业污染或自然界盐碱、飞尘、鸟粪等的污染。在干燥情况下，绝缘子表面污层的电阻一般很大，对沿面闪络电压没有明显影响。但当绝缘子表面污层被湿润时，其表面电导剧增，闪络电压大大降低，甚至会在工作电压下发生闪络，造成长时间、大面积的停电事故，并且要等到不利的气象条件消失后才能恢复供电。所以污闪事故对电力系统的安全运行影响很大，其造成的损失往往大于雷击事故造成的损失。

下面以悬式绝缘子为例说明脏污绝缘表面的沿面放电的发展过程。在潮湿的气候条件下，绝缘表面的污层会受潮湿润溶解于水形成导电的水膜，使绝缘表面电导大增，表面泄漏电流也明显增大。绝缘子铁脚附近因直径小，所以电流密度大。泄漏电流的热效应会使铁脚附近表面被烘干，形成局部干燥区。因为干燥区域的电阻大，所以形成很大的电压降。当干燥区的电位梯度超过一定值时，干燥区会发生局部火花放电。放电的热量使得干燥区域扩大，放电通道延长，而湿润区域缩小，则回路中与放电间隙串联的电阻减小，电流迅速增大引起热游离而出现电弧放电。电弧放电的热量使得干燥区进一步扩大，电弧通道延长。当脏污和潮湿状态较严重或外施电压足够高时，电弧通道会一直向前延伸直至闪络。否则，电弧会熄灭，绝缘表面重新被湿润，重复上述过程。

1. 影响污闪电压的因素

（1）污秽的性质和污染程度。污秽的电导率越高、污染程度越严重，闪络电压越低。对闪络电压影响较大的是化工厂、冶金厂、水泥厂等排放出的粉尘、气体等污物。

（2）泄漏距离。在污层表面电导率一定的情况下，泄漏距离越长，闪络电压越高。

（3）湿润的方式。最容易发生污闪事故的气象条件是雾、露、融雪和毛毛雨等潮湿天气。大雨、中雨有利于污秽的冲洗流失，所以不会引起绝缘子的污闪。

2. 污闪事故的对策

（1）增大泄漏比距。

（2）定期或不定期清扫。

（3）涂憎水性涂料。

（4）采用新型合成绝缘子。

习　题

1. 简述汤逊理论与流注理论的异同点，并说明这两种理论各自的适用范围。

2. 简述汤逊理论的自持放电条件，并说明其物理意义。

3. 什么是巴申定律？在工程上有何实用意义？

4. 流注理论自持放电的条件是什么？流注理论适用于哪些场合？

5. 均匀电场和极不均匀电场中气体间隙的放电特性有什么不同？

6. 试对极间距离相同的正极性棒-板、负极性棒-板、板-板、棒-棒四种间隙的直流击穿电压进行排序，并说明其原因。

7. 雷电冲击电压下间隙的击穿有什么特点？用什么来表示气体间隙的冲击击穿特性？

8. 间隙的伏秒特性是怎样绘制的？研究间隙的伏秒特性有何实际意义？

9. 试分析不同类型电压作用下的气体放电的特点。

10. 简述影响气体间隙击穿电压的主要因素。

11. 简述提高气体间隙击穿电压的措施。

12. 试解释沿面闪络电压明显低于纯空气间隙击穿电压的原因。

13. 一般在封闭组合电器中充 SF_6 气体的原因是什么？与空气相比，SF_6 的绝缘特性如何？

第 2 章　液体、固体电介质的绝缘特性

液体和固体介质是电气设备的主体绝缘材料。液体介质除用作绝缘外，还作为载流导体和铁磁材料（铁心）的冷却剂，在油断路器中还作为灭弧材料。固体介质除用作绝缘材料外，还常作为导电体的支撑与固定物，有时作为极间屏障和覆盖层。

对于用作绝缘材料的液体和固体介质，不仅要求有较高的绝缘强度，而且还要求在电、热、机械、化学和物理等方面都具有良好的性能。本章将研究它们的击穿机理和电气性能，影响电气性能的各种因素，判断绝缘老化程度的一般方法，如何正确使用绝缘材料，以及提高电气强度所采取的措施。

电介质在电场作用下的物理现象及相应的物理量有极化（ε）、电导（R_∞）、损耗（$\tan\delta$）和绝缘强度（E_j）。本章重点研究电介质在电场作用下所发生的物理现象和性能。

2.1　电介质的极化

2.1.1　极化的概念

如图 2-1 所示的两个平行极板电容器，结构尺寸完全相同。其中一个电容器被放在密闭容器内，将极间抽成真空；而在另一个电容器极板之间填充其他电介质材料，在两电容器极板上施加相同的直流电压 U，这时真空电容器极板上积聚有正、负电荷，设其电荷量为 Q_0。而对填充电介质的电容器施加相同的电压，就会发现极板上的电荷量增加到 Q_0+Q'。这种现象是由电介质极化造成的。在外施电压的作用下，电介质中的正、负电荷沿电场方向产生了位移，形成电矩，使电介质表面出现了束缚电荷，该束缚电荷与极板上的电荷异号。为了保持电场强度不变（因为外施电压不变），必须从电源再吸收一部分电荷到极板上，所以极板上电荷增多，并造成电容量增大。电介质中的正、负电荷电场方向做有限位移，形成电矩的现象，叫作电介质的极化。

平行极板电容器在真空中的电容量为

$$C_0 = \frac{Q_0}{U} = \frac{\varepsilon_0 A}{d} \tag{2-1}$$

式中，A 为极板面积；d 为极间距离；ε_0 为真空的介电常数，$\varepsilon_0 = 8.84 \times 10^{-12}$ F/m。

当极板间为电介质材料时，电容量增大，则有

$$C = \frac{Q_0 + Q'}{U} = \frac{\varepsilon A}{d} \tag{2-2}$$

式中，ε 为插入电介质的介电常数。

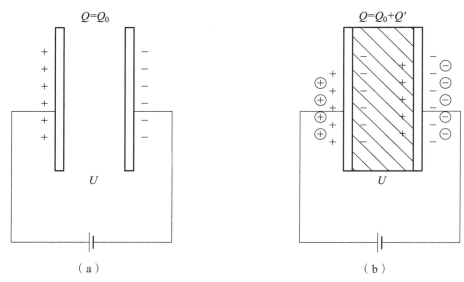

图 2-1　平行极板电容器

含电介质材料电容器的电容量与真空电容器的电容量之比为

$$\frac{C}{C_0} = \frac{\varepsilon}{\varepsilon_0} = \varepsilon_r \tag{2-3}$$

ε_r 称为电介质的相对介电常数，它是表示电介质在电场作用下极化程度的物理量，其物理意义表示极板间放入电介质后电容量（或电荷量）为真空时极板间电容量（或电荷量）的倍数。

1. 气体电介质的介电常数

由于气体电介质的密度很小，所以气体电介质的介电常数都很小，在工程应用中一切气体电介质的 ε_r 都可看作 1。

2. 液体电介质的介电常数

（1）中性液体电介质。中性液体电介质（如变压器油、苯、硅有机油等）的相对介电常数在 1.8 ~ 2.8 内。相对介电常数具有不大的负温度系数。

（2）极性液体电介质。这类电介质的相对介电常数较大，其值为 3 ~ 80，用作绝缘介质的 ε_r 值一般为 3 ~ 6。若用作电容器的浸渍剂，可使电容器的比电容增大。但此类液体电介质在交变电场中的损耗较大，故高压绝缘中很少应用。

极性电介质的 ε_r 与温度有关，在温度较低时，先随温度的升高而增大，以后当热运动较强烈时，又随温度的上升而减小。

极性电介质的 ε_r 与电源频率有较大的关系，频率较低时，偶极分子能够跟随交变电场充分转向，ε_r 较大且其值与频率大小无关。当频率很高时，偶极分子转向跟不上电场方向的改变，极化率减小，故 ε_r 减小。

3. 固体电介质的介电常数

（1）中性和弱极性固体电介质。这类电介质只有电子式极化和离子式极化，相对介电常数较小，一般为 2.0 ~ 2.7。相对介电常数随着温度的升高略有下降。石蜡、石棉、聚乙烯、聚丙烯、无机玻璃等属于此类电介质。

（2）极性固体电介质。这类电介质的相对介电常数较大，一般为 3 ~ 6。树脂、纤维、橡胶、有机玻璃、聚氯乙烯等属于极性固体电介质。

（3）离子性电介质。固体无机化合物多数属于离子式结构电介质，如云母、陶瓷等，ε_r 一般具有正的温度系数，其值为 5 ~ 8。

相对介电常数 ε_r 决定了电容量，因此可以用于描述电介质的储能性质。对于电气设备的绝缘，一般不希望其相对介电常数过大，因为高 ε_r 的材料往往电导率较高，导致损耗也较大。采用低 ε_r 的电介质作为绝缘材料时，其电容量较小，可以降低电缆等高电容量设备的充电电流，还可以提高套管等设备的沿面放电电压。

2.1.2　极化的基本形式

根据电介质的物质结构，极化的基本形式有电子式极化、离子式极化和偶极子式极化，另外还有夹层式极化、空间电荷极化等。

1. 电子式极化

在外电场的作用下，物质原子中电子的运动轨道相对于原子核产生了位移，使原子中正、负电荷的作用中心不再重合，直至原子核对电子的牵引力与电场力平衡，这种由电子位移所形成的极化叫作电子式极化。

电子式极化存在于一切电介质中，其特点是极化过程所需的时间极短，为 $10^{-15} \sim 10^{-14}$ s，具体极化程度取决于电场强度，与电源频率无关，并且温度对电子式极化的影响也不大。另外，电子式极化属于弹性极化，去掉外电场，正、负电荷间的吸引力使得正、负电荷作用中心重合，所以这种极化没有能量损耗。

2. 离子式极化

离子式结构的电介质在无外电场作用时，每个分子的正、负离子的作用中心是重合的。在外电场的作用下，电场力使得正、负离子发生相对位移，整个分子呈现极性，这种极化形式称为离子式极化。

离子式极化存在于离子结构的电介质中，其特点是极化过程所需的时间极短，为 $10^{-13} \sim 10^{-12}$ s，故极化程度与电源频率无关。离子式极化也属弹性极化，无能量损耗。随着温度的升高，由于离子间的结合力降低，离子式极化的程度略有增加。

3. 偶极子式极化

极性电介质是由偶极子组成的，偶极子是一种特殊的分子，其正、负电荷的作用中心不重合，形成永久性的偶极矩，即单个偶极子不呈现极性。无外电场作用时，由于偶极子处于杂乱无章的热运动状态，所以整个电介质对外并不呈现极性。在外电场作用下，原来混乱分布的偶极子转向电场方向定向排列，呈现出极性，这种极化方式称为偶极子式极化。偶极子式极化存在于极性电介质中，其特点是极化过程所需时间较长，为 $10^{-10} \sim 10^{-2}$ s，所以极化程度与电源频率有关，频率较高时偶极子来不及转动，因而极化率减小。由于偶极子在转向时需要克服分子间的作用力，即需要消耗电场能量，消耗的能量在复原时不能收回，所以偶极子式极化属于非弹性极化。温度对偶极子式极化的影响较大，当温度升高时，分子间的联系力减弱，使极化程度加强；但当温度达到一定值时，由于分子的热运动加剧，妨碍偶极子沿电场方向转向，使极化程度降低。所以，随着温度增加，极化程度先增加后降低。

上述三种极化是由带电质点的弹性位移或转向形成的，均发生在单一电介质中，是极化最基本的形式。

4. 夹层式极化

实际电气设备的绝缘通常采用多层电介质的绝缘结构，因而在不同介质的交界面处会发生由带电质点的移动所形成的夹层式极化。

以最简单的双层电介质为例分析夹层式极化的物理过程。如图 2-2 所示，C_1、C_2 为各层介质的电容，G_1、G_2 为各层介质的电导，U_1、U_2 为各层介质上的电压。在开关刚合闸的瞬间，介质上的电压按电容分配，即 $t=0$ 时，$U_1/U_2 = C_2/C_1$；到达稳态时，介质上的电压按电导分配，即 $t \to \infty$ 时，$U_1/U_2 = G_2/G_1$。由于两层电介质的特性不同，一般情况下，$C_2/C_1 \neq G_2/G_1$，所以初始电压分布与稳态电压分布通常不相同，即合闸后两层介质上的电荷需要重新分配。

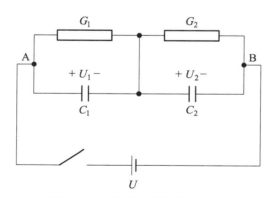

图 2-2　夹层式极化的物理过程

假设 $C_2 > C_1$、$G_1 < G_2$，则 $t \to 0$ 时，$U_1 < U_2$；$t \to \infty$ 时，$U_1 > U_2$。因为 $U_1 + U_2 = U$，则在过渡过程中 C_1 要通过 G_2 从电源处多获取一部分电荷（称为吸收电荷），而 C_2 要通过 G_2 释放掉一部分电荷，于是在分界面处就会积聚起一定数量的电荷。这种使夹层电介质的交界面处积聚电荷的过程，称为夹层式极化。电荷积聚过程所形成的电流称为吸收电流。由于夹层极化中有吸收电荷，故夹层式极化相当于增大了整个电介质的等值电容。

夹层式极化存在于不均匀夹层介质中。这种极化因涉及电荷的移动和积聚，所以必然伴随有能量损耗。由于电荷的积聚是通过介质的电导进行的，而介质的电导一般很小，所以极化过程较慢，一般需要数秒到数分钟，所以这种极化只有在直流和低频交流电压下才能表现出来。

5. 空间电荷极化

电子式极化、离子式极化和偶极子式极化这三种极化都是由带电质点的弹性位移或转向形成的，而空间电荷极化的机理则与上述不同，它是由带电质点（电子或正、负离子）的移动形成的。

空间电荷极化常常发生在不均匀介质中，在外电场的作用下，不均匀电介质中的正负间隙离子分别向负、正极移动，引起电介质内各点离子密度的变化，产生电偶极矩，这种极化称为空间电荷极化。实际上，晶界、相界、晶格畸变、杂质等缺陷区都可成为自由电荷运动的障碍，在这些障碍处，自由电荷积聚，也形成空间电荷极化。由于空间电荷积聚，可形成很多与外电场方向相反的电场。空间电荷极化随温度升高而下降。因为温度升高，离子运动加剧，离子扩散容易，因而空间电荷减少。

空间电荷的建立需要较长的时间，大约几秒到数十分钟，甚至数十小时，因此，空间电荷极化只对直流和低频下的介电性质有影响。

2.2　电介质的电导

2.2.1　电介质电导的基本概念

电介质内部总有一些自由的带电质点，在电场的作用下，带电质点会定向运动形成电流，即电介质具有一定的导电性。表征电介质电导大小的物理量是绝缘的电导率 γ（或绝缘的电阻率 ρ，$\rho = 1/\gamma$）。

电介质的电导与金属导体的电导有着本质的区别。电介质的电导主要是由离子移动造成的，电导很小，其电阻率 ρ 为 $10^9 \sim 10^{22}\,\Omega\cdot cm$。随着温度的升高，电导增大，即电介质的电导具有正的温度系数。在外施电压的作用下，由介质的电导所引起的电流称为泄漏电流，温度越高，泄漏电流越大。所以在测量绝缘电阻或泄漏电流时应尽量在同一温度下进行，以便于对测量结果进行比较。电介质电导的数值与电压也有关系，通常在电介质接近击穿时电导急剧上升。导体的电导主要由电子移动造成，电导极大，其电阻率 ρ 为 $10^{-6} \sim 10^{-2}\,\Omega\cdot cm$。随着温度的升高，金属的电导减小。

2.2.2　各种电介质的电导

1. 气体电介质的电导

外界游离因素在气体中会产生少量带电离子，在外电场的作用下，这些带电离子定向运动构成气体电介质的电导。气体电介质中电流与电压的关系如图 2-3 所示，当电场强度很小时（ $U < U_a$ ），电流随着电压的升高而增加；当电场强度增大时（ $U_a < U < U_b$ ），电流趋于饱和，这是因为外界游离因素产生的离子接近全部落入电极形成电流，以后电流的大小取决于外界游离因素的强度，此时 AB 段内气体的电导很小，气体仍处于绝缘状态。当电场强度继续增大时（ $U < U_b$ ），气体电介质中将发生碰撞游离，使电导迅速增大。当电压达到 U_c 时，气隙被击穿。

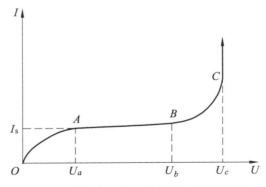

图 2-3　气体电介质中电流与电压的关系

2. 液体电介质的电导

液体电介质的电导主要由离子电导和电泳电导构成。离子电导是由液体本身和所含杂质的分子离解出的离子造成的。电泳电导是液体中的胶体质点吸附电荷带电造成的。

中性液体电介质本身分子不易离解，其电导主要是杂质分子离解出的离子；极性液体电介质的电导由杂质分子和电介质本身分子离解出的离子共同形成，所以当其他条件相同时，极性液体电介质的电导大于中性液体电介质的电导。强极性液体电介质如水、酒精等，其电导率已很大，所以不能作为绝缘材料使用。液体电介质的电导与分子的极性、电场强度、温度及液体的纯净度有关。离子电导随温度的升高而增大。电场强度较小时，电导接近为一常数，电场湿度较大时（超过某一定值），离解出来的离子数迅速增加，电导也就迅速增加。杂质对液体电介质的电导影响很大，尤其是中性液体电介质。当液体电介质的杂质含量增大时，其电导明显增大。

3. 固体电介质的电导

固体电介质的电导分为体积电导和表面电导两种。体积电导由固体介质本身的离子和杂质离子构成，影响体积电导的因素主要有电场强度、温度和杂质。在电场强度较低时，固体介质的电导率与电场强度关系很小，场强较高时，介质电导随场强的增大而迅速增大。温度升高，固体电介质的电导增大。固体电介质中常含有杂质，杂质使电介质内部导电粒子的数目增加，其电导增大。

表面电导主要由电介质表面吸附的水分和污物引起。固体电介质表面干燥清洁时，其表面电导很小；当电介质表面吸附潮气或沉积有污物时，其表面电导显著增大。表面电导的大小还与固体电介质本身的性质有关。憎水性电介质表面不易形成连续的水膜，表面电导比亲水性电介质要小，采取使介质表面洁净、烘干或涂以石蜡、有机硅、绝缘漆等措施，可以降低电介质的表面电导。

在测量固体电介质的泄漏电流（绝缘电阻）时，应采取措施消除电介质表面状况对测量值的影响。

2.2.3　电介质电导在工程实际中的意义

（1）电介质电导是绝缘预防性试验的理论依据。通过测量绝缘电阻、泄漏电流，可以判断电气设备的绝缘状况。

（2）多层电介质在直流电压作用下的稳态电压分布与各层电介质的电导成反比，选择合适的电导率可使各层电介质之间的电压分布较合理。

（3）注意环境条件对电介质电导的影响，如湿度对固体电介质表面电导的影响，对亲水性材料应进行防水处理；测量电气设备的绝缘电阻和泄漏电流时应注意湿度对测量值的影响。

2.3　电介质的损耗

2.3.1　电介质损耗的基本概念

1. 损耗的概念

从电介质的极化和电导的概念可以看出，电介质在电压作用下有能量损耗，称为介质损耗，简称介损。介质损耗由下列三部分组成：

（1）电导损耗。它由电导电流（泄漏电流）流过电介质产生。电导损耗在交流电压和直流电压作用下均存在。

（2）极化损耗。它是极性电介质中的偶极子式极化和多层电介质的夹层极化引起的损耗。极化损耗只在交流电压作用下才存在。

（3）游离损耗。它是由液体及固体介质中的局部放电引起的损耗。游离损耗只在外施电压超过一定值时才会出现，并且随着电压升高而急剧增加。游离损耗在交流电压和直流电压作用下均会出现。

当外加电压低于发生局部放电所需的电压时，在直流电压作用下，因介质中没有周期性的极化过程，所以介质中只有电导损耗；在交流电压作用下，介质损耗包括电导损耗以及周期性极化引起的能量损耗。

2. 电介质的等值电路

在电介质两端施加交流电压 U 时，电介质的原理电路如图 2-4 所示，串联等值电路如图 2-5 所示，其适用于直流电压和交流电压电路。其中 C_0 表示介质无能量损耗的极化，该支路当中流过的电流 I_{C0} 称为电容电流；R_g 支路表示电导引起的损耗，该支路中流过的电流 I_g 称为电导电流或泄漏电流；R_a-C_a 支路表示有能量损耗的极化，该支路中流过的电流 I_a 称为吸收电流。并联等值电路如图 2-6 所示。需要指出的是，等值电路只有计算上的意义，并不反映介质损耗的物理意义。

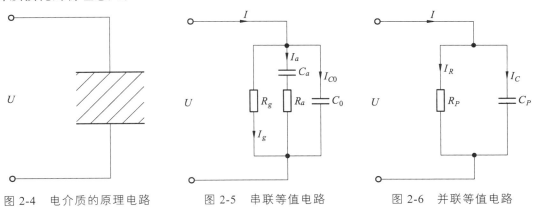

图 2-4　电介质的原理电路　　图 2-5　串联等值电路　　图 2-6　并联等值电路

3. 介质损耗角正切值 tanδ

以并联等值电路为例。当给电介质两端施加交流电压时，流过介质的电流包含有功分量 $\dot{i}_R$ 和无功分量 $\dot{i}_C$。将功率因数角 φ 的余角 δ 称为介质损失角，则 $\tan\delta = I_R / I_C = 1/\omega CR$。介质上所加电压与流过介质电流的向量关系如图 2-7 所示，则介质损耗 P 为

$$P = UI_R = UI_C \tan\delta = U^2 \omega C_P \tan\delta \qquad (2\text{-}4)$$

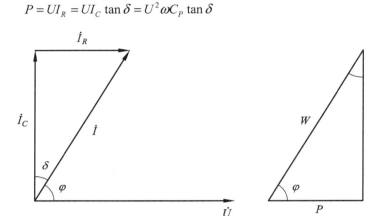

图 2-7 介质在交流电压下的向量图和功角特性

由式（2-4）可知，P 值与试验电压、试品电容量及电源频率有关，不同试品间难以比较。如果外施电压和电源频率不变，则介质损耗与 $\tan\delta$ 成正比，所以通常用介质损失角正切值 $\tan\delta$ 来表示介质在交流电压作用下的损耗。$\tan\delta$ 仅与介质本身的特性有关，与被试品的几何尺寸无关，当绝缘受潮或绝缘中有大量气泡、杂质时，$\tan\delta$ 会增大。故对于同类型被试品绝缘的优劣，可以通过 $\tan\delta$ 值的大小来判断。

需要说明的是，介质损失角正切值 $\tan\delta$ 即可反映介质本身的绝缘状况，同时介质损耗本身也是导致绝缘老化和损坏的一个原因，因为介质损耗将引起绝缘内部发热，温度升高，从而使泄漏电流增大和有损极化加剧，导致介质损耗更大。所以，对于运行中的电气设备，应监测其介质损耗的变化趋势，这对判断设备绝缘的品质具有重要意义。

2.3.2 影响介质损失角正切值 tanδ 的因素

影响 $\tan\delta$ 数值的因素主要有频率、温度和电压。

（1）频率对 $\tan\delta$ 的影响很大，在进行试验时，电源频率变化很小，可认为频率对 $\tan\delta$ 没有影响。

（2）温度对 $\tan\delta$ 的影响与介质结构有关。中性或弱极性电介质的损耗主要是电导损耗，损耗较小，当温度升高时，$\tan\delta$ 增大。极性电介质的 $\tan\delta$ 与温度的关系如图 2-8 所示。

（3）电压较低（场强较小）时，$\tan\delta$ 与电压无关。当介质中含有气泡时，外施电压升高到气泡的起始游离电压后，将发生局部放电，$\tan\delta$ 值将随电压的升高

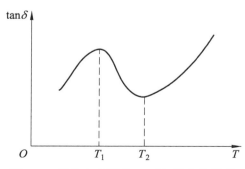

图 2-8 极性电介质的 $\tan\delta$ 与温度的关系

明显增大。所以在较高电压下测量 $\tan\delta$ 可以检查介质中是否含有气隙，也可以发现介质老化分层、龟裂等缺陷。

2.3.3　电介质的介质损耗

1. 气体电介质中的损耗

当外施电压小于气体发生碰撞游离所需的电压时，气体中的损耗主要是电导损耗，损耗极小，可忽略不计。所以常用气体作为标准电容器的介质。当外施电压超过起始游离电压时，损耗随电压的升高急剧增大，如图 2-9 所示。

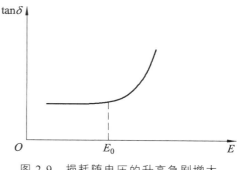

图 2-9　损耗随电压的升高急剧增大

2. 液体电介质中的损耗

中性或弱极性液体电介质的损耗主要是电导损耗，损耗较小，$\tan\delta$ 与温度及电场的关系和电导相似：温度升高，$\tan\delta$ 增大。电场强度小于某定值时，$\tan\delta$ 接近为一常数，电场强度超过某定值时，$\tan\delta$ 随电场强度的增大而增大。极性液体电介质的 $\tan\delta$ 与温度的关系如图 2-8 所示。

3. 固体电介质中的损耗

固体电介质通常分为分子式结构介质、离子式结构介质、不均匀结构介质。分子结构中的中性电介质如石蜡、聚乙烯等，以及离子结构的电介质如云母等，其损耗主要由电导引起，因其电导很小，所以介质损耗也很小。分子结构中的极性电介质，如纤维、有机玻璃等，介质损耗较大，高频下更严重，其值与温度的关系同极性液体介质。

不均匀结构的介质，其损耗的大小取决于其中各成分的性能及数量间的比例。

2.3.4　介质损耗在工程实际中的意义

（1）选择绝缘材料。$\tan\delta$ 过大会引起介质严重发热，加速绝缘老化。

（2）在电气设备绝缘预防性试验中，$\tan\delta$ 的测量是基本的试验项目，可根据 $\tan\delta$ 值的变化判断电气设备的绝缘品质，通过测量 $\tan\delta$ 与 U 的关系曲线还可判断绝缘内部是否发生局部放电。

2.4　气体电介质放电过程及其击穿特性

2.4.1　气体电介质中带电质点的产生与消失

气体电介质，特别是空气在电力系统中的应用非常广泛。与固体和液体电介质相比，气体电介质的优点是不存在老化问题，并且在击穿后去掉外施电压，其绝缘特性可以完全自行恢复。

由于受到各种射线的辐射，空气中会产生极少量的带电质点，因其电导极小，可认为空气是良好的绝缘体，只有当气体中出现大量的带电质点时，气体才会失去绝缘性能变为导体。

原子中的电子脱离原子核的束缚成为自由电子和正离子的过程称为原子的游离。游离过程需要从外界获得能量才能完成，游离所需的能量称为游离能。发生游离的条件是原子从外界获取的能量大于原子的游离能。

1. 气体介质中带电质点的产生

（1）气体中电子和正离子的产生。根据原子从外界获得的能量形式的不同，游离可分为碰撞游离、光游离和热游离。

① 碰撞游离。气体中的带电质点（电子成离子）在电场作用下加速而获得足够大的动能时，若与气体分子发生碰撞，可能使气体分子游离为电子和正离子，这种由碰撞引起的游离称为碰撞游离。碰撞游离是气体放电过程中产生带电质点的重要来源。

质点在每两次碰撞之间通过的距离称为自由行程。离子因其体积和质量较大，所以自由行程小且每次碰撞后易损失其动能，不易积聚游离所需的能量，产生碰撞游离的可能性很小，所以碰撞游离主要是由自由电子与气体分子碰撞而引起的。提高气体中的电场强度或减小气体分子的密度可以提高碰撞游离的概率。

② 光游离。光辐射引起的气体分子的游离过程称为光游离。光辐射是以光子的形式发出的，产生光游离的必要条件是光子的能量大于游离能。光子的能量 W 取决于其频率 v，其计算公式如下：

$$W = hv = h\frac{c}{\lambda} \tag{2-5}$$

式中　h——普朗克常量，$h = 6.63 \times 10^{-34}$ J·s；

c——光速，3×10^8 m/s；

v——光波频率，Hz；

λ——光波波长，m。

由式（2-5）可知，只有短波长的高能辐射线才能使气体分子发生光游离，可见光是不能直接产生光游离的。必须注意的是气体本身也可能产生光子，如激励状态的分子或原子回到常态时或正、负带电质点在复合时都会以光子的形式放出能量。因此，光游离在气体放电中起着重要的作用。

③ 热游离。由气体的热状态引起的游离称为热游离。当气体的温度很高时，气体分子具有的动能足以使其在相互碰撞时产生碰撞游离。此外，高温气体发出的热辐射也能导致光游离。也就是说热游离实质上是热状态下产生的碰撞游离和光游离的综合。

在常温下，气体分子的平均动能低，不会产生游离，在高温下（如电弧放电产生的高温），气体中有明显的热游离过程。

（2）气体中金属电极表面的游离电子从金属电极表面逸出的过程称为表面游离，表面游离所需的能量称为逸出功，不同金属材料的逸出功不同。用各种不同方式供给金属电极能量，例如，正离子撞击阴极表面、将金属电极加热、短波光源照射电极以及强电场的作用都可使阴极表面发生游离。

气体中负离子的形成。在气体放电过程中，除电子和正离子外，还存在带负电的离子。负离子是由自由电子与中性分子或原子结合而成的。

某些气体中的中性分子（或原子）具有较大的电子亲和力，容易吸附电子形成负离子。我们把容易吸附电子形成负离子的气体称为电负性气体。因离子的游离能力比电子小得多，所以当电子被分子吸附形成负离子后，其游离能力大大降低，对气体放电的发展起抑制作用，有助于提高气体的电气强度。含卤族元素的气体（如 SF_6）属于电负性气体，其分子具有很强的电负性，所以具有很高的电气强度。

2. 气体介质中带电质点的消失

气体中带电质点在放电空间的消失主要有三个途径：
（1）带电质点在电场作用下定向运动消失于电极。
（2）带电质点的扩散。
（3）带电质点的复合。

2.4.2　气体电介质放电过程的描述

气体中流通电流的各种形式统称为气体放电。

由于宇宙射线等高能射线的作用，气体会发生较微弱的游离过程，同时正、负带电质点又不断复合。在这两种过程的作用下，大气中通常会存在少量的带电质点。在气隙电极间施加电压后，带电质点沿电场运动，在回路中形成电流。当气体间隙中的电场较弱时，因带电质点数量极少，故电流也极小，气体为良绝缘体。当气隙中的电场强度达到一定数值时，电流急剧增加，使其失去绝缘能力。这种由绝缘状态突变为导电状态的过程，称为击穿。发生击穿的最低临界电压称为击穿电压。均匀电场中击穿电压与间隙距离之比称为击穿场强，不均匀电场中击穿电压与间隙距离之比称为平均击穿场强。击穿场强反映气体的电气强度。

1. 均匀电场中气体的伏安特性

图 2-10 为平板电极气体间隙中电流与外施电压的关系。气体间隙上施加直流电压，在曲线的 Oa 段，气体间隙中的电流随外施电压的升高而增大，这是因为带电质点运动速度加快，因复合而消失的带电质点的数目减少。a 点以后，电流不再随电压的升高而增大，因为这时由外界游离因素产生的带电质点全部进入电极参与导电，电流的大小与所加电压无关，而仅取决于外界气体间隙的伏安特性游离因素的强弱。当外施电压大于 U_b 后，电流又随电压的升高而增大，这是由于间隙中的电场强度已较高，足以引起碰撞游离，即带电质点由外界游离因素和碰撞游离共同产生，带电质点数目增多的缘故。当电压继续升高至 U_c 时，电流急剧增大，此时气体间隙转入良好的导电状态，即气体被击穿了。

当外施电压小于 U_c 时，间隙中电流的数值仍很小，一般为微安级，此时间隙中的电流仍需要外界游离因素维持。取消外界游离因素，气隙中的电流将消失，这种需要外界游离因素维持的放电称为非自持放电。当外施电压达到 U_c 后，间隙中的电场强度已足够强，游离过程仅靠电场的作用可自行维持和发展，不再需要外界游离因素，因此 U_c 以后的放电形式称为自持放电。

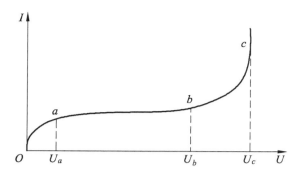

图 2-10　平板电极气体间隙中电流与外施电压的关系

2．电子崩的形成

由于电极表面光游离比空间光游离强烈得多，所以引起放电的起始电子主要是由阴极的表面游离产生的。这些电子在电场作用下加速向阳极运动，动能不断增加。当电场较强时，电子所具有的动能足以引起碰撞游离，游离出来的电子和原有电子从电场中获得动能又可继续引起碰撞游离。这样气隙中电子的数目将按几何级数不断增加，即电子崩。

3．自持放电条件

只有电子崩过程是不会发生自持放电的，此时如果去掉外界游离因素，放电会中止。所以自持放电的条件是在气隙内初始电子崩消失前产生新的电子（称为有效电子）来抵偿那个引起电子崩后将消失于阳极的初始电子。这个新的电子在电场作用下又引起碰撞游离，产生新的电子崩，从而使放电可以继续进行下去，即放电转入自持放电。放电由非自持放电转入自持放电的临界电压称为起始放电电压。

有效电子的产生情况与气体的相对密度 δ 和极间距离 S 的乘积有关。当乘积数值较小时，有效电子是正离子撞击阴极表面造成表面游离产生的。当乘积数值较大时，有效电子是由空间光游离产生的。

2.4.3　气体电介质放电的主要形式

根据气体压力、外回路阻抗、电场分布的不同，间隙击穿前后气体放电具有不同的形式，主要有以下四种。

（1）辉光放电：气体的压力远小于 1 个标准大气压时发生。其特点是放电电流密度小，放电区域为整个电极间的空间，整个间隙仍处于绝缘状态。

（2）火花放电：气体压力在 1 个大气压力及以上、外回路阻抗较大时发生。其放电特点是具有贯穿两电极的较细的放电通道，电流增大，且放电过程不稳定，气体间隙被间歇性地击穿。

（3）电弧放电：气体压力在 1 个大气压力及以上、外回路阻抗很小时发生。其特点是具有持续贯通两电极的细而明亮的放电通道，放电通道电导极大，电流密度极大，温度很高，电路具有短路特征。

（4）电晕放电：气体间隙中的电场分布极不均匀时发生。其特点是在曲率半径较小的电极附近出现发光的薄层，电流值不大，此时整个间隙仍处于绝缘状态。

2.5　固体电介质的击穿

2.5.1　固体电介质的击穿特性

固体电介质的击穿与气体、液体电介质相比，主要有以下不同：

（1）固体电介质击穿场强高。固体电介质击穿场强一般比气体和液体电介质高，例如，在均匀电场中，云母的工频击穿场强可达 2 000 ~ 3 000 kV/cm。

（2）固体电介质绝缘具有非自恢复性。固体电介质击穿后会留下痕迹，如贯穿电极孔道、开裂，撤去电压后不能像气体电介质那样恢复原有的绝缘性能。

（3）固体电介质具有累积效应。固体电介质在冲击电压作用下绝缘损伤会扩大甚至击穿，这种现象称为累积效应。大部分有机材料有明显的累积效应，玻璃、云母等无机材料没有明显的累积效应。

（4）固体电介质击穿具有体积效应。固体电介质击穿场强分散性很大，这与材料的不均匀性有关。加大试样的面积和体积，使绝缘材料弱点出现的概率增大，会使击穿场强降低，这就是所谓击穿的体积效应。随着绝缘厚度的增加，击穿强度大大降低。因此，在小试样上的试验结果并不适用于大尺寸的绝缘结构。

2.5.2　固体电介质的击穿形式

1. 电击穿

固体电介质的电击穿是指仅仅由于电场的作用而直接使介质破坏并丧失绝缘性能的现象，其击穿过程与气体相似。在介质的电导很小，又有良好的散热条件，且内部不存在局部放电的情况下，固体介质的击穿通常为电击穿。

电击穿的主要特征：① 击穿场强高，可达 $10^3 ~ 10^4 \, kV/cm$；② 与周围环境温度无关；③ 除时间很短的情况，与电压作用时间关系不大；④ 介质发热不显著；⑤ 电场均匀程度对击穿有显著影响。

2. 热击穿

固体介质会因介质损耗而发热，如果周围环境温度高，散热条件不好，介质温度将不断上升而导致绝缘的破坏，如介质分解、熔化、碳化或烧焦，从而引起热击穿。在交流电压和直流电压下的热击穿理论相同，但由于直流电压下的介质损耗较小，所以直流电压下，正常未受潮的绝缘很少发生热击穿，交流电压频率升高时，介质损耗迅速增大，热击穿的概率也大大增加，有时需要采取冷却措施，如中频感应加热设备的电容器，一般需要在夹层中通冷却水加以冷却。由于热击穿所需时间较长，常常需要几个小时，故冲击电压作用下固体介质常发生电击穿，而不发生热击穿。另外，即使提高工频试验电压，热击穿也常常需要好几分钟。因此绝缘试验中常用的 1 min 耐压不能考验固体介质的热击穿特性，例如，对带电作业的操作工具的耐压试验要求施加电压 5 min。

3. 电化学击穿

固体介质在长期工作电压的作用下，由于介质内部发生局部放电等原因，使绝缘劣化，电气强度逐步下降，并引起击穿的现象称为电化学击穿。

局部放电是介质内部缺陷（如气隙或气泡）引起局部性质的放电，是引起电化学击穿的重要因素。提高局部放电电压的措施有：

（1）提高气隙击穿场强，如充油设备用高油压来提高油中气隙的击穿场强。

（2）设法用油或高强度气体填充空穴，如用于电容器、电缆、互感器及电套管中的油纸绝缘，多层介质用油浸渍均可有效提高局部放电电压。

2.5.3　固体电介质击穿电压的影响因素

影响固体电介质击穿电压的因素有电压作用时间、电场均匀程度、温度、受潮、累积效应、电压种类和机械负荷。

1. 电压作用时间

固体电介质的击穿形式与电压作用时间密切相关，如图 2-11 所示。如果电压作用时间很短（如 0.1 s 以下），固体电介质的击穿往往是电击穿，击穿电压也较高；电压作用时间达数小时才引起击穿，则热击穿往往起主要作用；电压作用时间长达数十小时甚至几年才发生击穿时，大多属于电化学击穿的范畴。电击穿和热击穿有时很难分清，例如在工频交流 1 min 耐压试验中的试品被击穿，常常是电和热双重作用的结果。随着电压作用时间的增长，击穿电压也将有所下降。

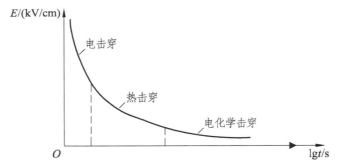

图 2-11　固体电介质的击穿形式与电压作用时间关系曲线

2. 电场均匀程度

处于均匀电场中的固体介质，其击穿电压往往较高，且随介质厚度的增加近似地呈线性增大；若在不均匀电场中，介质厚度增加使电场更不均匀，于是击穿电压不再随厚度的增加而线性上升。当厚度增加使散热困难到可能引起热击穿时，增加厚度的意义就更小了。常用的固体介质一般都含有杂质和气隙，这时即使处于均匀电场中，介质内部的电场分布也是不均匀的，最大电场强度集中在气隙处，使击穿电压下降。如果经过真空干燥、真空浸油或浸漆处理，则击穿电压可明显提高。

3. 温　度

固体介质在某个温度范围内其击穿性质属于电击穿，这时的击穿场强很高，且与温度几乎无关。超过某个温度后将发生热击穿，温度越高，热击穿电压越低；如果其周围媒质的温度也高，且散热条件又差，热击穿电压更低。因此，以固体介质作绝缘材料的电气设备，如果某处局部温度过高，在工作电压下即有热击穿的危险。

不同的固体介质其耐热性能和耐热等级是不同的，因此它们由电击穿转为热击穿的临界温度一般也是不同的。

4. 受　潮

受潮对固体介质击穿电压的影响与材料的性质有关。对于不易吸潮的材料，如聚乙烯、聚四氟乙烯等中性介质，受潮后击穿电压仅下降一半左右；对于容易吸潮的极性介质，如棉纱、纸等纤维材料，吸潮后的击穿电压可能仅为干燥时的百分之几或更低，这是因电导率和介质损耗大大增加的缘故。所以高压绝缘结构在制造时要注意除去水分，在运行中要注意防潮，并定期检查受潮情况。

5. 累积效应

由于固体介质的绝缘损伤是不可恢复的，并具有累积效应。显然，它会导致固体介质击穿电压的下降。因此，对这些电气设备进行耐压试验，加电压的次数和试验电压值应考虑这种累积效应，而在设计固体绝缘结构时，应保证一定的绝缘裕度。

6. 电压种类

冲击击穿电压比工频峰值击穿电压高。直流电压下固体介质损耗小，直流击穿电压比工频峰值击穿电压高。高频下局部放电严重，发热严重，其击穿电压最低。

7. 机械负荷

机械应力可能造成绝缘材料开裂、松散，使击穿电压降低。在运行中，由于长期受高温作用，绝缘材料特别是纸（或布）纤维、塑料等有机材料很容易劣化变脆，机械强度强烈下降，所以电力设备要注意散热，避免过负荷运行。

2.5.4　提高固体击穿电压的方法及具体措施

1. 提高固体击穿电压的方法

（1）改进制造工艺，使介质尽可能做到均匀致密。
（2）改进绝缘设计，使电场分布均匀。
（3）改善绝缘的运行条件。

2. 提高固体击穿电压的具体措施

（1）通过精选材料、改善工艺、真空干燥、加强浸渍（油、胶、漆等），以清除固体电介质中残留的杂质、气泡、水分等。如电力电容器内部的浸渍剂的主要作用是填充固体绝缘介质的空隙，以提高介质的耐电强度，改善局部放电特性和增强散热冷却的能力。由于电容器绝缘介质的工作电场强度较高，同时冷却条件较差，因此对浸渍剂的技术性能要求较高。目前采用表面粗化薄膜，并在高真空下浸渍而形成的全膜电容器已广泛应用。纸绝缘电缆在运行过程中，由于黏性浸渍剂的热膨胀系数大，在负荷、温度有变动时，体积改变明显，而铅铝护套受热后冷却难以恢复原有尺寸，绝缘内部容易形成气隙。故黏性浸渍电缆仅适用于 35 kV 以下的交流系统。更高电压的油纸电缆选用黏度较低的电缆油浸渍，并加以油压，以减小油中气隙，提高绝缘强度。由于薄纸的电气强度高，通常包缠用的纸带改用 0.045 ~ 0.075 mm 的薄纸来代替常用的 0.12 mm 厚的电缆纸。随着绝缘材料的发展，有用烷基苯等合成油来代替电缆油，用薄膜-纤维合成纸来代替电缆纸。

（2）采取合理的绝缘结构。使各部分绝缘的耐电强度与其承受的场强相匹配；改善电极形状及表面光洁度，使电场分布均匀；改善电极与绝缘体的接触状态，消除接触处的气隙或使接触处的气隙不承受电位差，如用半导体漆。带绝缘（总包绝缘）的三相交流电缆方式，电场属于非同轴圆柱分布，平行于纸层方向将出现较强的切线分量，从而容易出现滑闪放电。故 10 kV 以上的三芯电缆不用带绝缘结构，而改用分相铅包（或屏蔽）的，若线芯及金属护层表面均光滑，其间绝缘层中的电场分布近于同轴圆柱体电场，电场分布较为均匀。交流 110 kV 及以上的高压套管常用电容式套管，它是在导电杆上包以多层绝缘纸构成，在层间按设计要求位置加有铝箔，以起到均压作用。油浸式变压器中常用的绝缘纸有两种：① 电缆纸（通常为 0.08 ~ 0.12 mm 厚），主要用于导线绝缘、层间绝缘及引线绝缘等；② 更薄的电话纸和更柔软的皱纹纸，有利于包紧出线头、引线等。绝缘纸板常用作绕组间的垫块、隔板等，或制成绝缘筒及对铁轭的角环等。在电场很不均匀的区域，如对铁轭或高压引线绝缘，也采用由纸浆制成合适形状的绝缘成型件，以改善电场分布，防止发生沿面滑闪放电。通常变压器绕组与铁轭间的电场不如绕组中部均匀，故高压进线布置在绕组中部，若需将高压引线（或自耦变压器的中压引线）安置在绕组端部时，需要加入静电板，以改善绕组近端部处的电场分布。静电板是在绝缘环上用金属带包缠成一个具有较大曲率半径的不闭合金属环，再包以很厚的绝缘层。

（3）在运行中，注意防止尘污、潮气和有害气体的侵蚀，加强散热冷却，如自然通风、强迫通风、氢冷、油冷、水内冷等措施。如油、纸绝缘的配合使用，可以弥补各自缺点，显著增强绝缘性能，但纸纤维为多孔性的极性介质，极易吸收水分，即使经过干燥油浸处理仍会吸潮。因此，在出厂前变压器内纤维的含水量应降低到 0.3% ~ 0.5%，在现场如需吊芯，务必选择晴朗干燥的天气，尽量缩短暴露时间。对于长期停运的变压器在重新投入前，需检查是否受潮，有时还可先预热干燥后再投入运行。

2.5.5　固体电介质的老化

1. 固体电介质老化的类型

电气设备中的绝缘在长期运行过程中会发生一系列物理变化和化学变化，致使其电气、机械及其他性能逐渐劣化，这种现象统称为绝缘的老化。固体介质的老化可分为电老化、热老化和环境老化三类。

1）电老化

在电场的作用下使介质的物理、化学性能发生不可逆的劣化而导致击穿，这种过程称电老化。

2）热老化

热老化是指在较高温度下，固体介质由于热裂解、氧化裂解、交联以及低分子挥发物的逸出等出现的老化现象。

3）环境老化

紫外线、日晒雨淋、湿热等也对绝缘的老化有明显的影响，称之为环境老化。

2. 固体电介质的电老化

固体电介质的电老化的主要原因是局部放电。局部放电并不马上形成贯穿性通道，但长期局部放电会造成影响，如放电产生的热能，引起热裂解、气隙膨胀；局部放电区产生高能辐射线，引起材料分解；放电可产生臭氧和硝酸，会使材料发生腐蚀、氧化等化学破坏。随着老化程度的加剧，最终会使绝缘击穿。各种材料耐受局部放电的性能是不同的，陶瓷、云母等无机材料有较强的耐局部放电的性能，塑料等有机材料耐局部放电的性能较差。

3. 固体电介质的热老化

热老化的特征主要表现为：介质失去弹性、变硬、变脆，发生龟裂；机械强度降低；介质变软、发黏；介质的电气性能下降。

热老化的程度取决于温度及该材料处在热作用下所经历的时间。电气设备的使用寿命一般取决于其绝缘寿命，后者又与老化过程密切相关。为了保证绝缘具有经济合理的使用寿命，通常对固体绝缘规定了耐热等级，以规定各级绝缘材料的最高持续工作温度，如表 2-1 所示。使用温度越高，寿命越短。对于 A 级绝缘材料，使用温度若超过规定温度 8 ℃，则其寿命大约缩短一半，称之为 8 ℃ 规则；对于 B 级绝缘材料，属 10 ℃ 规则；对于 H 级绝缘材料，属 12 ℃ 规则。

表 2-1　各级绝缘材料的最高持续温度

耐热等级	最高持续工作温度/℃	材　料
Y	90	未浸渍过的木材、棉纱、天然丝、纸或其组合物；聚乙烯、聚氯乙烯、天然橡胶
A	105	矿物油及浸入其中的 Y 级材料；油性漆、油性树脂漆及漆包线
E	120	由酚醛树脂、糠醛树脂、三聚氰胺甲醛树脂组成的塑料、胶纸板、胶布板，聚酯薄膜及聚酯纤维，环氧树脂，聚氨酯及其漆包线，油改性三聚氰胺漆
B	130	用合适的树脂或沥青浸渍、粘合、涂抹，或用有机补强材料加工过的云母、玻璃纤维、石棉等制品；聚酯漆及其漆包线；使用无机填充料的塑料
F	155	用耐热有机树脂或漆粘合、浸渍的无机物（云母、石棉、玻璃纤维及其制品）
H	180	硅有机树脂、硅有机漆，或用它们粘合浸过的无机材料，硅橡胶
200	200	不采用任何有机粘合剂或浸渍剂的无机物，如云母、石英、石板、陶瓷、玻璃或玻璃纤维、石棉水泥制品，以及玻璃、云母模压品等；聚四氟乙烯材料
220	220	
250	250	

4. 环境老化

由于日晒、雨淋、紫外线等环境因素造成的介质老化称为环境老化。环境老化主要对暴露在户外大气条件下的有机绝缘物影响较大，如导线绝缘、有机合成绝缘子等，所以环氧浇注绝缘子通常可用于户内，却不能用于户外。紫外线对高分子聚合物固体介质有加速老化的作用，在选择绝缘介质时要充分考虑这一点。

2.6 液体电介质的击穿

2.6.1 液体电介质的击穿原理

1. 纯净液体电介质

常用的液体介质主要有从石油中提炼出来的矿物油——变压器油、电容器油、电缆油等。纯净液体电介质的击穿属于电击穿。在外电场足够强时，电子在碰撞液体分子时可引起游离，使电子数倍增加，形成电子崩。同时，正离子在阴极附近形成空间电荷层，增强了阴极附近的电场，使阴极发射的电子数增多，导致液体介质击穿。

2. 工程用液体电介质

与纯净的液体电介质相比，工程用液体电介质的击穿场强较低。这主要是因为在电气设备制造过程中有杂质混入，其击穿存在热过程，属于热击穿的范畴，可用"小桥"击穿理论来解释工程用液体电介质的击穿过程。例如，油中常因受潮而含有水分，此外还含有油纸或布脱落的纤维，而水和纤维的相对介电系数很大，极易极化而沿电场方向定向排列。若定向排列的纤维贯穿于电极形成连续的杂质小桥，因小桥的电导较大，其泄漏电流增大，从而引起杂质小桥通道发热，这会促使汽化，随着气泡扩大和发展，会出现气体小桥，使油间隙发生击穿。

如果油间隙较长，难以形成贯通的小桥，则不连续的小桥也会显著畸变电场，降低间隙的击穿电压。由于杂质小桥的形成带有统计性，因而工程液体电介质的击穿电压有较大的分散性。小桥的形成还与电极形状和电压种类有关。当电场极不均匀时，由于棒电极附近会出现局部放电现象，造成油的扰动，妨碍小桥的形成。在冲击电压作用下，由于作用时间极短，小桥不易形成。

总体来说，液体介质的击穿理论还不是很成熟，虽然有些理论在一定程度上能解释击穿的规律，但大多都是定性的，在工程实际中主要靠实验数据。一般可以通过测量其电气强度、$\tan\delta$ 和含水量来判断变压器油的品质。

2.6.2 影响液体电介质击穿电压的因素

1. 液体电介质品质的影响

1）化学成分

矿物油中各种成分含量的比例对油的理化性能有一定影响，对油的短时耐电强度则没有明显影响。

2）含水量

在一定温度下，油内最多含有水分：25 °C 时约为 0.2 g/L，70～80 °C 时约为 0.5 g/L。水在变压器油中有两种状态：一种是溶解状态，这种状态的水分对油的耐电强度影响不大；另一种是悬浮状态，这种状态的水分对油的耐电强度影响很大。

水分在油中存在的状态可随着温度的变化而转化。在常温下即使有万分之一的水分，有的击穿场强都会降到干燥时的 15%～30%。

3）含纤维量

纤维易在电场力的作用下定向排列，形成小桥，同时易与水分联合作用使击穿场强明显下降。

4）含碳量

细而分散的炭粒对油的耐电强度的影响并不显著，但炭粒与水分、杂质混合沉淀于电气设备固体介质表面，形成油泥，则易造成沿固体介质表面放电，并影响散热。

5）含气量

当油中还含有其他杂质时，击穿电压的下降程度随杂质的种类和数量而异。总体上，绝缘油溶解气体短时间内对油的性能影响不大，耐电强度只有少量降低，但外界因素使溶解于油中的气体析出，会使有的耐电强度有较大的降低；另外，溶解于油中的氧气会加速油泥的形成。

2. 电压作用时间的影响

油间隙的击穿电压会随电压作用时间的增加而下降，加电压时间还会影响油的击穿性质。电压作用时间为数十到数百微秒时，杂质的影响还不能显示出来，仍为电击穿，这时影响油间隙击穿电压的主要因素是电场的均匀程度；电压作用时间更长时，杂质开始聚集，油间隙的击穿开始出现热过程，于是击穿电压再度下降，为热击穿。

3. 电场的影响

若为优质油，保持油不变，而改善电场均匀度，能使工频击穿电压显著增大，也能大大提高其冲击击穿电压。在冲击电压下，由于杂质来不及形成小桥，故改善电场总是能显著提高油间隙的冲击击穿电压，而几乎与油的品质好坏无关。

4. 温度的影响

油的击穿电压与温度的关系比较复杂，随电场的均匀度、油的品质以及电压类型的不同而异，特别是与油的含水量有很大的关系。不论在均匀电场中还是在不均匀电场中，随着温度上升，冲击击穿电压均单调地稍有下降。图 2-12 表示标准油杯中变压器油的工频击穿电压与温度的关系，由图可见，干燥油的击穿强度与温度

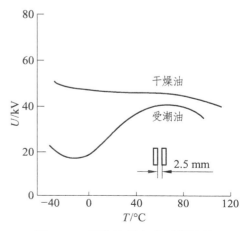

图 2-12　标准油杯中变压器油的
工频击穿电压与温度的关系

没有多大关系，但受潮的油的击穿强度与温度有很大的关系。在 0 ~ 80 ℃ 温度范围内，油的击穿强度随温度的上升而显著提高，这是因为水分在油中的溶解度随温度的升高而增加，使悬浮状态的水分减少的缘故。温度再升高时，由于油中水分汽化，使击穿强度下降，但仍比室温时的高。

5. 压力的影响

不论电场均匀度如何，工业纯变压器油的工频击穿电压总是随着油压的增加而增加，这是因为油中气泡的电离电压增高和气体在油中的溶解度增大的缘故。经过脱气处理的油，其工频击穿电压几乎与油压无关。

2.6.3　提高液体电介质击穿电压的方法

1. 提高液体电介质的品质

1）过　滤

将油在压力下连续通过滤油机中大量的滤纸层，可过滤纤维、吸附水分和有机酸等油中的杂质；也可以先在油中加白土、硅胶等吸附剂，吸附油中的水分、有机酸等，然后再过滤，则效果更好。

2）祛　气

具体方法概括为：先将油加热，在真空室中喷成雾状，油中原来含有的水分和气体即挥发并被抽去，然后在真空条件下将油注入电气设备中。由于该电气设备已被真空除气，就不会使油中重新混入气体，这有利于油渗入电气设备绝缘的微细空隙中。在运行中保持油的品质的方法则是装置吸附剂过滤器。

3）防　潮

油浸式绝缘在浸油前必须烘干，必要时可用真空干燥法去除水分。某些设备如变压器，可在呼吸器的空气入口处放置干燥剂。

2. 改善电场

1）覆　盖

覆盖是紧紧包在小曲率半径电极上覆以薄固体绝缘材料或涂上漆膜，其厚度一般只有零点几毫米。覆盖层可阻止杂质小桥的发展，能显著提高油间隙的工频击穿电压，并减小其分散性，因而充油设备里很少用裸导体。

2）绝缘层

当覆盖的厚度增大到能分担一定的电压，即成为绝缘层，一般为数毫米到数十毫米，它能降低绝缘表面的最大电场强度，有利于提高整个间隙的工频击穿电压和冲击击穿电压。例如，变压器中引线对箱壁的油间隙为 100 mm 时，当在裸线上包以厚 3 mm 的绝缘层后，击穿电压约提高一倍。

3）屏　障

在电场中放置层压纸板或压布板作为屏障，可局部改善电场分布，通常在极不均匀电场中采用屏障，可使油间隙的工频击穿电压提高到无屏障时的 2 倍或更高。例如，变压器在绕组间、相间及铁心或铁间的油间隙中的固体绝缘板，其形状可以是平板、圆筒、圆管，厚度为 2 ~ 7 mm。屏障有两个作用：①机械阻隔杂质小桥的形成；②使电场分布更均匀。变压器常采用薄纸筒小油道结构，即将油间隙用多层屏障分隔成多个较短的油间隙，则击穿场强更高，但过于细长的间隙不利于散热。

2.6.4　液体电介质的老化

1. 绝缘油的老化过程

绝缘油的老化过程可分为三个阶段：

（1）A 期：新油在与空气接触的过程中吸收的氧气将与油中的不饱和碳氢化合物起化学反应，形成饱和的化合物，主要表现在：颜色逐渐深暗，从淡黄色变为棕褐色，从透明变为混浊，黏度增大（妨碍对流传热），闪燃点增高，灰分和水分增多。

（2）B 期：油继续吸收氧气，生成稳定的油的氧化物和低分子量的有机酸，如甲酸、醋酸等，也有部分高分子有机酸，如脂肪酸、沥青酸等，使油的酸价增高，这种油对绕组绝缘和金属都有较强的腐蚀作用。

（3）C 期：油进一步氧化，当酸性物浓度达一定程度时，便产生加聚和缩聚作用，生成中性的高分子树脂质及沥青质，同时析出水分，使油呈混浊的胶凝状态，最后成为固体的油泥沉淀。油泥沉淀在绕组上会妨碍绕组的散热，且绝缘性能变坏，表现在电阻率降低、介质损耗增大、击穿电压降低。随着油继续氧化，油的质量日益劣化，劣化到一定程度的油就不能再继续使用。

上述过程可概括为：油温升高→氧化加速→油裂解→分解出多种能溶于油的微量气体→绝缘破坏。

2. 绝缘油老化的影响因素

（1）温度。温度是影响变压器油老化的主要因素之一。试验指出：当温度低于 60 ~ 70 ℃时，油的氧化作用很小，高于此温度时，油的氧化作用显著；此后，温度约每增高 10 ℃，油的氧化速度就增大一倍。当温度超过 115 ~ 120 ℃ 时，不仅出现氧化的进一步加速，还可能伴随有油本身的热裂解，这一温度一般称为油的临界温度。

油的临界温度与油的成分和精炼程度有关。为此，在油的运行中或油的处理过程中，一般规定不允许超过 115 ℃（这是指油的局部最高温度，例如紧靠着绕组、铁心、导线接头、触点，或其他加热面处的局部最高油温，而不是指平均温度或上层油温）。

（2）油的接触物。当油接触到金属、纤维、水分、灰尘等时，会使油的吸氧量增加，加速油的氧化。如果使油不与氧气接触，则即使有接触媒（铜）存在，且处在较高的温度（98 ℃）下，经过 900 ~ 1 000 h，油仍能保持较好的质量。

（3）光照和电场也都会加速油的老化。

3. 延缓绝缘油老化的方法

（1）装置扩张器。其作用为供油热胀冷缩，使油与空气接触面减小。

（2）在油呼吸器通道中装置吸收氧气和水分的过滤器。用氧化钙、硅胶、氧化铝等以吸收水分，用粉末状的铜、氯化铵、纯洁的铁屑等以吸收氧气。

（3）以氮气来排挤出油内吸收的空气。有的变压器或高压套管采用密闭并充氮的方法来防止油的氧化。

（4）掺入氧化剂，以提高油的安定性。抗氧化剂只在新油或再生过的油中有效，因为它只能延长上述 A 期的时间，它既不能阻止氧化过程的进行，更不能使已氧化的油还原。

4. 变压器油的再生

将已老化的变压器油进行再生的方法，称为变压器油的再生，最常用的方法有以下两种。

1）酸-碱-白土法

将硫酸很好地与已老化的油相混合，使酸与油中的老化产物起化学反应，变成不溶于油的酸渣，就可以很方便地将老化产物从油中分离出来；然后在油中加入碱，以中和剩余的酸，再用清水洗涤；最后加入白土吸附剂，并经过滤或离心分离，即可得到再生油。

2）氢化法

在高温高压下，在有特殊接触媒的条件下，用氢将油处理。在氢化过程中，油的氧化物被还原成原来的碳氢化合物，夺取过来的氧与氢化合为水，并在真空中挥发出去。这种方法适用于老化较严重的油，用这种方法再生的油质量最好。

2.7 组合绝缘

2.7.1 组合绝缘的介电系数和介质损耗

除单一绝缘介质外，电力设备内的绝缘还有由多种绝缘介质构成的组合绝缘。如电机中常用云母、胶粘剂、浸渍剂组合成的绝缘；变压器中常采用由油间隙、绝缘层、屏障等组合起来的绝缘方式；充油套管常采用油间隙和胶纸层或油纸层组合的绝缘；在电容器和电缆中常用纸或薄膜的叠层和浸渍剂组合的绝缘。

以两层介质的平行层状结构为例，如图 2-13 所示，电极间距离为 d，各层电解质的介电系数为 ε_1、ε_2，厚度为 d_1、d_2，则电极间电容为

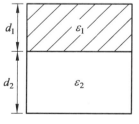

图 2-13 平行层状结构

$$\frac{1}{c} = \frac{1}{c_1} + \frac{1}{c_2}$$

（2-6）

式中，c_1、c_2 分别为各层电介质电容。

由此可得

$$\frac{1}{\dfrac{\varepsilon}{d}} = \frac{1}{\dfrac{\varepsilon_1}{d_1}} + \frac{1}{\dfrac{\varepsilon_2}{d_2}} \tag{2-7}$$

整理可得组合绝缘的介电常数 ε 为

$$\varepsilon = \frac{\varepsilon_1 \varepsilon_2 (d_1 + d_2)}{d_1 \varepsilon_2 + d_2 \varepsilon_1} \tag{2-8}$$

同理，可得组合绝缘的总介质损耗正切值为

$$\tan \delta = \frac{d_1 \varepsilon_1 \tan \delta_1 + d_2 \varepsilon_2 \tan \delta_2}{d_1 \varepsilon_2 + d_2 \varepsilon_1} \tag{2-9}$$

式中，$\tan \delta$、$\tan \delta_1$、$\tan \delta_2$ 分别为各层电介质的介质损耗角正切值。

2.7.2　组合绝缘的电场分布

外加电压在组合绝缘中各介质上的电压分布，将决定组合绝缘整体的击穿电压。电压分布情况与电压的性质及持续时间等因素有关。

在直流电压下，绝缘等效为绝缘电阻，各层绝缘承受的电压与其绝缘电阻成正比，所以应把电气强度高、电导率小的材料用在电场最强的地方。

在交流和冲击电压下，绝缘等效为电容，各层绝缘承受的电压与其电容成反比，所以此时应该把电气强度高、介电常数小的材料用在电场最强的地方。

1. 均匀电场双层介质

在组合绝缘中，同时采用多种电介质，在需要对这一类绝缘结构中电场做定性分析时，常常采用最简单的均匀电场双层介质模型。

2. 分阶绝缘

所谓分阶绝缘，是指由介电常数不同的多层绝缘构成的组合绝缘。分阶原则是对越靠近缆芯的内层绝缘选用介电常数越大的材料，以达到电场均匀化的目的。超高压交流电缆常为单相圆芯结构，由于其绝缘层较厚，采用分阶结构，可以减小缆芯附近的最大电场强度。

2.7.3　组合绝缘的击穿特性

1. 油-屏障绝缘的击穿特性

对于高压电气设备绝缘，除了必须有优异的电气性能外，还要求有良好的其他性能，单一品质电介质往往难以同时满足这些要求，所以常采用多种电介质的组合，并以油纸绝缘居多。例如，在变压器中，采用油间隙、绝缘层、屏障等组合起来的绝缘方式；在电缆、电容器中，用纸或高分子薄膜的叠层和各种浸渍剂组合的绝缘；在电机中，用由云母、胶粘剂、补强材料和浸渍剂组合的绝缘；在充油套管中，用油间隙和胶纸层或油纸层组合的绝缘。油浸电力变压器主绝缘采用的是"油-屏障"式绝缘结构，在这种组合绝缘中以变压器油作为主要的电介质，在油间隙中放置若干个屏障是为了改善油间隙中的电场分布和阻止贯通性杂质小桥的形成，一般能将电气强度提高 30% ~ 50%。

2. 油纸绝缘的击穿特性

油纸绝缘广泛用于电容器、电缆、套管、电流互感器、某些变压器及高压电机中。油纸绝缘的优点主要是优良的电气性能，干纸的耐电强度仅为 10 ~ 13 kV/mm，纯油的耐电强度也仅为 10 ~ 20 kV/mm。两者组合以后，由于油填充了纸中薄弱点的空气间隙，纸在油中又起到了屏障作用，从而使总体耐电强度提高很多。油纸绝缘工频短时耐电强度可达 50 ~ 120 kV/mm。

油纸绝缘的直流短时击穿场强高于交流时的值。因为在直流电压下，两种介质中场强分配与它们的体积电阻率成正比，油的体积电阻率比纸小，故油中场强比纸中低，场强分布合理；而交流电压下油与纸中场强与它们的介电常数成反比，由于油的介电系数比纸小，故油中场强比纸中高，而油的击穿场强比纸低，场强分布不合理。

油纸绝缘的最大缺点是易受污染（包括受潮）。因为纤维素是多孔性的极性介质，极易吸收水分，即使经过细致的真空干燥、浸渍处理并浸在油中，仍将逐渐吸潮和劣化。另外，该类绝缘散热条件较差。

习　题

1. 什么叫电介质的极化？
2. 电介质极化的基本形式有哪几种？
3. 哪几种极化属于无损耗的极化？哪几种极化属于有损耗的极化？
4. 什么是相对介电常数？相对介电常数在工程上有什么意义？
5. 电介质的电导与金属导体的电导有何不同？
6. 固体电介质的电导可分为哪两部分？通常做电气设备试验时测的是哪一部分？
7. 什么是介质损耗？影响介质损耗的因素有哪些？
8. 为什么要以 $\tan\delta$ 来表示电介质的损耗？
9. 介质损耗在工程上有什么意义？

第 2 篇　电气设备绝缘试验技术

本篇介绍电气设备绝缘试验技术，即以预防性试验为基础的预防性维修（定期维修）和以在线检测试验为基础的状态维修（预知维修），以及测试和诊断的基本原理与方法。

第 3 章　电气设备绝缘预防性试验

3.1　绝缘电阻的测量

绝缘电阻是一切电介质和绝缘结构的绝缘状态最基本的综合性特性参数。

由于电气设备中大多采用组合绝缘和层式结构，故在直流电压下均有明显的吸收现象，使外电路中有一个随时间而衰减的吸收电流。如果在电流衰减过程中的两个瞬间测得两个电流值或两个相应的绝缘电阻值，则利用其比值（称为吸收比或极化指数）可检验绝缘是否严重受潮或存在局部缺陷。

3.1.1　多层介质的吸收现象

一些电气设备的绝缘都是由多层介质组成的。例如电缆和变压器等用油和纸作绝缘介质。就基本机理而言，多层介质的吸收特性可以粗略地用双层介质来分析，双层介质的等值电路如图 3-1 所示，图中 R_1、C_1 与 R_2、C_2 分别表示介质 1、2 的绝缘电阻和等值电容。当合上开关 S 将直流电压 U 加到双层介质上后，电流表的读数变化如图 3-2 中电流-时间特性曲线所示，开始电流很大，以后逐渐减小，最后等于一个常数 I_g。当试品电容量较大时，这种逐渐减小过程很慢，甚至达数分钟或更长。图中用斜线表示的面积为绝缘在充电过程中逐渐"吸收"的电荷 Q_a。这种逐渐"吸收"电荷的现象叫作吸收现象。

在开关 S 刚合闸瞬间（ $t = 0^+$ 时刻），双层介质上的电压按电容量的大小反比分配，此时：

$$U_{10} = U \frac{C_2}{C_1 + C_2} \tag{3-1}$$

$$U_{20} = U \frac{C_1}{C_1 + C_2} \tag{3-2}$$

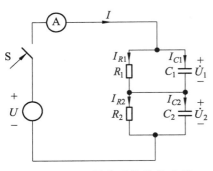

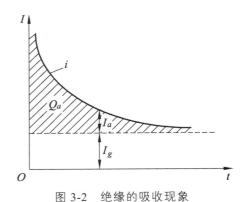

图 3-1 双层介质的等效电路   图 3-2 绝缘的吸收现象

在达到稳态时（ $t \to \infty$ ），双层介质上的电压改为按电阻阻值的大小正比分配：

$$U_{1\infty} = U \frac{R_1}{R_1 + R_2} \tag{3-3}$$

$$U_{2\infty} = U \frac{R_2}{R_1 + R_2} \tag{3-4}$$

此时回路电流为电导电流：

$$I_\infty = I_g = \frac{U}{R_1 + R_2} \tag{3-5}$$

由于存在吸收现象，$U_{10} \neq U_{1\infty}$，$U_{20} \neq U_{2\infty}$，一般来说，从 S 合闸到稳态都有一个过渡过程，这个过渡过程的快慢取决于时间常数。

$$\tau = (C_1 + C_2) \frac{R_1 R_2}{R_1 + R_2} \tag{3-6}$$

流过电流表（双层介质的电流）的电流为

$$\begin{aligned}
I &= I_{R1} + I_{C1} = I_{R2} + I_{C2} \\
&= \frac{U}{R_1 + R_2} + \frac{U(R_2 C_2 - R_1 C_1)^2}{(C_1 + C_2)^2 (R_1 + R_2) R_1 R_2} \mathrm{e}^{-\frac{t}{\tau}} \\
&= I_g + I_a
\end{aligned} \tag{3-7}$$

由式（3-7）可知：流过试品的电流由两个分量组成。第一个分量为传导电流 I_g；第二个分量为吸收电流 I_a。如果 $R_1 C_1 \approx R_2 C_2$，吸收电流很小，则吸收现象不明显，如果 $R_1 C_1$ 与 $R_2 C_2$ 相差较大，则吸收现象将十分明显。

在绝缘上施加一直流电压 U 时，这一电压与电流 I 之比即为绝缘电阻，但在吸收电流分量尚未衰减完毕时，呈现的电阻值是不断变化的，如式（3-8）所示。

$$\begin{aligned}
R(t) = \frac{U}{I} &= \frac{U}{\dfrac{U}{R_1 + R_2} + \dfrac{U(R_2 C_2 - R_1 C_1)^2}{(C_1 + C_2)^2 (R_1 + R_2) R_1 R_2} \mathrm{e}^{-\frac{t}{\tau}}} \\
&= \frac{(C_1 + C_2)^2 (R_1 + R_2) R_1 R_2}{(C_1 + C_2)^2 R_1 R_2 + (R_2 C_2 - R_1 C_1)^2 \mathrm{e}^{-\frac{t}{\tau}}}
\end{aligned} \tag{3-8}$$

通常所说的绝缘电阻均指吸收电流 I_a 按指数规律衰减完毕后所测得的稳态电阻值。在式（3-8）中，如令 $t \to \infty$，可得 $R_\infty = R_1 + R_2$，即等于两层介质电阻的串联值。利用仪器测量稳态绝缘电阻值能有效揭示绝缘或整体受潮，或局部严重受潮，或贯穿性缺陷等情况。因为在这些情况下，绝缘电阻值显著降低，I_g 将显著增大，而 I_a 迅速衰减。但这种方法也有其不足和局限性，如大型设备（大型发电机、变压器等）的吸收电流很大，吸收过程可达数分钟甚至更长，这时要测得稳态阻值，要耗费较长的时间。有些设备（如电机），由 I_g 那部分所反映的绝缘电阻数值又往往有很大的范围，这与该设备的几何尺寸（或其容量）有密切关系，因而难以给出绝缘电阻数值作为判断标准，只能把本次测得的绝缘电阻值与过去所测值进行比较来发现问题。

正由于此，对于某些大型被试品，往往用测"吸收比"的方法来代替单一稳态绝缘电阻的测量。其原理如下：

如果令 t_1 和 t_2 瞬间的两个电流值 I_{t1} 和 I_{t2} 所对应的绝缘电阻分别为 R_1 和 R_2，则比值：

$$K_1 = \frac{R_{t1}}{R_{t2}} = \frac{I_{t1}}{I_{t2}} \tag{3-9}$$

即为"吸收比"。由于吸收比是同一试品在两个不同时刻的绝缘电阻的比值，所以排除了绝缘结构体积尺寸的影响。一般取 $t_1 = 15$ s，$t_2 = 60$ s，恒有 $K_1 \geqslant 1$ 成立。

如果绝缘状态良好，吸收现象显著，K_1 值将远大于 1。反之，当绝缘受潮严重或有大的缺陷时，I_g 显著增大，而 I_a 在 t_1 时已衰减得差不多，因而 K_1 值变小，更接近于 1。不过一般以 $K_1 \geqslant 1.3$ 作为设备绝缘状态良好的标准也不尽合适，例如油浸变压器有时会出现下述情况：有些变压器的 K_1 虽大于 1.3，但 R 值却很低；有些 $K_1 < 1.3$，但 R 值却很高，所以应将 R 值和 K_1 值结合起来考虑，才能做出比较准确的判断。

如高电压、大容量电力变压器之类设备的吸收现象往往需要相当长时间，有时吸收比 K_1 尚不足以反映吸收现象的全过程，这时还可利用"极化指数"作为又一判断指标。按照国际惯例，将 $t_2 = 10$ min 和 $t_1 = 1$ min 时的绝缘电阻比值定义为绝缘的极化指数 K_2，即

$$K_2 = \frac{R_{10\,\mathrm{min}}}{R_{1\,\mathrm{min}}} \tag{3-10}$$

在 K_1 不能很好地反映绝缘的真实状态时，建议以 K_2 来代替 K_1，例如对于 $K_1 < 1.3$ 但绝缘电阻值仍很大的变压器，应再测 K_2 然后再做判断。

还应指出：电气绝缘的某些集中性缺陷虽已发展得相当严重，以致在耐压试验时被击穿，但在此前测得的绝缘电阻、K_1 或 K_2 却并不低，这是因为这些缺陷还没有贯通整个绝缘的缘故。可见，仅凭绝缘电阻和 K_1 或 K_2 的测量结果来判断绝缘状态仍不够可靠。

3.1.2　绝缘电阻和 K_1 或 K_2 的测量

测量仪器由恒定直流电源和测量显示机构两部分组成。

1. 用手摇式兆欧表测量

手摇式兆欧表的原理接线如图 3-3 所示，它由手摇发电机和磁电式测量机构组成，测量

机构的固定部分包括永久磁铁、极掌和铁心（图中未画出），可动部分有 W_V、W_A 电压和电流线圈；R_V、R_A 分别为两线圈的串联电阻，R_x 为待测试品绝缘电阻。手摇发电机的电压加到 R_V-W_V 和 R_x-R_A-W_A 两条并联支路上，由于磁电式测量机构的磁场是不均匀磁场，因此两个可动线圈（W_V、W_A）所受的力与其自身在磁场中的位置有关。又由于这两个线圈的绕向相反，因此流过它们的电流受磁场作用时会产生不同方向的转动力矩。在力矩差的作用下，可动部分旋转，一直转到平衡时为止（$M_V = M_A$），指针的偏转与两条并联电路中的电流比值有关，$\alpha = f\left(\dfrac{I_V}{I_A}\right)$，由于 $\dfrac{I_V}{I_A} = \dfrac{R_A + R_x}{R_V}$，因此有：

$$\alpha = f\left(\frac{I_V}{I_A}\right) = f\left(\frac{R_A + R_x}{R_V}\right) = f(R_x) \tag{3-11}$$

可见，指针偏转角 α 直接反映 R_x 的大小。

当"L""E"开路时，$R_x = \infty$，$I_2 = 0$，只有 W_V 中有电流 I_V，于是指针反时针偏转到最大位置"∞"。

当外接被测电阻 R_x 在"0"与"∞"之间时，指针停留的位置由 I_V 与 I_A 的比值定。

端钮"L"的外圈套有屏蔽环，其作用是使"L""E"之间以及被试绝缘的表面泄漏电流不流过 W_A，从而防止测量误差。

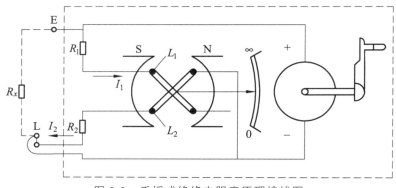

图 3-3　手摇式绝缘电阻表原理接线图

2. 用数字式兆欧表测量

它不是用手摇发电机产生固定不变的直流电压，而是采用整流电源，用户可根据需要选择电压量程。当在试品绝缘上施加电压时，取试品电压、电流信号经 A/D 转换，并进行简单数值计算，用液晶数显方式给出结果。

不论用手摇式兆欧表，还是用智能化数字式兆欧表，测量试品绝缘电阻和 K_1 或 K_2 时，都应记录环境温、湿度，因为它们对试品绝缘电阻有很大影响。

3.2　介质损耗角正切的测量

介质损耗角正切 $\tan\delta$ 绝缘在电压作用下消耗的有功功率和无功功率的比值，是表征绝缘功率损耗大小的特征参数，也是绝缘品质的重要指标。

如果绝缘内的缺陷不是分布性而是集中性的，$\tan\delta$ 有时反应就不灵敏。被试绝缘的体积越大，或集中缺陷所占的体积越小，那么集中缺陷处的介质损耗占被试绝缘全部介质损耗中的比重就越小，容性电流几乎不变，总体的 $\tan\delta$ 增加得就越少，测量 $\tan\delta$ 法就越不灵敏。因此，测量 $\tan\delta$ 的方法适合检测分布性的绝缘缺陷。例如，套管和电流互感器的 $\tan\delta$ 若超过了表 3-1 中的数值，就意味着电介质严重发热，设备有发生爆炸的危险，或设备绝缘存在严重缺陷，应立即进行检修。$\tan\delta$ 能反映绝缘的整体性缺陷（如全面老化）和小容量试品中的严重局部性缺陷，由 $\tan\delta$ 随电压而变化的曲线可判断绝缘是否受潮含有气泡及老化的程度。当大电容量的设备绝缘存在局部缺陷时，应尽可能将设备解体后分别测量进行分析。

表 3-1　套管和电流互感器在 20 ℃ 时的 $\tan\delta$（%）最大容许值

电气设备	形　式	额 定 电 压/kV					
		20～35		63～220		330～500	
		大修后	运行中	大修后	运行中	大修后	运行中
套　管	充油式	3.0	4.0	2.0	3.0	—	—
	油纸电容式	—	—	1.0	1.5	0.8	1.0
	胶纸式	3.0	4.0	2.0	3.0	—	—
	充胶式	2.0	3.0	2.0	3.0	—	—
	胶纸充胶或充油式	2.5	4.0	1.5	2.5	1.0	1.5
电流互感器	充油式	3.0	6.0	2.0	3.0		
	充胶式	2.0	4.0	2.0	3.0		
	胶纸电容式	2.5	6.0	2.0	3.0		
	油纸电容式	—	—	1.0	1.5	0.8	1.0

3.2.1　$\tan\delta$ 的测量方法

$\tan\delta$ 的测量方法很多，首先介绍国内广泛应用的 QS_1 型西林电桥的测量原理和使用方法。

1. 西林电桥

1）测量原理

电桥原理接线如图 3-4 所示，图中 C_x、R_x 为试品的电容和电阻，R_3 为可调无感电阻，C_N 为高压标准电容器，C_4 为可调电容器，R_4 为定值无感电阻，P 为交流检流计。

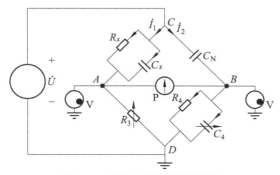

图 3-4　西林电桥原理接线图

当电桥平衡时，通过检流计 P 的电流为零，于是有：

$$\dot{I}_1 = \dot{I}_{R3}, \quad \dot{I}_2 = \dot{I}_{R4} + \dot{I}_{C4} \tag{3-12}$$

试验中调节 R_3、C_4，使 P 中电流为零，此时有：

$$Z_x \cdot Z_4 = Z_3 \cdot Z_N \tag{3-13}$$

将 Z_x、Z_4、Z_3、Z_N 分别用图中参数表示代入式（3-13），经复数运算整理即可求得

$$\tan\delta = \frac{1}{\omega R_x C_x} = \omega R_4 C_4 \tag{3-14}$$

$$C_x = \frac{R_4 C_N}{R_3} \tag{3-15}$$

下面用图 3-5 所示的相图分析电桥平衡的过程：

电桥的平衡是通过调节 R_3 和 C_4 分别改变桥臂电压大小和相位实现的。由于 Z_x 和 Z_N 远大于 R_3 和 Z_4，故可得到 $I_1 \approx \frac{U_{CD}}{Z_x}$ 和 $I_2 \approx \frac{U_{CD}}{Z_N}$，调节 R_3 的大小，可认为是调节 U_{AD} 的幅值，调节 C_4 的大小，可认为是调节 U_{BD} 的相位，最终使 $\dot{U}_{AD} = \dot{U}_{BD}$，$\dot{U}_{CA} = \dot{U}_{CB}$。

图 3-5 所示为电桥平衡相量图，图 3-5（a）为试品侧相量图，图中：

$$\dot{I}_{R3} = \dot{I}_1 = \dot{I}_{Rx} + \dot{I}_{Cx} \tag{3-16}$$

$$\tan\delta_x = \frac{I_{Rx}}{I_{Cx}} = \frac{\dfrac{U_{CA}}{R_x}}{\omega \cdot U_{CA} \cdot C_x} = \frac{1}{\omega R_x C_x} \tag{3-17}$$

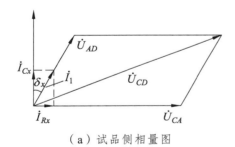

（a）试品侧相量图   （b）标准电容侧相量图

图 3-5 电桥平衡相量图

图 3-5（b）为标准电容侧相量图，图中：

$$\dot{I}_2 = \dot{I}_{R4} + \dot{I}_{C4}$$

$$\tan\delta = \frac{I_{C4}}{I_{R4}} = \frac{U_{BD} \cdot \omega C_4}{\dfrac{U_{BD}}{R_4}} = \omega R_4 C_4 \tag{3-18}$$

电桥平衡时，有 $\delta_x = \delta$，所以 $\tan\delta_x = \dfrac{1}{\omega R_x C_x} = \omega R_4 C_4$，将 R_4 固定为 $10^6/\omega$ 代入式（3-18），并取 C_4 单位为 μF，可以得：

$$\tan\delta_x = C_4 \tag{3-19}$$

上面介绍的是西林电桥的正接线，被试品 Z_x 的两端均对地绝缘，D 点为接地点。实际中，被试品的一端往往是固定接地的，这时必须 C 点接地，改用图 3-6 所示的反接线。在反接线情况下，R_3、R_4、C_4、检流计 P 都处在高电位，必须保证足够的绝缘水平和采取可靠的保护措施，以确保测试人员和仪器的安全。

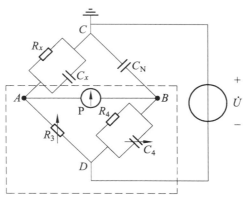

图 3-6　西林电桥反接线原理图

2）外界电磁场对电桥的干扰

（1）外界电场的干扰

外界电场的干扰主要包括试验用高压电源和试验现场高压带电体引起的干扰。电场干扰电流路径是通过杂散电容流入桥体的。而杂散电容存在于高压源与桥体各元件及其连接线之间，所以桥臂有干扰电流流过就会引起测量误差。

（2）外界磁场的干扰

磁场干扰电流是邻近母线负载电流的磁场在桥路内感应出的一个干扰电势而产生的电流，显然这一干扰电流对电桥的平衡产生影响，也将导致测量误差。

消除的办法是：电桥本体用金属网屏蔽，全部引线用屏蔽电缆线，在实际现场的被试物有一端固定接地只能采用反接线时（见图 3-6），C 点接地，D 点与屏蔽网接高压电源，屏蔽对地（包括仪器金属外壳）应有足够的绝缘。由于传统的手动调节电桥平衡工作量大，弊端多，现已采用自动平衡测量仪器，它采用差值比较原理，用计算机控制和处理桥体平衡。与传统手动调节相比，它测量速度快，稳定性高，但硬件复杂，工艺要求高，价格昂贵。应该看到手动和自动调节电桥平衡都属于比较法测被试品的 $\tan\delta$，即将已知臂的 $\tan\delta$ 与待测的 $\tan\delta_x$ 进行比较，使 $\delta_x = \delta$，从而得到结果。

以下将介绍如何获取试品两端所施电压 u 和流过试品绝缘的电流 i，从含有丰富信息 u、i 中通过数值分析求得 $\tan\delta$。

2. 谐波波形分析法

利用同步采样系统，将试品上的电压、电流信号进行离散后输入数据处理系统，进行快速傅里叶变换（FFT），求出两信号基波分量的幅值（U_{vm}、I_{xm}）和相位（Φ_{Uv}、Φ_{Ix}），如图 3-7 所示，然后利用公式得到试品的 $\tan\delta$ 和 C_x。

$$\delta = \frac{\pi}{2} - (\varphi_{Ix} - \varphi_{Uv}) \tag{3-20}$$

$$C_x = (I_{xm} / \omega U_{Vm}) \cos \delta \tag{3-21}$$

式中，U_{Vm}、I_{xm} 分别为试品基准电压 U_V 和电流 I_x 的基波峰值，而 φ_{Uv} 和 φ_{Ix} 分别为经 FFT 算法分解出 U_V 和 I_x 的时域基波初相角。

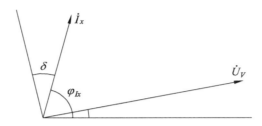

图 3-7　试品电压、电流信号基波相量间的关系

由于采用 FFT 算法具有抗谐波干扰、零漂、温漂等特点，是以软件代替硬件进行波形分析，不需要对波形进行前期加工处理，简化了电路结构，提高了系统的可靠性。但是采用这种方法应注意与信号频率相同的工频干扰，并设法有效地消除它。

3. 过零相位比较法

该方法的原理是从试品上取得电压和电流信号，分别经过滤波、限幅放大、过零比较电路变成方波信号，然后一起通过异或门变为相位脉冲，该相位脉冲经过与门后就填充了时标脉冲，最后送单片机计数。

该方法把 $\tan\delta$ 的测量转化为时间的测量，而时间的测量现在已可达到很高的准确度，所以只要能解决实际中的高压测量取样信号的特殊问题，就不失为一种好方法。该方法主要应克服因波形畸变而引起过零点偏移的问题。波形畸变一方面来自电源，高压电源往往会由于电网中各种非线性设备存在和试验变压器的非线性励磁特性等而引入较大的三次及其他高次谐波分量；另一方面来自采集信号不合理。

4. 异频电源法

它是测量 $\tan\delta$ 一种新的抗现场工频干扰的方法，其原理为 $\tan\delta$ 测量过程中将试验电源的频率偏离干扰电源频率（现场运行的工频相对于试验所用的某种频率的电源是一种干扰源），通过频率识别或滤波技术排除干扰电源的叠加影响来保证测量的准确性。由于 $\tan\delta$ 值与频率有关，若试验电源频率与干扰源频率之差越小，$\tan\delta$ 值越接近工频下的值。但二者频率差值过小，使得用软件和硬件辨识难度大，以致无法剔除现场工频的干扰影响。

在消除现场工频干扰后，再用上述比较法或定义法测量 $\tan\delta$ 都是可行的。因此，异频电源法可以不作为独立的方法提出来。

3.2.2　影响 $\tan\delta$ 测量的因素

无论用上述哪种方法测量，在排除外界电磁场干扰、正确测出 $\tan\delta$ 值后，还需对 $\tan\delta$ 的测量结果进行正确分析判断，为此，必须了解绝缘的 $\tan\delta$ 值与哪些因素有关。

1. 温度的影响

电气绝缘的 tanδ 与温度有关，这种关系因材料、结构的不同而异（见图 3-8），一般情况下 tanδ 随温度的上升而增大。现场试验时，设备温度是变化的，而且其真实平均温度很难测定，所以将测得的 tanδ 统一换算至 20 ℃ 下分析往往有很大误差，因此尽可能在 10～30 ℃ 温度下测试。

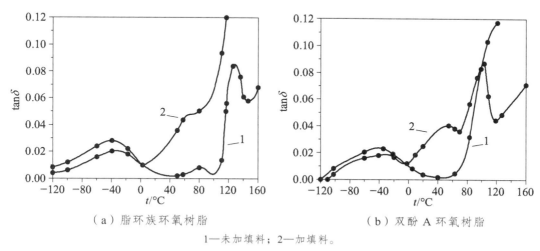

（a）脂环族环氧树脂　　　　　　　　　　（b）双酚 A 环氧树脂

1—未加填料；2—加填料。

图 3-8　不同绝缘材料加与不加填料时其 tanδ 与温度的关系

2. 湿度的影响

湿度对测量 tanδ 同样有直接影响，环境湿度大，不可避免地通过水蒸气的扩散，从周围环境中吸收湿气，介质受潮时损失增加。因此，尽可能选择干燥天气测试。

3. 试验电压的影响

一般来说，良好的绝缘在其额定电压范围内，其 tanδ 值几乎不变，如图 3-9 中曲线 1 所示。如果绝缘内部存在气泡、分层、脱壳，当所加试验电压尚不足以使气泡电离时，其 tanδ 值与电压的关系与良好绝缘无显著差别，当所加试验电压足以使绝缘中的气泡电离，或局部放电时，tanδ 值将随试验电压的升高而迅速增大，电压回落时电离要比电压上升时更强一些，因而会出现闭环状曲线，如图 3-9 中的曲线 2 所示。如果绝缘受潮，则电压较低时的 tanδ 值就已相当大，电压升高时，tanδ 更将急剧增大；电压回落时，tanδ 也要比电压上升时更大一些，因而形成不闭合的分叉曲线，如图 3-9 中的曲线 3 所示，产生这一现象的主要原因是介质的温度因发热而提高了。

测量 tanδ 与电压的关系，有助于判断绝缘的状态和缺陷的类型。

4. 试品表面泄漏的影响

试品表面泄漏可能影响反映试品内部绝缘状况的 tanδ 值。为消除表面泄漏，测试前应将试品表面擦干净，必要时可加屏蔽。

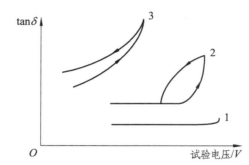

1—良好绝缘；2—绝缘中存在气隙；3—受潮绝缘。

图 3-9　tanδ与试验电压的典型曲线

5. 试品电容量的影响

对于电容量较小的设备（如套管、互感器等），测量 tanδ能有效地发现局部集中性和整体分布性缺陷，但对于电容量较大的设备（如大中型变压器、电力电缆、电容器、发电机等），测量 tanδ只能发现整体分布性缺陷，因为局部集中性缺陷所引起的损失的增加只占总损失的极小部分，这样用测 tanδ的方法判断设备的绝缘状态就很不灵敏了。对于可以分解为几个彼此绝缘部分的被试品，应分别测量其各部分的 tanδ，这样能更有效地发现缺陷。

3.3　局部放电的测量

绝缘中的局部放电是引起介质老化的重要原因之一。高电压设备绝缘内部不可避免地存在某些缺陷（如固体绝缘中的气隙或液体绝缘中的气泡）和电场分布的不均匀。这些气隙、气泡的场强达到一定值以上时，就会发生局部放电，但长期的局部放电使绝缘的劣化损伤逐渐扩大，达到一定程度后，就会导致绝缘的击穿和损坏。测定电气设备在不同电压下的局部放电强度和变化趋势，就能判断绝缘内是否存在局部缺陷以及介质老化的速度和目前的状态。因而局部放电检测已成为确定产品质量和进行绝缘预防性试验的重要项目之一。

3.3.1　局部放电基本知识

以固体介质为例说明局部放电的发展过程。当固体介质内部含有气隙时，气隙及与其串联的固体介质中的场强与它们的介电常数成反比，因而气隙中的场强要比固体介质中的场强高得多，而气隙的电气强度通常又比固体介质低，所以当外加电压远低于固体介质的击穿电压时，就可能在气隙内开始放电。

固体介质内部有一个小气隙时的等值电路，如图 3-10 所示，图中 C_g 为气隙的电容，C_b 是与气隙串联的固体介质的电容，C_a 是介质其余完好部分的电容。若气隙很小，则 $C_b \ll C_g$，且 $C_b \ll C_a$，电极间加上瞬时值为 u 的交流电压，则 C_g 上的电压 u 为

$$u_g = \frac{C_b}{C_b + C_g} \cdot u$$

（3-22）

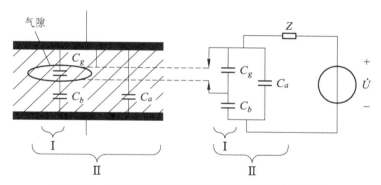

图 3-10　介质中气隙局部放电的示意图和等值电路

当 u_g 随 u 增大到气隙的放电电压 U_s 时，气隙即放电。放电产生的空间电荷建立电场，使 C_g 上的电压急剧下降到剩余电压 U_r 时，火花熄灭，完成一次局部放电，如图 3-11（a）所示。在此期间出现一个对应的局部放电电流脉冲，如图 3-11（b）所示。这一放电过程的时间很短，可认为瞬时完成。气隙每放电一次，其电压瞬时下降一个 $\Delta U_g = U_s - U_r$，随着外加电压的继续上升，C_g 重新获得充电，直到 u_g 又达到 U_s 值时，气隙发生第二次放电……如图 3-11 所示。

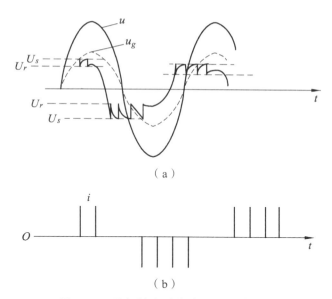

（a）

（b）

图 3-11　局部放电时的电压、电流波形

C_g 放电时，每次的放电电荷量为

$$q_r = \left(C_g + \frac{C_a C_b}{C_a + C_b} \right)(U_s - U_r) \approx (C_g + C_b)(U_s - U_r) \tag{3-23}$$

式中，q_r 为真实放电量，但因 C_g、C_b、U_s、U_r 等都无法测得，因此 q_r 也无法确定。

由于气隙放电引起的电压变动（$U_s - U_r$）将按电容反比分配在 C_b、C_a 上（从气隙两端看 C_b、C_a 是相串联的），设在 C_a 上的电压变动为 ΔU_a，则有

$$\Delta U_a = \frac{C_b}{C_a + C_b}(U_s - U_r) \tag{3-24}$$

这表明：当气隙放电时，试品两端电压会突然下降 ΔU_a，相当于试品放掉电荷：

$$q = (C_a + C_b)\Delta U_a = C_b(U_s - U_r) \tag{3-25}$$

这里称 q 为视在放电量。q 虽然可以由电源加以补充，但必须通过电源侧的阻抗。因此 ΔU_a 及 q 值是可以测量到的，通常将 q 作为度量局部放电强度的参数，比较式（3-23）、式（3-25），可得

$$q = \frac{C_b}{C_g + C_b}q_r \quad (C_g \gg C_b) \tag{3-26}$$

可见，视在放电量 q 通常比真实放电量 q_r 小得多。

在交流电压作用下，当外加电压较高时，在半周期内放电可以重复多次发生。而在直流电压作用下，情况就不一样。由于电压的大小和方向不变，一旦气隙被击穿，空间电荷建立反电场，放电就熄灭。直到空间电荷通过介质内部电导而中和，使反电场减弱到一定程度后，才开始第二次放电。在其他条件相同时，直流电压下单位时间内的放电次数一般要比交流下低很多，可以认为在直流下局部放电产生的破坏作用也远比交流下小。这也是绝缘在直流下的工作电场强度可以大于交流工作电场强度的原因之一。

此外，表征局部放电的重要参数还有：

1. 放电重复率（ N ）

它是在选定的时间间隔内测得的每秒发生脉冲的平均次数，它表示局部放电的出现频度。放电重复率与外加电压的大小有关，外加电压增大时，放电次数将增多。

2. 放电能量（ W ）

放电能量通常指一次局部放电所消耗的能量。放电能量为

$$W = \int u_g i \mathrm{d}t = -C'\int_{U_s}^{U_r} u_g \mathrm{d}u_g = \frac{1}{2}C_g'(U_s^2 - U_r^2) \tag{3-27}$$

式中， $i = -\left(C_g + \frac{C_a C_b}{C_a + C_b}\right)\cdot\frac{\mathrm{d}u_g}{\mathrm{d}t} = -C_g'\frac{\mathrm{d}u_g}{\mathrm{d}t}$ 。

由式（3-26）、式（3-23）可知

$$q_r = C_g(U_s - U_r) = \frac{C_g + C_b}{C_b}q \tag{3-28}$$

将式（3-28）代入式（3-27）有

$$W = \frac{1}{2}q_r(U_s + U_r) = \frac{1}{2}q\frac{C_g + C_b}{C_b}(U_s + U_r) \tag{3-29}$$

令气隙中开始出现局部放电（ $u_g = U_s$ ）时的外加电压值为 U_i ，则

$$U_s = \frac{C_b}{C_g + C_b} U_i \qquad （3-30）$$

代入式（3-29）得

$$W = \frac{1}{2}q(U_s + U_r) \cdot \frac{U_i}{U_s}$$

令 $U_r = 0$，则

$$W = \frac{1}{2}qU_i \qquad （3-31）$$

式（3-31）中视在放电量 q 和出现局部放电时的外加电压值 U_i 均可测得，由此可计算 W。

W 的大小对电介质的老化速度有显著影响，因此放电能量 W、视在放电量 q、放电重复率 N 是表征局部放电的三个基本参数。此外还有放电功率、局部放电起始电压 U_i 和熄灭电压等，不一一列举。

3.3.2　局部放电检测方法

局部放电时会伴有多种现象出现，诸如电流脉冲、介质损耗和电磁辐射等电气方面的现象，以及诸如光、热、噪声、气压变化、化学变化等非电方面的现象。因此，对这些现象的检测也分为电气检测和非电检测两大类。目前应用比较广泛和成功的是电气检测法。特别是测量绝缘内部气隙发生局部放电时的电脉冲，它不仅可以灵敏地检出是否存在局部放电，还可判定放电强弱程度。

1. 电气检测法

1）脉冲电流法

国际上推荐用脉冲电流法测量局部放电的回路，如图 3-12 所示。

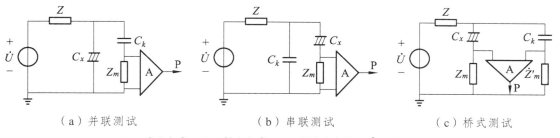

（a）并联测试　　　　（b）串联测试　　　　（c）桥式测试

C_x—试品电容；C_k—耦合电容；Z—低通滤波器；$\dot{U}$—电压源。

图 3-12　局部放电的基本测试回路

这三种回路都是使在一定电压作用下的试品 C_x 中产生的局部放电电流脉冲流过检测阻抗 Z_m，然后把 Z_m 上的电压[见图 3-12（a）、（b）]或 Z_m 及 Z'_m 上的电压差[见图 3-12（c）]加以放大后送至仪器 P 进行测量。

对回路的耦合电容 C_k 的要求：

（1）为被试品 C_x 与检测阻抗 Z_m 之间提供一条低阻抗通路，当 C_x 发生局部放电时，脉冲信号立即顺利耦合到 Z_m 上去；

（2）残余电感应足够小，而且在试验电压下内部不能有局部放电现象；

（3）对电源的工频电压起隔离作用。

对阻塞阻抗 Z 的要求是阻止高压电源中的高频分量对测试回路产生干扰，防止局部放电脉冲分流到电源中去，但应使工频高电压作用到试品上去。在一般情况下，希望 C_k 不小于 C_x，以增大检测阻抗上的信号。同时 Z 应比 Z_m 大，使得 C_k 中发生局部放电时，C_x 与 C_k 之间能较快地转换电荷，而从电源重新补充电荷的过程减慢，以提高测量的准确度。

图 3-12（a）为并联测试回路，适用于被试品一端接地的情况。其优点是流过 C_x 的工频电流不流过 Z_m，在 C_x 较大的场合，这一优点就充分显示出来。图 3-12（b）为串联测试回路，适用于被试品两端均对地绝缘的情况。如果试验变压器的入口电容和高压引线的杂散电容足够大，采用这种回路时还可省去电容 C_k。图 3-12（a）、（b）均属直测法。图 3-12（c）为桥式测试回路，属于平衡法，此时试品 C_x 和耦合电容 C_k 的低压端均对地绝缘。与直测法相比，平衡法抗干扰性能好，因为外部干扰源在 Z_m 和 Z'_m 上产生的干扰信号基本上相互抵消；而在 C_x 发生局部放电时，放电脉冲在 Z_m 和 Z'_m 上产生的信号却是互相叠加的。可根据具体条件选择测试回路类型。

检测时一般采取的抗干扰措施有：建立屏蔽室，选用无局部放电的试验变压器和耦合电容，屏蔽室内一切带电导体都应可靠接地等。

2）无线电干扰测量法

该方法是用干扰仪来测量由于局部放电而产生的无线电信号，已列入 IEC 标准中，其灵敏度也很高。

3）介质损耗法

它是测量试品的 $\tan\delta$ 值随外施电压的变化。由局部放电损耗变化来分析试品状况，测量 $\tan\delta$ 的方法在前节已详细叙述。总之，其灵敏度比脉冲电流法低得多。

2. 非电检测法

1）超声波法

这种方法虽然灵敏度不高，但抗干扰性能好，使用方便，可以在运行中或耐压试验时检测局部放电，符合预防性试验的要求。其工作原理是：当电气设备绝缘内部发生局部放电时，在放电处产生的超声波直达电气设备的表面。若在设备外壁，贴装压电元件，在超声波的作用下，压电元件的两端面上会出现交变的束缚电荷，从而引起端部金属电极上电荷的变化，或在外回路中引起交变电流，由此指示设备内部是否发生了局部放电。近几年，使用超声波探测仪的情况越来越多，有的引入模式识别法对设备绝缘局部放电超声定位已获得成功。可以认为设备的局部放电源即超声源，因此在设备表面设多个超声传感器，建立超声定位的数学模型，利用超声源传至各超声传感器传播的时间差，再运用模式识别原理去逼近放电点的位置。

2）光学分析法

光学分析法较直观，但灵敏度不高。为提高灵敏度，在黑暗环境里采用夜视仪（微光放大器）等，然而结构内部的放电是难以发现的。实践证明，光检测法用于有沿面放电和电晕放电的测量，效果尤佳。

3）化学分析法

对绝缘油中溶解的气体进行气相色谱分析，利用油中析出的气体识别含油电气设备内部绝缘缺陷和故障信号征兆。绝缘材料因裂解出现故障时，会释放出一些能全部或部分溶解于油的气体。溶解气体的种类及含量，以及它们随时间的变化是判断绝缘缺陷类型及强度的度量标志，因为这些气体的组分反映了缺陷的特征，基本上与油的类型无关。因此，抓住这些特征与绝缘故障的关系对判断绝缘状态是有价值的。

研究表明，绝缘材料在油中的局部放电及弱电流放电主要生成物是 H_2 及 CH_4，强电流放电主要生成物是 C_2H_2 及 H_2，使油局部过热的"热斑"将引起 H_2、CH_4、C_2H_4 及 C_3H_4 的增加。以纤维素为主的绝缘材料发生热裂解时会释放出 CO 及 CO_2 等气体。现有在线取得油样进行离线分析的做法，即用气相色谱仪分析；也有用气敏半导体传感器在线分析油中含气成分的做法，即所谓简易色谱法。在分析气体成分、故障现象和故障原因并获得大量资料的基础上，用神经网络分析方法进行绝缘诊断已是日趋成熟的技术。

3.4　电压分布的测量

在工作电压作用下沿着绝缘结构的表面有一定的电压分布。通常当表面比较清洁时，其电压分布由绝缘本身电容和杂散电容决定。而当其表面因污染受潮时，则电压分布由表面电导决定。如果绝缘中某一部分因损坏而使绝缘电阻急剧下降时，则其表面电压分布会有明显的改变。因此，测量绝缘表面的电压分布可以发现某些绝缘的缺陷。

电力系统中有大量绝缘子在运行。如线路绝缘子串、支柱绝缘子、高压套管等，它们都可视为由多个元件串联而成的，定期测量电压的分布状况，是发现绝缘子运行状况是否良好的有效手段，测量绝缘子电压分布已被列入绝缘预防性试验项目的内容。

要测量绝缘子的电压分布，首先要正确分析绝缘子的电压分布与哪些因素有关。例如，表面比较洁净的悬式绝缘子，其电压分布不仅取决于绝缘子本身的电容，而且也受到安装处电磁环境的影响，比如一些高电位物体（高压导线）和低电位物体（架空地线、铁塔、大地等）影响的存在。显然，绝缘子串不能孤立地表示为一组串联电容元件，其等值电路如图 3-13（a）所示，图中：C 为每片绝缘子的本体电容，为 30 ~ 50 pF，C_E 为各片对地电容，为 4 ~ 5 pF，C_L 为各片与高压导线之间的电容，为 0.5 ~ 1 pF。由于 C_E 和 C_L 的影响，沿绝缘子串的电压分布不均匀，并且串中绝缘子数越多，电压分布越不均匀。C_E 的影响会造成一定的分流，使最靠近高压导线的 1 号绝缘子流过的电流最大，因而其承受的电压也最大，其余各片的电压则依次减小；而 C_L 的影响则反之，它使最靠近接地端的第 n 号绝缘子流过的电流最大，因而电压也最高，其余各片的电压则依次减小；由于 C_E 的影响比 C_L 大，因此整件电压分布如图 3-13（b）所示。由图可见，绝缘子串中靠近导线的 1 号绝缘子的电压最大。离导线越远，绝缘子所承受的电压越小，而接近横担的最后几片绝缘子上的电压略有回升。绝缘子串越长，电压分布越不均匀。图 3-13（b）给出了一条 500 kV 线路绝缘子串的电压分布，第 1 片绝缘子的电压为总电压的 10%（29 kV）。

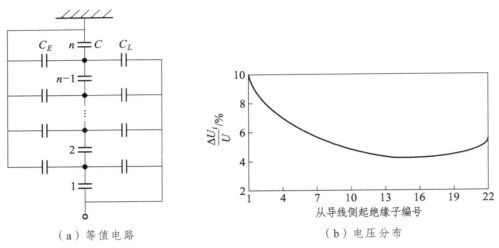

（a）等值电路　　　　　　（b）电压分布

图 3-13　线路绝缘子串电压分布

为使绝缘子串的电压分布得到改善，可以增大 C，但这种增加受到绝缘子结构的限制，常常无法再增大，在导线处装均压环（均压金具）可使 C_L 增大，以补偿 C_E 的影响。例如，330 kV 的线路绝缘子串由 19 片绝缘子组成。与导线相连的第一片绝缘子的电压为总电压的 11.5%，装了均压环后降为 7.1%，可见均压环的效果是十分明显的。

测量绝缘子串的电压分布，用其正常分布曲线与实测结果分析对比，来判断绝缘子所处的形态，如测得某片绝缘子的电压比标准值的一半还要低，即可认为该片为劣质绝缘子，常称低值或零值绝缘子。如图 3-14 中曲线 2 的第 3 片为低值绝缘子。

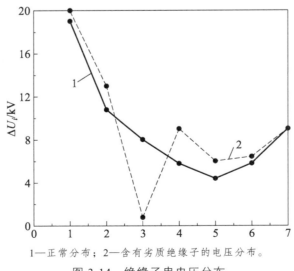

1—正常分布；2—含有劣质绝缘子的电压分布。

图 3-14　绝缘子串电压分布

　　检测绝缘子串电压分布的工具和方法很多，早期采用短路叉、火花间隙测杆或小型静电电压表等方法。后来多采用电阻杆或电容杆分压的方法，现有采用光电测杆，即将绝缘子两端的电位差转变为光信号，然后由绝缘杆内的光纤传输到地面，再转换成电信号。还有将测得的电位差经分压、A/D 采样、识别计算，然后将结果语音输出。这些工具和测试方法同样可用于电流互感器、电压互感器、耦合电容、避雷器等高压瓷套表面及发电机线棒表面等的电压分布的测量。

　　当被试品所处的位置很高时（如绝缘子串悬挂具有相当高度而片数又很多），用上述方法检测时必须登杆，因此测电压分布用以检出劣化绝缘子的方法受到了限制。目前，检测悬挂较高的绝缘子串，采用红外热像法、超声波法、激光法等非电检测法是对电压分布检测的有力补充。一种利用流过杆塔接地线的电流信号来检测塔上零值绝缘子的新方法将可能应用于现场。这种方法的实现同样可用来检测现场电气设备的高压瓷套是否劣化。

　　以上仅介绍绝缘预防性试验的部分项目，电气设备绝缘的交流耐压和直流耐压也是预防性试验项目，但就后果而言，这两个耐压试验属于破坏性试验的范畴，将放在下一章高电压试验中再作介绍。

习　题

　　1. 测量绝缘电阻、吸收比、泄漏电流能发现哪些绝缘缺陷？

　　2. 有哪些测量绝缘介损正切 $\tan\delta$ 值的方法？并分析这些方法的测量原理、误差来源以及测试中的注意事项。

　　3. 试给出局部放电检测原理接线方法。

　　4. 总结本章介绍的绝缘预防性试验项目，它们各能检出绝缘的哪些缺陷？如何根据试验结果对绝缘进行综合评估？

第4章 绝缘的高电压试验

本章介绍产生交流、直流、冲击等各种高电压的试验设备及测试方法。

4.1 工频高电压试验

工频高电压试验是用来检验绝缘在工频交流工作电压下的性能，在许多场合也用来等效地检验绝缘对操作过电压和雷电过电压的耐受能力，以解决进行操作冲击和雷电冲击高压试验所遇到的设备仪器的短缺和试验技术上的困难。

图 4-1 表示用单级试验变压器组成的工频高电压试验的基本线路。

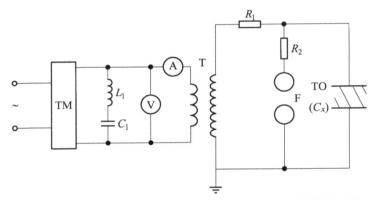

TM—调压器；V—低压侧电压表；T—试验变压器；R_1—变压器保护电阻；
TO—被试品；F—球隙测压器；R_2—球隙保护电阻；L_1-C_f—谐波滤波器。

图 4-1 工频高电压试验的基本线路

调压器用来调节工频试验电压的大小和升降速度；试验变压器用来升高电压供给被试品所需的高电压；球隙测压器用来测量高电压；R_1 用来限制被试品放电时试验变压器的短路电流不超过允许值和高压绕组的电压梯度不超过危险值；R_2 用来限制球隙放电时的电流不致灼伤铜球表面。

这里，首先介绍产生工频高电压的设备，然后介绍其测量方法及有关问题。

4.1.1 高压试验变压器

1. 高压试验变压器的特点

与电力变压器相比，工频试验变压器由于使用中的特殊要求，在结构和性能上有下列特点：

1）电压高

由于工频高压试验通常用于代替雷电过电压或系统内部过电压来考核电气产品绝缘性能，而这些电压要比它们正常额定工作电压高得多，例如对 110 kV 等级的电力变压器，工频试验电压则要求 200 kV。此外，进行绝缘的击穿试验，电气产品的击穿电压一般比试验电压要高 20%～60%，而且由于电力系统的发展，电压等级不断提高，因而也就要求试验变压器有更高的电压。

2）容量小

当试验电压满足要求后，试验变压器的容量主要由工作时间以及负载电流决定。在大部分高压试验时，试验变压器的连续工作时间都不长。被试品放电或击穿前，只需为被试品提供电容电流；如果被试品被击穿，开关立即切断电源，不会出现长时间的短路电流。可见，试验变压器高压侧电流 I 和额定容量 P 都主要取决于被试品的电容，即

$$I = \omega C U \times 10^{-9} \ （A） \tag{4-1}$$

$$P = \omega C U^2 \times 10^{-9} \ （kV \cdot A） \tag{4-2}$$

式中，C 为被试品电容，pF；U 为试验电压，kV；ω 为电源角频率，rad/s。

一般电气设备的电容值范围如表 4-1 所示。

表 4-1　某些试品的电容值范围

被试品名称	电容值/pF
线路绝缘子	<50
套管	50～800
电压互感器及电流互感器	100～1 000
电力变压器及某些电压互感器	1 000～10 000

由于被试品的电容量一般均较小，流过被试品的电流是不大的。对 250 kV 及以上试验变压器的高压侧额定电流取为 1 A，以满足大多数被试品的试验需要；对于人工污秽试验等少数特殊情况，要求试验设备应能供给 5～15 A（有效值）的短路电流，这是试验中要在被试品绝缘子表面建立电弧放电过程的需要。

3）体积小

试验变压器的容量小，它的油箱本体不大；又由于电压高，高压套管大又长，这是高压套管的特点。高压套管可分为全绝缘单套管式和半绝缘双套管式。

（1）全绝缘单套管式，试验变压器的高压绕组的一端接地，另一端输出额定全电压 U。高压绕组和套管对铁心、油箱的绝缘均应按耐受全电压 U 的要求设计。

（2）半绝缘双套管式，试验变压器的高压绕组的中点与铁心、油箱相连，两端各经一只套管引出，也是一端接地，另一端输出全电压 U。但应该注意的是，由于绕组的中点电位为 $U/2$，因此与它相连的铁心、油箱必须按 $U/2$ 对地绝缘起来。可见，前一种方式可省却一支套管，但绝缘处理要求高，后一种方式虽需双套管，但变压器整体的制造难度和造价将大大降低。

4）绝缘裕度小

因为试验变压器是在试验条件下工作的，它不受雷电过电压及电力系统操作过电压的威胁，只要在试验中操作时加以注意，不会产生很高的过电压，所以试验变压器的绝缘裕度不需要取得太大。例如 500～750 kV 试验变压器的绝缘 5 min 试验电压仅比其额定电压高 10%～15%。

5）连续运行时间短

运行时间短，发热较轻，因而不需要复杂的冷却系统。但由于其绝缘裕度小，散热条件又较差，所以一般在 U_N 或 P_N 下只能做短时运行。如 500 kV 试验变压器在额定电压下只能连续工作半小时，只有在额定电压的 2/3 及以下才能长期运行。

6）漏抗较大

与电力变压器比，试验变压器的漏抗较大，短路电流较小，因而短路电动力较小，可降低对绕组机械强度的设计要求，节省成本。

2. 串级试验变压器

当单个试验变压器电压超过 500 kV 时，变压器质量、体积均要随电压的上升而迅速加大，这在机械、绝缘结构设计上都有困难；此外运输与安装也有困难，所以一般 500 kV 以上的变压器都用串接式。目前广泛采用累接式串接变压器，图 4-2 是这种串接方式的原理接线图，它的特点是在前一级变压器里增加第三个绕组，称之为累接绕组，它向后一级变压器供电。累接绕组的电压与低压绕组的电压相同，累接绕组的低端与高压绕组的高端相连，因此累接绕组处在高电位，这在绝缘结构上并没有什么困难，因为它是套在高压绕组的外侧，对低压绕组铁心及铁壳都有足够的绝缘距离。实际上累接绕组和低压绕组在此起了绝缘变压器的作用，也就是把绝缘变压器和试验变压器结合成一个整体。

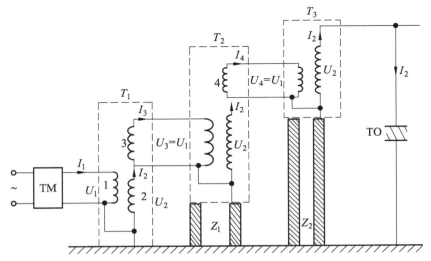

T_1，T_2，T_3—三级试验变压器；1—低压绕组；2—高压绕组；3，4—累接绕组；Z_1，Z_2—绝缘支柱；TM—调压器；TO—被试品。

图 4-2　累接式串接试验变压器的原理接线

在累接式串联装置中，各台变压器高压绕组的容量通常是相同的，但各低压绕组和累接绕组的容量并不相等，如略去各变压器的励磁电流，则三级串接时各绕组的电压电流关系如图 4-2 所示。其中：

T_3 的容量为 $P_3 = U_4 I_4 = U_2 I_2$；

T_2 的容量为 $P_2 = U_3 I_3 = U_2 I_2 + U_4 I_4 = 2U_2 I_2 = 2P_3$；

T_1 的容量为 $P_1 = U_1 I_1 = U_2 I_2 + U_3 I_3 = U_2 I_2 + 2U_2 I_2 = 3U_2 I_2 = 3P_3$。

第一、二、三级变压器的容量分别为 $3P_3$、$2P_3$ 和 P_3，输出容量为 $3P_3$。而整套串接试验变压器的总容量为 $6P_3$。这套装置的利用系数为

$$\eta = \frac{W_{出}}{W_{(\tau_1 + \tau_2 + \tau_3)}} = \frac{3P_3}{6P_3} = 50\%\qquad\qquad(4\text{-}3)$$

不难求出 n 级装置的容量利用率为

$$\eta = \frac{2}{n+1}\qquad\qquad(4\text{-}4)$$

式中，n 为串级装置的级数。

可见，随着串接级数的增多，利用率降低，实际中，串级试验变压器的串接级数一般不大于 3。图 4-3 中绘出了由采用带累接组的双套管试验变压器组装而成的 2 250 kV（3×750 kV）串级装置，图中已注明各级变压器的油箱、输出端和绝缘支柱各段的对地电压。现已有 3 000（3×1 000）kV 的串级高压装置，装置的容量利用率只有一半。这里顺便介绍调压设备，它虽不属高压设备，但调压的质量对高压试验变压器具有举足轻重的作用。

在选择调压设备时，应考虑它应能从零值平滑地改变电压，最大输出电压（容量）应等于或稍大于试验变压器初级额定电压（额定容量），输出波形应尽可能接近正弦形，漏抗应尽可能小，使调压输出电压波形畸变小。

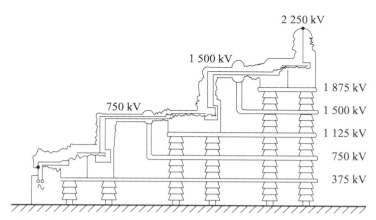

图 4-3　带累接绕组三级串接 2 250 kV（3×750 kV）双套管试验变压器示意图

常用的调压供电装置有：

（1）自耦调压器：漏抗小、波形畸变小，由于滑动触头调压易发热，所以容量小，一般适用于 10 kV·A 以下的试验变压器的调压。

（2）移圈式调压器：一般有三个线圈套在闭合 E 形铁心上，其中两个为匝数相等、绕向相反互相串联的固定线圈，另一个为套在这两线圈之外的短路线圈，移动短路线圈改变它与两固定线圈间的相互位置，便可达到调压的目的。由于调压不存在滑动触头，故容量大；但由于两固定线圈各自形成的主磁通不能完全通过铁心形成闭合磁路，所以漏抗较大，且随短路线圈的位置而异，从而使输出波形产生不同程度的畸变。对于容量要求较大的场合，多用这种调压器。

（3）电动发电机组：能得到很好的正弦波形，并能实现均匀的电压调节，但这种调压设备价格昂贵，启动耗费大，保养维修费用高，在试验要求很高或有特殊要求的实验室才启用。

（4）感应调压器：结构与线绕式异步电动机相似，但它的转子是处于制动状态，其作用原理与变压器相似。输出电压可平滑无级调节，容量大，但电压波形有较大的畸变，一般使用不够广泛。

4.1.2 工频高电压的测量

按 IEC 和我国国家标准规定，工频高压的测量无论测峰值还是有效值，都要求误差不大于 ±3%，目前最常用的测量设备和方法有球隙测压器、静电电压表、峰值电压表、分压器低压表计测量。

1. 球隙测压器

球隙测压器由一对直径相同的金属球形电极构成，它是直接测量各种高压的基本设备，是唯一能直接测量高达数兆伏的各类高电压峰值的测量装置。当电压加于球隙形成稍不均匀场，如保持各种外界条件不变，则其击穿电压取决于球隙距离，利用这个特性进行电压的测量。IEC 和国标严格规定了在标准大气条件下测量所用球隙的结构、布置和连接。用不同大小的已知电压和规定的放电次数及加压间隔时间对球隙进行放电试验，求得放电电压和球隙距离的关系，将试验结果绘成标准球隙放电电压表，这就为使用提供了方便。因此使用时，应根据所用球的直径和被测电压的类型正确查找相应的放电电压表，再进行实测。测量工频电压时，应取连续三次放电电压的平均值，相邻两次放电的时间间隔一般不应小于 1 min，以便在每次放电后让气隙充分地去电离，各次击穿电压与平均值之间的偏差不应大于 3%；此后还要依据气候环境条件进行分析、校正，这样可保证工频高压峰值的准确度在要求的范围内。

2. 静电电压表

静电电压表是利用静电力的效应制成的，具体来说，当施加稳态电压于一对平行平板电极（其中一个为固定板，另一个为可动板）时，由于两电极带有异极性电荷，则在静电力作用下可动的带电平板发生运动，用某种方式加外力于可动的带电平板，使之与静电力平衡，由平衡力反映外加电压的大小。

如图 4-4 所示为一对平行平板电极，其面积为 S，距离为 l，加在两电极间的电压为 U，忽略边缘效应，电极间为均匀电场，两极板间的能量为

$$W = \frac{1}{2}CU^2 = \frac{\varepsilon}{2} \cdot \frac{S}{l}U^2 \tag{4-5}$$

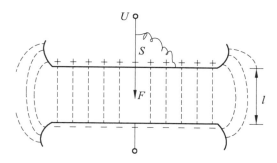

图 4-4　平板电极间的电场力

如此时电极间的吸力为 F，则极板由于吸力而移动 $\mathrm{d}l$ 时，所做的功为 $F\mathrm{d}l$，它在数值上等于极板间电能的增加 $\mathrm{d}W$。若外加电压 U 不变，有

$$\mathrm{d}W = \frac{\varepsilon S}{2} U^2 \left(\frac{1}{l-\mathrm{d}l} - \frac{1}{l} \right) \tag{4-6}$$

在 $\mathrm{d}l$ 甚小时，有

$$\mathrm{d}W \approx \frac{\varepsilon S}{2} U^2 \left[\frac{1}{l}\left(1 + \frac{\mathrm{d}l}{l}\right) - \frac{1}{l} \right] = \frac{\varepsilon S}{2} U^2 \cdot \frac{\mathrm{d}l}{l^2} \tag{4-7}$$

由于

$$F \cdot \mathrm{d}l = \mathrm{d}W = \frac{\varepsilon S}{2} U^2 \cdot \frac{\mathrm{d}l}{l^2} \tag{4-8}$$

故

$$F = \frac{\varepsilon S}{2} \cdot \frac{U^2}{l^2} \, aU^2 \tag{4-9}$$

此 F 在数值上和外施的平衡力相等，如果测定了平衡力，即可求出电压为

$$U = l\sqrt{2F/\varepsilon S} = K'\sqrt{F} \tag{4-10}$$

由式（4-10）可见，电压与电场作用力的均方根成正比，因此静电电压表的表面刻度是不均匀的，所测得的工频电压为有效值。

静电电压表优点在于内阻大，极板间电容为 5 ~ 50 pF，测量时几乎不会改变被试品上的电压，几乎不消耗什么能量，对于电压等级不太高的试验，使用它能很方便地直接测出电压。用于大气条件下的高压静电电压表的量程上限为 50 ~ 250 kV，电极处于压缩 SF_6 气体中的高压静电电压表量程可提高到 500 ~ 600 kV。若测更高的电压，可将它配合分压器使用，因为它的接入不会改变分压比。

3. 峰值电压表

1）利用测量整流电容电流得到电压峰值

它是把通过高压电容的交流电流流经两个相互并联的整流管 V_1、V_2，一个通过正半波，另一个通过负半波，用磁电式直流电流表 P 测量半波电流的平均值 I_{av}，如图 4-5 所示，再由 I_{av} 算出电压的峰值 U_m，有

$$U_m = \frac{I_{av}}{2Cf} \qquad (4-11)$$

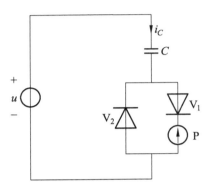

图 4-5　测量整流电容电流的平均值

还可以用桥式整流回路和高压电容配合，测出电压的峰值：

$$U_m = \frac{I_{av}}{4Cf} \qquad (4-12)$$

式中，C 为高压电容器的电容量，F；f 为被测电压的频率，Hz。

2）利用测量整流后电容器的充电电压得到电压峰值

为了测量电压的峰值，将被测电压经整流元件 V 施加到电容上，如图 4-6 所示，电容 C 充电到 $+U_m$，或用静电电压表 PV，或用微安表 PA 串联高阻值电阻 R 测得电压 U_{av}，则电压峰值：

$$U_m = \frac{U_{av}}{1 - \dfrac{T}{2RC}} \qquad (4-13)$$

式中，T 为交流电压的周期，s；C 为电容器的电容量，F；R 为串联电阻的阻值，Ω。

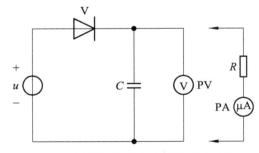

图 4-6　测量整流后电容器的充电电压

当 $RC \geqslant 20T$ 时，式（4-13）的误差 $\leqslant 2.5\%$。

现有测交流电压专用的峰值电压表，也有测交流和冲击电压多用的峰值电压表。

4. 分压器配低压表计测量

当被测电压很高时，直接用指示仪表测量高压比较困难，采用分压器分出小部分电压，然后用静电电压表、峰值电压表等仪表或示波器测量，将所测量的值乘以分压比得到交流高压。

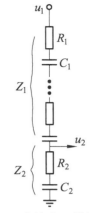

分压器的原理如图 4-7 所示，其中 Z_1、Z_2 分别为分压器高、低压臂的阻抗，大部分被测电压降落在 Z_1 上，这样用低量程电压表等测得 Z_2 上电压 u_2，乘上一个常数 N，即可得被测电压：

$$u_1 = Nu_2 \qquad\qquad （4-14）$$

这里

$$N = \frac{u_1}{u_2} = \frac{Z_1 + Z_2}{Z_2} \qquad\qquad （4-15）$$

图 4-7　交流分压器接线图

N 称为分压比。

分压器是一个中间环节，为了能准确测量，分压器的接入应基本上不影响被测电压的幅值和波形，应满足幅值误差小、波形畸变小的要求。

从原理上来说，图 4-7 中 Z_1、Z_2 可由电容元件或电阻元件，甚至是阻容元件构成。但通常采用电容式分压器，只有在工频电压不很高（ $\leqslant 100\ \text{kV}$ ）时可用电阻分压器。

对于纯电容分压器：

$$N = \frac{u_1}{u_2} = \frac{C_1 + C_2}{C_1} \qquad\qquad （4-16）$$

对于纯电阻分压器：

$$N = \frac{u_1}{u_2} = \frac{R_1 + R_2}{R_2} \qquad\qquad （4-17）$$

在电容分压器中高压臂 C_1 的电容量很小，但承受的电压很高，因此 C_1 往往成为分压器中的主要元件。实际的电容分压器高压臂有两种形式：一种是由多个电容器元件串联组装而成（分布式），各个电容元件应尽可能为纯电容，介质损耗和电感量小；另一种是采用高压标准电容器（集中式），其介质常采用 SF_6、N_2、CO_2 及其混合气体。设计时应考虑电容分压器的高压臂对地杂散电容引起分压比的变化。选用分布式高压臂结构，为减小对地杂散电容的影响，通常取 C_1 约为 300 pF；选用集中式结构，由于良好的屏蔽而不会引起高压臂等值电容的明显变化。电容分压器低压臂 C_2 的电容量大，承受电压低，应由高稳定度、低损耗、低电感量的电容器做成。因此，通常采用云母、空气或聚苯乙烯介质的电容器，使用时从低压臂取信号通过屏蔽电缆引至仪表室测量。

在电阻分压器中，高压臂 R_1 常用康铜、锰铜或镍铬电阻丝无感绕制而成，其高度应能耐受最大被测电压的作用而不会发生沿面闪络。用电阻分压器测交流高压的范围进行限制是因为被测电压越高，所需分压器上臂 R_1 电阻值越大，对地杂散电容越大，引起幅值和相位误差越大的缘故。

4.1.3　试验中应注意的问题

进行工频高压试验时，试品一般均属容性的，试验变压器在电容性负载下，由于电容电流在变压器漏抗上的压降，作用到试品上的电压超过按变比换算到高压侧对应输出的电压值，这种现象为电容效应所导致的工频电压升高。因此测量系统应直接接在被试品两端指示电压大小。

试验过程中，试品或保护球隙可能击穿或放电，防止这种现象的办法是接入保护电阻 R_1，其阻值可在 $0.1 \sim 1\ \Omega$ 的范围选择。接入的保护电阻 R_2，可取较大值，使球极表面不致烧坏。保护电阻一般都采用水泥电阻，它应有足够的功率和足够的长度，以免被试品击穿或保护球隙放电时，产生沿电阻表面的闪络。

在被试品发生局部绝缘击穿的情况下，也可能产生过电压。因为局部绝缘击穿相当于其中一个电容或几个电容被短接放电，其结果使被试品电压低于电源电压。于是，电源对被试品充电，使其电压再上升，这时试验变压器的漏感和被试品电容构成振荡回路。当保护电阻不足以阻尼这种振荡时，被试品的端电压将超过高压绕组的电势。限制这种过电压的方法是在被试品两端并联保护球隙。

在进行工频高压试验时，要求输出波形为正弦波。造成试验变压器输出波形畸变的最主要原因是试验变压器或调压装置的铁心饱和而导致励磁电流呈非正弦波的缘故。

4.1.4　解决试验设备容量不足的方法

1. 补偿超前无功功率的高压试验

当被试品具有较大的电容量时，试验变压器和调压设备应供给较大的超前无功功率。在一定条件下，电容性负载会使试验回路发生显著的"容升现象"或谐振。当试验变压器输出的电压波形含有高次谐波分量时，电容负载还会使电压波形更加畸变，因此当电容性负载较大时，如被试品为电缆、电容器，应采取措施补偿超前的无功功率。

补偿超前无功功率的方法有两种：串联电感和并联电感，这两种方法都是利用感性无功功率补偿容性无功功率。

当试验变压器对被试品能提供足够的电容电流，但输出电压不够时，采用串联电感，利用串联谐振产生高电压，这种补偿即电压补偿，如图 4-8 所示。试品所需容性功率靠串联电感补偿，而试验变压器只需供给串联电阻很小的功率即可。

当试验变压器对被试品能提供足够的电压，但输出电流不够时，采用并联电感，利用并联谐振提供电流，这种补偿即电流补偿，如图 4-9 所示。试验变压器输出电流为 $i = i_C - i_L$，即能满足试验要求。

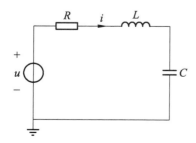

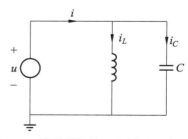

图 4-8　串联谐振法工频试验示意图　　　　图 4-9　并联谐振法工频试验示意图

2. 超低频交流高压试验

对大容量的试品进行工频高压试验，往往需要大容量的试验变压器和相应容量的调压设备，当试验设备容量不足时，可针对具体情况，采用串联或并联电感补偿超前的无功功率来满足试验条件。

在被试品试验时，由于强烈游离，会加速绝缘站老化，对被试绝缘造成不可逆的损伤。现介绍一种代替工频高压试验的新方法——超低频高压试验。研究表明，试验电压的频率可选择为 0.1 Hz，其原因是在 0.1 Hz 交流电压下，绝缘内部的电压是按电容分布的，接近于 50 Hz 工频下电压的分布，符合实际运行情况。另外，它与工频 50 Hz 比较，试验变压器的容量只需 1/500，一般称 0.1 Hz 交流高压试验为超低频高压试验。

超低频高压试验回路如图 4-10 所示。图中，TM 为自耦调压器，T 是试验变压器，V_1、V_2 是方向相反的两个整流器，S 是转换开关，C_x 是被试品电容。试验变压器高压侧经 V_1、V_2 分别接在端子 1、2 上，产生了正和负的脉动电压，然后通过转换开关 S 不断在端子 1 和 2 上切换，产生超低频高压作用于被试品 C_x 上，其波形如图 4-11 所示。当 S 与端子 1 接通时，所加电压从 0 变化到 $-U_m$，达到 $-U_m$ 后转换开关 S 立刻切换端子 2 上，使所加电压再变化到 $+U_m$，加在被试品 C_x 上的电压波形由 R_1、R_2、C_1、C_x 和整流器的正向电阻等决定，超低频高电压的频率与转换开关 S 的切换周期相对应。

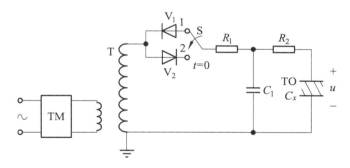

$R_1 = 1 \sim 5\ \mathrm{M\Omega}$；$R_2 = 2\ \mathrm{k\Omega}$；$C_1 = 0.5\ \mathrm{\mu F}$。

图 4-10　超低频高压试验接线

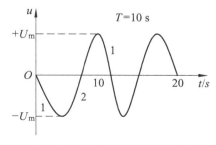

图 4-11　超低频高压试验波形

超低频高压试验的缺点是：由于介质损耗与频率有关，频率高，介质损耗大，频率低，介质损耗小，所以完全根据超低频高压试验来判断设备的好坏是不够的或不全面的。

尽管如此，超低频高压试验优点还是主要的，特别是在一定程度上，能代替工频高压对大容量的试品进行试验，而且对绝缘缺陷的检出能力与工频高压试验大致相同，所以欧美很多国家都在研究使用这种试验方法。

在我国，有的单位对这种试验方法做了一些工作，取得了一定成功的经验。

4.2 直流高电压试验

电力设备常需进行直流电压下的绝缘试验，如测量泄漏电流。一些大容量的交流设备（如长电缆段、电力电容器等）用工频高电压进行绝缘试验时会出现很大的电容电流，这就要求工频高电压试验装置具有很大的容量，但这往往是很难做到的，这时常用直流高电压试验来代替工频高电压试验。至于直流高电压输电所用的电力设备，更需进行直流高压试验。除此之外，直流高压在其他科学技术领域中已有广泛的应用，如高能物理、电子光学、X 射线、快中子加速以及喷漆、织绒、处理种子等多种静电应用。

4.2.1 产生直流高电压的方法

产生直流高电压的方法通常是将工频高电压经整流而变换成直流高电压，而利用倍压整流原理制成的直流高压串级装置能产生出更高的直流试验电压。

1. 半波整流回路

将交流高压通过半波整流设备来产生直流高压，常用的整流设备如图 4-12 所示。它与电子线路中低压半波整流回路基本相同，只是回路中多一个限流电阻，其作用是限制起始充电电流或故障电流不超过整流元件或变压器高压侧的电流允许值。

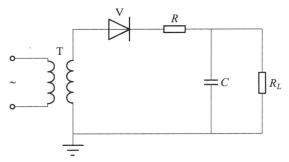

T—试验变压器；V—高压硅堆；R—保护电阻；R_L—负载电阻；C—滤波电容器。

图 4-12 半波整流回路

衡量直流高压试验设备的基本性能参数有三个：

（1）输出的额定直流电压（算术平均值）：

$$U_{av} \approx \frac{U_{max} + U_{min}}{2}$$

（4-18）

（2）相应的额定电流（平均值）：

$$I_{av} = \frac{U_{av}}{R_L} \tag{4-19}$$

（3）电压脉动系数 S：

$$S = \frac{\delta U}{U_m} \tag{4-20}$$

式中：

$$\delta U = \frac{U_{max} - U_{min}}{2} \tag{4-21}$$

根据 IEC 和我国国家标准规定，直流高压试验设备在额定电压和额定电流下的电压脉动系数 S 不大于 5%。

对于图 4-12 所示的半波整流回路，电容器 C 因放掉电荷 Q 而产生的电压脉动为

$$2\delta U = \frac{Q}{C} = \frac{I_{av}}{Cf} = \frac{U_{av}}{R_L Cf} \tag{4-22}$$

电压脉动系数为

$$S = \frac{\delta U}{U_{av}} = \frac{1}{2R_L Cf} \tag{4-23}$$

保护电阻 R 的选择，可按下式确定：

$$R = \frac{\sqrt{2}U_T}{I_{gtm}} \tag{4-24}$$

两式中，f 为电源频率；U_T 为工频试验变压器输出电压（有效值）；I_{gtm} 为根据高压硅堆的过载-时间特性曲线（I_{gtm}-t）确定的值。

如果选定的硅堆额定整流电流为 I_f，过载时间为 0.5 s，则通常取 $I_{gtm} = 10I_f$；若过载时间更长时，则 I_{gtm} 应取更小值（R 的值更大）。

2. 倍压整流回路

为了得到更高的直流电压，可采用倍压回路，如图 4-13 所示。可以看出，图 4-13（a）所示的这种倍压电路实质上是两个半波整流回路叠加，它已广泛地作为绝缘心式变压器直流高压装置的基本单元。这种回路对变压器次级绕组绝缘有特殊要求，变压器次级绕组对地是绝缘的，1 点对地绝缘为 $2U_m$，而 2 点为 U_m，输出直流高电压为 $2U_m$。图 4-13（b）中变压器一端接地，另一端为 1 点，在负半波期间充电电源经 V_1 向 C_1 充电达 U_m；在正半波期间充电电源与 C_1 串联起来经 V_2 向 C_2 充电达 $2U_m$，输出电压为 $2U_m$，这种电路的优点是便于得到更高的直流电压。它同样已成为直流高压串级发生器的基本单元。

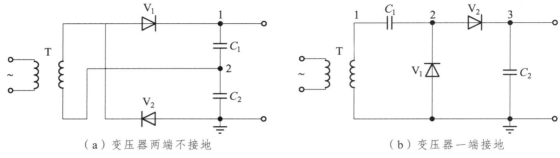

（a）变压器两端不接地　　　　　　　　　　（b）变压器一端接地

图 4-13　倍压整流回路

以上所说的都是空载的情况，当接上负载电阻后，输出电压也会如图 4-13 出现电压降落（ΔU）和电压脉动（δU）的现象。

3. 串级直流发生器

如上所述图 4-13（b）倍压电路空载时可获得 $2U_\mathrm{m}$ 的直流电压，以此为单级倍压回路串联成 n 级，如图 4-14 所示，用串级直流发生器代替整流电源部分，空载时可获得 $2nU_\mathrm{m}$ 的直流高电压。

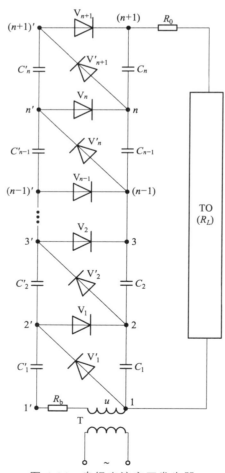

图 4-14　串级直流高压发生器

经分析可推得串级直流高压发生器在接上负载时的电压脉动为

$$\delta U \approx \frac{(n^2 + n)I_{av}}{4fC}$$（4-25）

最大输出电压平均值为

$$U_{av} = 2nU_m - \frac{I_{av}}{6fC}(4n^3 + 3n^2 + 2n)$$（4-26）

式中：

$$\Delta U_\omega = \frac{I_m}{6fC}(4n^3 + 3n^2 + 2n)$$（4-27）

ΔU_ω 称为平均电压降落。

脉动系数为

$$S = \delta U / U_{av} = (n^2 + n)I_{av} / 4fCU_{av}$$（4-28）

采用这种电路需注意两点：

（1）串接级数 n 增加时，电压脉动、脉动系数以及电压降落增大愈烈；提高每级电容工作电压以减小级数、提高电源频率、增大电容量可有效地减小电压脉动。

（2）当试品击穿时，除右边电容柱（$C_1 \sim C_n$）串联经 R_0 对已击穿的被试品放电外，左边电容柱也将对已击穿的被试品放电。这就要求保护电阻 R_0 的值应足够大，R_0 值可按下式确定：

$$R_0 = (0.001 \sim 0.01)U_{av} / I_{av}$$（4-29）

4.2.2　直流高电压

IEC 和我国国家标准对直流高压测量误差规定：

（1）直流电压测量误差不大于 3%；

（2）脉动幅值的测量误差不大于 100%。

常用的测量方法主要有以下几种。

1. 用棒-棒间隙测压器测量直流高压的最大值

过去多用球隙测压器测量直流高电压、交流和冲击高电压，实践表明用球隙测量直流高电压比测交流和冲击高压误差大，这种误差通常是由空气中的灰尘或纤维引起的。如果加压时间长，就可能得到较低的放电电压。由于达不到误差规定要求，因此 IEC 和我国国家标准推荐用棒-棒间隙测量直流高压，能满足对直流高电压测量误差的要求。

2. 用静电电压表测量直流高压的平均值

用静电电压表测量有脉动的直流高压，根据 IEC 规定，当直流电压的脉动系数不大于 2% 时，静电电压表所测得的值近似等于整流电压的平均值 U_{av}，其测量误差则比球隙小，一般在 1% ~ 2.5%以内。当静电电压表量程不够时，可改用如图 4-15 所示的方法测量。

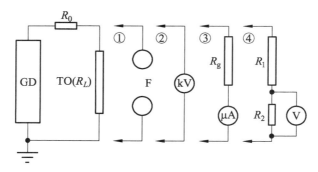

GD—直流高压发生器；TO—被试品。

图 4-15　测量直流高压的常见方法

3. 用高值电阻串接微安表或高值电阻分压器配低压仪表测量

高值电阻 R_g 串接微安表是一种常用而又比较方便的方法。被测电压为

$$U_1 = IR_g \tag{4-30}$$

测直流高电压，只能用高值电阻分压器，再配低压仪表，低压表测得电压为 U_2，则

$$U_1 = U_2 \frac{R_1 + R_2}{R_2} \tag{4-31}$$

使用分压器时，应选用内阻极高的电压表，如静电电压表、高输入阻抗的电子管电压表或数字电压表。所测值属峰值还是平均值视低压仪表确定。

由分析可知：电阻 R_1 应是一个能够承受高电压且数值稳定的高值电阻，通常用多个金属膜电阻串联组成。由于高压直流电源的容量一般较小，为使 R_1 的接入不致影响其输出电压，并且 R_1 本身不致过热，因此流过 R_1 的电流不应太大。另一方面，为避免由于电晕放电和绝缘支架的漏电造成测量误差，因此流过 R_1 的电流也不应太小，故 IEC 规定不低于 0.5 mA，一般按照流过 0.5 ~ 2 mA 来选择 R_1 值。将多个电阻元件串联的整体温度系数小的 R_1 放在绝缘筒，R_1 的高压端装上金属屏蔽罩，使整个结构电场均匀化，并注入绝缘油，以抑制或消除电晕放电和漏电，并降低温升，也可充以 SF_6 气体介质，从而可以提高 R_1 阻值的稳定性。

测量直流高压脉动幅值的方法主要有以下几种：

（1）用电容电流法来测量直流电压脉动幅值，其接线原理与交流峰值电压表原理相同，即

$$\delta U = \frac{I_{av}}{2Cf} \tag{4-32}$$

式中，f 为交流电源的频率。

（2）用电容分压器（C_1、C_2 分别为高低压臂）经低压臂 C_2 送出电压 δU_2 可配以示波器（或峰值电压表）记录 δU，经换算可得直流高压脉动幅值：

$$\delta U = \delta U_2 \cdot \frac{C_1 + C_2}{C_1} \tag{4-33}$$

也可用电阻电容并联的混合式分压器测量 δU。

4.2.3　直流高压试验和泄漏电流试验

直流高压试验和泄漏电流试验的基本接线是相似的，项目所需的设备仪器和测量方法基本可用于泄漏电流试验。

与交流耐压试验比，直流耐压试验具有下列特点：

（1）试验中只有微安级泄漏电流，试验设备不需要供给被试品电容电流，因而试验设备容量较小，质量轻，便于运送至现场试验。

（2）试验时可同时测量泄漏电流，所得的"U-I"曲线能有效地显示绝缘内部的集中性缺陷或受潮，提供有关的绝缘状态信息。

（3）用于旋转电机时，能使其定子绕组的端部绝缘也受到较高的电压作用，有利于发现端部绝缘缺陷。

（4）在直流高压下，局部放电较弱，不会加快有机绝缘材料的分解或老化变质，在某种程度上带有非破坏性试验的性质。

对于绝大多数组合绝缘来说，它们在直流电压下的电气强度远高于交流电压下的电气强度。交流电气设备的直流耐压试验用提高试验电压来做，是具有等效性的。所以最常见的直流耐压试验被列为某些交流电气设备（油纸绝缘高压电缆、电力电容器、旋转电机等）的绝缘预防性试验项目之一。

对直流高压试验来说，试验装置应能在试验电压下提供试验所需的试验电流，一般情况下，这一值是很小的。应该估计到，某些试品在击穿前瞬时临界泄漏电流是相当大的，例如：极不均匀电场长气隙击穿或沿面闪络，特别是湿污状态下的沿面闪络，击穿前瞬时的临界漏电流将达安培级。如此电流将使设备内部产生很大压降而使测量不正确。所以直流高压试验要根据不同试品、不同的试验要求选择合适的电源容量。

4.3　冲击高电压试验

冲击高电压试验就是用来研究各种高压电气设备在雷电过电压和操作过电压作用下的绝缘性能或保护性能。许多电气设备在型式试验、出厂试验或大修后都必须进行冲击高电压试验。由于冲击高电压试验对试验设备和测试仪器的要求高、投资大，测试技术也比较复杂，冲击后被试品上有累积效应等原因，所以通常这项试验未被列入绝缘预防性试验的内容。

冲击电压试验通常由五部分组成，其方框图如图 4-16 所示。

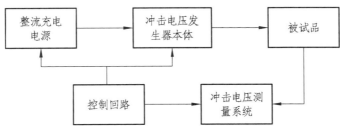

图 4-16　冲击电压试验设备框图

这里主要介绍冲击电压发生器及冲击电压的测量。

4.3.1 冲击电压发生器

冲击电压发生器往往被认为是高压实验室的标志，目前，世界上最大的冲击电压发生器的标准电压已高达 7 200 kV，甚至更高。为了弄清如何产生冲击波，首先介绍最基本的单级冲击电压发生器。

1. 单级冲击电压发生器

一般的非周期性冲击电压波可用双指数函数表示：

$$u(t) = A(e^{-t/\tau_1} - e^{-t/\tau_2}) \tag{4-34}$$

式中，τ_1 为波长时间常数；τ_2 为波前时间常数，通常 $\tau_1 \gg \tau_2$。

在波前时间范围内：

$$e^{-t/\tau_1} \approx 1$$

可近似写成：

$$u(t) \approx A(1 - e^{-t/\tau_2}) \tag{4-35}$$

其波形图如图 4-17（a）所示，这个波形与图 4-17（b）所示的直流电源 U_0 经电阻 R_1 向电容器 C_2 充电时 C_2 上的电压波形完全一样。可见，利用图 4-17（b）所示的回路可得到所需冲击电压波的波前，波前时间：

$$T_1 \approx 3R_1C_2 \tag{4-36}$$

类似地，在波长时间范围内：

$$e^{-t/\tau_2} \approx 0$$

可近似写成：

$$u(t) \approx Ae^{-t/\tau_1} \tag{4-37}$$

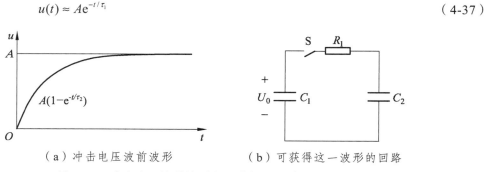

（a）冲击电压波前波形　　　　　（b）可获得这一波形的回路

图 4-17　冲击电压波前波形和可获得这一波形的回路

这个波形由图 4-18 所示的已被充电的电容器 C_1 经电阻 R_2 放电得到。

$$u(t) \approx U_0 e^{-t/\tau_1} \tag{4-38}$$

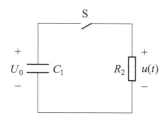

图 4-18　可获得冲击电压波长波形的回路

利用图 4-18 可得到所需冲击电压波的波长。波长时间取决于 R_2 和 C_1，当 $t = T_2$ 时，电阻 R_2 两端的电压下降到幅值的一半，即

$$u(t) = A\mathrm{e}^{-T_2/\tau_1} = \frac{1}{2}U_0 = U_0\mathrm{e}^{-T_2/\tau_1} \tag{4-39}$$

化简后得到：

$$T_2 = \tau_1 \ln 2 \approx 0.7 R_2 C_1 \tag{4-40}$$

图 4-17（b）和图 4-18 两种电路的合成电路（见图 4-19），就可以得到雷击冲击电压波的完整波形。

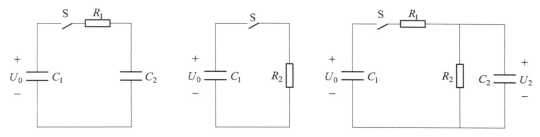

图 4-19　可获得冲击电压波形的合成回路

图中开关 S 合上后，电容 C_1 经电阻 R_1 向电容 C_2 充电，形成波前，同时 C_1、C_2 向电阻 R_2 放电，形成波长；R_1 和 C_2 影响波前时间，分别称为波前电阻和波前电容；R_2 和 C_1 影响波长时间，分别称为波长电阻和主电容。

式（4-36）、式（4-40）可粗略依据所要求波形选择回路元件，真正符合要求的波形还有待于实际测试和调整参数后得到。

在图 4-20 中，C_2 能充到的最大电压 U_{2m} 等于 C_1 上的电压。开关合闸以前，电容 C_1 原有的电荷量为 C_1U_0；开关合闸以后，如果忽略 C_1 经 R_2 放掉的电荷，则 C_1 分给 C_2 一部分电荷后，C_1 和 C_2 上的电压最大可达：

$$U_{2m} \approx \frac{C_1}{C_1 + C_2}U_0 \tag{4-41}$$

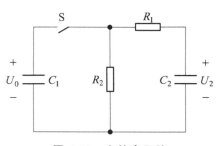

图 4-20　高效率回路

而在图 4-19 中，由于 R_1 的存在，R_2 上的电压幅值 U_{2m} 必再按 $R_2/(R_1 + R_2)$ 减小，所以最后能得到的冲击电压幅值为

$$U_{2m} \approx \frac{C_1}{C_1 + C_2} \cdot \frac{R_2}{R_1 + R_2} U_0 \qquad (4\text{-}42)$$

其中，放电回路的电压利用系数为

$$\eta = U_{2m} / U_0 \qquad (4\text{-}43)$$

可以看出，图 4-20 的利用系数比图 4-19 的要高一些，称为高效率回路，η 可达 0.9 以上；图 4-19 称为低效率回路，$\eta = 0.7 \sim 0.8$（η 是在令 $R_2 \approx 10R_1$、$C_1 \approx 10C_2$ 得到的）。

为了满足结构布局等方面的要求，实际冲击发生器通常采用图 4-21 所示的回路，这里 R_1 被拆为 R_{11}、R_{12} 两部分，其中 R_{11} 为阻尼电阻，主要用于阻尼回路中的寄生振荡，R_{12} 用来调节波前时间 T_1，称之为波前电阻。这种回路的效率为

$$\eta \approx \frac{C_1}{C_1 + C_2} \times \frac{R_2}{R_{11} + R_2} \qquad (4\text{-}44)$$

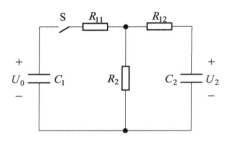

图 4-21　冲击电压发生器常用回路

在实际的冲击电压发生器中，C_1 的电压是由高压整流电源充电得到的，由于受硅堆和电容器额定电压的限制，单级冲击发生器能产生的最高电压一般不超过 $200 \sim 300 \ \text{kV}$。

2. 多级冲击电压发生器

利用多级冲击电压发生器可以产生高达数兆伏的冲击电压，以满足一些冲击高压试验所需要的幅值要求。

多级冲击电压发生器的工作原理可以简单地概括为"并联充电，串联放电"，如图 4-22 为多级冲击电压发生器的电路原理图。

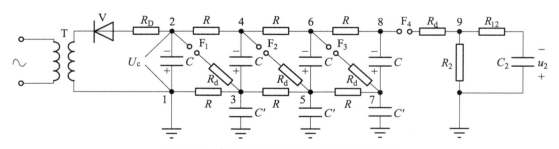

图 4-22　多级冲击电压发生器的原理接线

首先调整各级球隙的距离，使 F_1 的放电电压略大于 U_c，F_2、F_3 的距离都略大于 F_1 的距离，然后升高充电电压到 U_c，对各级电容器充电。

如果忽略各级电容器 C 的泄漏电流，并且充电时间足够长，各级电容器 C 皆充电到 U_c 电压，并联充电的等值电路如图 4-23 所示。这时给 F_1 球隙送去一脉冲电压点火，F_1 首先放电，然后导致 F_2、F_3 依次放电，各级电容器串联起来，经 F_4 对 R_d、R_{12} 和 C_2 放电（串联放电等值回路如图 4-24 所示），在输出端即可获得幅值较高的冲击电压波。

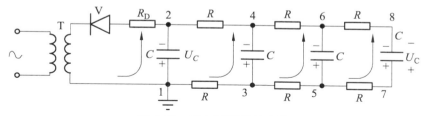

图 4-23　充电过程等值电路

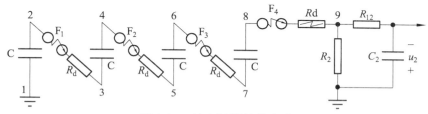

图 4-24　放电过程等值电路

电阻 R 在充电过程中没什么作用，从充电过程看可取为零，但从放电过程看，只有 R 足够大，在短暂放电过程中，才能将其视为开路（如数万欧姆）。在各级电容 C 串联起来对放电的同时，也在图 4-22 中所有三角形闭合小回路内（例如 1—C—2—F_1—3—R—1）进行附加的放电，其结果是使 C 上的电压降低，由于 R 阻值足够大，可减小附加放电的不利影响。

阻尼电阻分散到各级中去（R_d），既能使元件安装结构合理，又能阻尼各种杂散参数的附加回路（1—C—2—F_1—R_d—3—C'—地—1）中的寄生振荡。

在多级冲击发生器中，球隙起着将各级电容器从并联充电自动转换成串联放电的作用。自动转换的条件是：各级球隙电位之差是否达到其放电电压。

在充电过程结束时，2、4、6、8 各点对地电位皆为 $-U_c$，1、3、5、7 各点皆为零电位。

当各级电容器 C 充电到 U_c 电压时，第一级球隙 F_1 经点火首先击穿，点 3 的电位立即变成 $-U_c$，点 4 的电位相应地变到 $-2U_c$，当 F_2 未击穿时，点 5 仍保持对地零电位，它的电位改变取决于其对地杂散电容 C'，通过 F_1、R_d 和点 3 与点 5 之间的充电电阻 R 由第一级电容 C（点 1 与点 2 间的电容）来充电。由于 R 很大，对点 3 和点 5 起了隔离作用，使得点 5 上的 C' 充电较慢，暂时仍保持原来的零电位。这就使得此时作用在 F_2 上的电位差达到 $2U_c$，F_2 将很快击穿；可以推知，若为 n 对球隙 $F_1\cdots F_n$ 将依次在 $U_c\cdots nU_c$ 电压作用下击穿，将全部电容器串联起来，冲击电压发生器串联放电时的简化等值回路如图 4-24 所示。各参数之间存在如下关系：

$$\left.\begin{array}{l} C_1 = \dfrac{C}{n} \\[2mm] R_{11} = nR_d \\[2mm] U_{2m} \approx nU_c \end{array}\right\} \tag{4-45}$$

除了上述雷电冲击全波外，国家标准规定带绕组的变压器类设备还要用标准冲击截波进行耐压试验，以模拟运行条件下因气隙或绝缘子在雷电过电压下发生击穿或闪络时出现的雷电截波对绕组绝缘的作用。

在实验室内产生雷电冲击截波的原理十分简单，只要在被试品上并联一个适当的截断间隙，让它在雷电冲击全波的作用下击穿，作用在被试品上的就是一个截波。为了满足对截断时间 T_c 的要求（ $T_c = 2 \sim 5\ \mu s$ ），必须使截断间隙放电分散性小和能准确控制截断时间。图 4-25 表示采用三电极针孔球隙和延时回路的截断装置原理图，球隙主间隙 F 的自放电电压应略高于发生器送出的全波电压。在全波电压加到截断间隙的同时，从分压器取得启动电压脉冲，经延时单元 Y 送到下球的辅助触发间隙 f，f 击穿后将立即引发主间隙 F 击穿形成截波。延时单元可采用延时电缆段，调节电缆的长度即可改变主间隙的击穿时刻和冲击全波的截断时间。

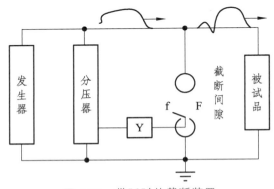

图 4-25 带延时的截断装置

4.3.2 操作冲击高压波的产生

随着输电线路电压等级的提高，用操作波电压试验线路和电气设备绝缘越来越显得重要。我国国家标准规定，额定电压大于 220 kV 的超高压电气设备在出厂试验、型式试验中，不能像 220 kV 及以下的高压电气设备那样，以工频耐压试验来等效取代操作冲击耐压试验。

产生操作冲击电压波的方法有多种，大致可概括为利用冲击电压发生器的方法和利用变压器的方法。

1. 利用冲击电压发生器产生操作冲击电压波

在做气隙的操作波试验时，使用最多的是用冲击电压发生器产生操作冲击波。原理上，它与产生雷电冲击波完全相同。调节波前波长电阻值，就可以得到所规定的操作波。但是由于操作波波前时间和波长时间很长，在选择电路形式和估计参数时一是要将波前电阻、波长电阻分散到各级，要考虑充电电阻对波前时间、波长时间和利用系数的影响；二是不能用近似估算形成准雷电波的回路参数的方法计算操作波的相应参数，否则将带来很大的误差。

2. 利用变压器产生操作冲击电压波

在现场对电力变压器进行操作波耐压试验时，可利用被试变压本身产生操作冲击电压波，这种方法简单，便于现场使用。在高压实验室也还可以利用工频试验变压器产生操作冲击电压波。

利用变压器产生操作冲击电压波的方法可采用 IEC 所推荐的一种操作波发生装置，即利用冲击电压发生器对变压器低压绕组放电，在变压器高压绕组感应出幅值很高的操作冲击电压波，其原理接线如图 4-26 所示。

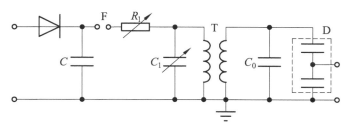

C—主电容；R_1、C_1—调波电阻和电容；

C_0—试品电容；T—变压器；D—分压器。

图 4-26　IEC 推荐的一种操作波发生装置接线

具体波形通过调节 R_1 和 C_1，并根据所需试验电压提高充电电压 U_0 获得高压操作波。

无论产生哪种冲击电压波形，冲击电压发生器的启动方式分为自启动方式和触发启动方式两种。前种方式必须将点火球隙 F 的极间距离调节到使其击穿电压等于所需的充电电压，一旦 F 上的电压上升到 U_0 时，F 即自行击穿，启动整套装置。后种方式是使发生器的各级电容充电到略低于点火球隙 F 的击穿电压，再采用点火装置产生点火脉冲，送至点火球隙 F 的辅助间隙上使之击穿并引发主间隙击穿，以启动整套装置。冲击发生器一旦启动，全部球隙均能随点火球隙的点火陆续击穿。

4.3.3　绝缘的冲击高压试验方法

电气设备内绝缘的雷电冲击耐压试验采用三次冲击法，即对被试品施加三次正极性和三次负极性雷电冲击试验电压（$1.2/50\ \mu s$）。对变压器和电抗器类设备的内绝缘，还要再进行雷电冲击截波（$1.2/2 \sim 5\ \mu s$）耐压试验，它对绕组绝缘（特别是其纵绝缘）的考验往往比雷电冲击全波试验更加严格。

在进行内绝缘冲击全波耐压试验时，应在被试品两端并联一球隙，将球隙的放电电压整定得比试验电压高 15% ～ 20%（变压器和电抗器类被试品）或 5% ～ 10%（其他被试品）。因为在冲击电压发生器调波过程中，有时会无意地出现过高的冲击电压，造成被试品的不必要损伤，这时并联球隙就能发挥作用。

由于进行内绝缘冲击高压试验电压作用时间很短，若绝缘内遗留下非贯通性局部损伤，用常规的测试方法是不易发现的。例如，电力变压器绕组匝间和线圈间绝缘（纵绝缘）发生故障后，往往没有明显的异样。为此，目前的监测方法是拍摄变压器中性点处的电流示波图，与完好无损的同型号变压器的典型示波图以及人为制造故障所摄的示波图做比较，这样做不仅能判断损伤或故障，而且能大致确定故障部位，这就大大简化了离线检测变压器故障的工作。

电力系统外绝缘的冲击高压试验通常采用 15 次冲击法，即对被试品施加正、负极性冲击全波试验电压各 15 次，相邻两次冲击的时间间隔应不小于 1 min。在每组 15 次冲击的试验中，如果击穿或闪络的次数不超过 2 次，即可认为该外绝缘试验合格。

内、外绝缘的操作冲击高压试验的方法与雷电冲击全波试验类同。

4.3.4 冲击电压的测量

高压电气设备的绝缘试验中常用冲击电压，无论是雷电冲击或是操作冲击，冲击波的作用时间很短，变化很快，在很多试验中，不仅要测幅值，还要求记录波形，因此与稳态电压测量相比，测量冲击电压的仪器和测量系统要有更好的瞬变响应特性。我国有关标准规定，对于符合规定的冲击电压波，其幅值测量误差不超过 3%，在 0.5 ~ 2 μs 内截断的电压波幅值测量误差不大于 5%。冲击波形的时间参数测量误差应不大于 10%。

常用的测量装置有球隙测压器和分压器测量系统，球隙测压器可测量冲击电压的幅值，分压器测量系统所配低压仪表常为示波器和峰值电压表，或二者同时使用。

1. 用球隙测压器测量冲击电压的幅值

如前所述，球隙测量是唯一能直接测量高达数兆伏的各类高电压峰值的测量装置，它由一对直径相同的金属球构成，测量误差为 2% ~ 3%。

用球隙测量冲击电压，除了要遵守球隙有关结构、布置、连接和使用等技术规定外，还要根据球隙冲击放电特性和冲击电压本身的特点定出相应的要求。由于许多偶然因素的影响，球隙的放电具有一定的分散性，用球隙测量冲击电压前，应参看标准球隙放电电压表中的 50%冲击击穿电压 $U_{50\%}$值。同工频高压峰值测量一样测量时，选择合适的球径、极间距离，然后将测得的结果换算至标准状况下对应的电压值。

确定 50%击穿电压的方法有以下两种：

1）多级法

根据试验需要或球隙距离一定，逐级调整冲击电压发生器的输出电压；或电压一定，逐级调整球隙距离。通常取距离级差或电压级差为预估值的 2%。以改变电压级差为例，对被试品每级施加电压 6 ~ 10 次，加 4 ~ 5 级电压，求出每级电压下的击穿概率（P），即可得到 $P = f（U）$曲线，在此曲线上对应于 $P = 50\%$时的电压值即为 $U_{50\%}$。

注意到在击穿概率为 50%时，负极性标准雷电冲击作用下的击穿电压与交流击穿电压的峰值相同（共用一个标准球隙放电电压表）。正极性雷电冲击的 50%击穿电压比负极性的略高，则另列一表。

2）升降法

估计 50%击穿电压的预期值，取预期值的 2% ~ 3%作级差 ΔU，以预期值作为初始电压加在气隙上。若未引起击穿，则下次施加电压应增加。若预期值已引起击穿，则下次施加电压应减少 ΔU，以后加压都按这一规律进行。如此反复加压，分别记录各级电压 U_i 的加压次数 n_i，按下式求出 50%冲击击穿电压。

$$U_{50\%} = \frac{\sum U_i n_i}{\sum n_i} \qquad (4\text{-}46)$$

记录加压总次数时注意，如果第一次加预期值未引起击穿，则从后来首先引起击穿的那次开始统计；如果第一次加预期值已引起击穿，则从后来首先未引起击穿的那次开始统计。

用球隙测量冲击电压时，还应注意：

（1）减少放电分散性问题，对于直径 12.5 cm 及以下的球隙或对于测量 50 kV 及以下的电压，均应施行照射，以减小分散性。

（2）正确选择球隙保护电阻，由于冲击电压变化快，通过球隙的电容电流大，因此，一般不希望串联这一电阻，但为避免球隙击穿时产生振荡而导致试品损伤，必须串联电阻，并要求电阻值一般不大于 500 Ω，电阻本身的电感不应大于 30 μH。

2. 用冲击分压器测量系统测量冲击电压

冲击高压最主要的测量系统由分压器、示波器（或峰值电压表）组成，如图 4-27 所示。

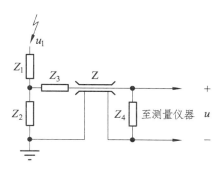

Z_1、Z_2—分压器高、低压臂；Z—同轴电缆；Z_3、Z_4—匹配阻抗。

图 4-27　分压器测量系统

分压器及其测量系统性能的好坏，通常用方波响应来估计。在测量系统输入端施加方波电压，在其输出端可得到输出电压示波图。为便于比较，令输出电压的稳定值为 1，并称此波形为单位方波响应。它能反映该测量系统对方波电压的畸变程度。

由于测量系统本身以及外界影响因素的差别，这一方波响应大体上可分为指数型和振荡型两种类型，如图 4-28 所示。方波响应时间以幅值为 1 的方波和响应波形 $g(t)$ 之间包围的面积来度量，即

$$T = \int_0^\infty [1-g(t)]\mathrm{d}t \qquad (4-47)$$

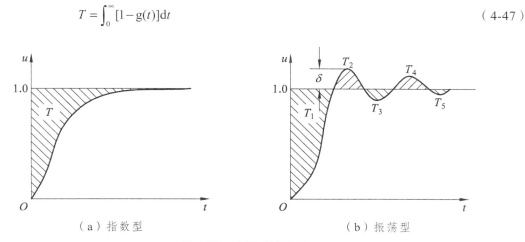

（a）指数型　　　　　　　　　　（b）振荡型

图 4-28　方波响应波形

在图 4-28（a）中，$T = T_1$，而在图 4-28（b）中 T_2、T_4 取负值，$T = T_1 - T_2 + T_3 - T_4 + T_5$ $+ \cdots$。方波响应时间 T 越大，测量系统误差也越大。对于振荡型，还应考虑过冲 δ 限制在 20% 以内，否则应设法消除振荡。

测量系统的冲击响应特性主要取决于分压器的特性，冲击分压器大体分为电阻和电容型两种，为改善分压器性能，又发展了阻容串联或并联混合分压器。以下仅分析两种最基本的电阻型和电容型分压器的有关特性。

1）电阻分压器

将图 4-27 中 Z_1、Z_2、Z_3、Z_4 相应换成 R_1、R_2、0、R，图 4-27 就变为电阻分压器的测量回路，如图 4-29 所示。用来测量雷电冲击电压的电阻分压器的阻值比测量稳态电压的电阻分压器小得多，这是因为雷电冲击电压的变化很快，因而对地杂散电容的不利影响要比交流电压时大得多，结果将引起较大的幅值误差和波形畸变。而冲击电阻分压器的阻值往往只有 $10 \sim 20\ \text{k}\Omega$，即使屏蔽措施完善，也只能增大到 $40\ \text{k}\Omega$ 左右。

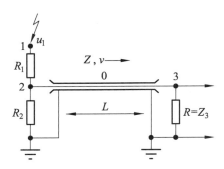

图 4-29　电阻分压器测量回路

对于电阻分压器，由于 $R_1 \gg R_2$，可令 $R = R_1 + R_2 \approx R_1$，并由分压器方波响应曲线求得其时间常数 T_R，它等于利用式（4-47）得到的方波响应时间 T，对于图 4-28（a）、（b）而言，都有 $T \propto R$，$T \propto C_e$。C_e 为分压器总的对地杂散电容。减小对地杂散电容可获得较好的方波响应特性。

因此，欲减小对地杂散电容对分压器响应特性的影响，可以采取以下措施：

（1）在保证绝缘强度的前提下尽量缩小分压器的尺寸。

（2）在不过分增加冲击电压发生器负荷的前提下，选用较低的分压器电阻值（几千欧至 $20\ \text{k}\Omega$）。

（3）在分压器的高压端采用屏蔽电极，增大分压器对高压电极的电容，以补偿对地杂散电容的影响。尽管采取这些措施，这种分压系统也只能测 1 MV 以下的冲击电压。

在电阻分压器测量系统中，电缆两端外皮都接地，电缆末端的芯线与外皮间接一匹配电阻 R 等于电缆波阻抗，以避免冲击波在终端处的反射，如图 4-29 所示。测量时分压器低压臂电阻 R_2 与电缆波阻抗 Z 是并联关系，所以低压臂的等值电阻变成 R_2'，其中：

$$R_2' = \frac{R_2 Z}{R_2 + Z} \tag{4-48}$$

在示波器上测得 R_2 的电压：

$$u_2 = \frac{R_2 Z}{Z(R_1 + R_2) + R_2 R_1}$$

（4-49）

分压比：

$$N = \frac{u_1}{u_2} = \frac{Z(R_1 + R_2) + R_2 R_1}{R_2 Z}$$

（4-50）

2）电容分压器

电容分压器的常用接线如图 4-30 所示。

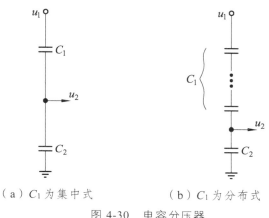

（a）C_1 为集中式　　（b）C_1 为分布式

图 4-30　电容分压器

若将图 4-27 的 Z_1、Z_2 用电容分压器取代，便构成电容分压器。当电容分压器的高压臂 C_1 为分布式电容组成时，它的测量回路可有不同的方案。应该指出：它不能像电阻分压器那样在电缆终端跨接一个阻值等于电缆波阻抗 Z 的匹配电阻 R，这是因为电缆的波阻抗一般为数十欧姆，若将低值电阻 R 跨接在电缆终端，将使 C_2 很快放电，从而使测到的波形畸变，幅值变小。图 4-31 所示的解决方案为在电缆首端入口处串接一个阻值等于 Z 的电阻 R，可见这时进入电缆并向终端传播的电压波 u_3 只有 C_2 上的电压 u_2 的一半（另一半降落在 R 上）。波到达电缆开路终端后将发生全反射，正好等于 u_2。所以分压比仍为

$$N = \frac{u_1}{u_2} = \frac{C_1 + C_2}{C_1}$$

（4-51）

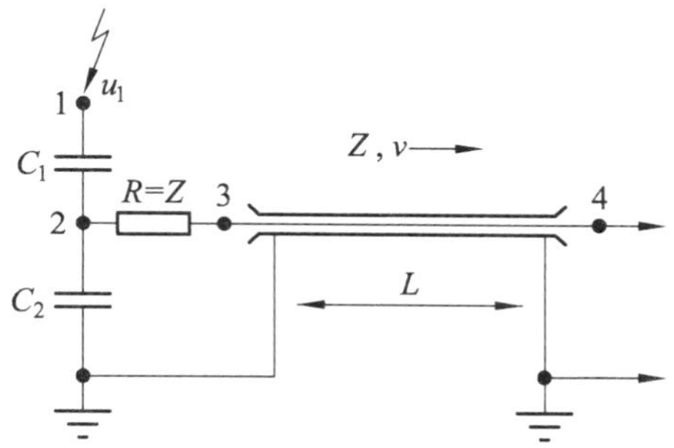

图 4-31　一种电容分压器测量回路

与电阻分压器一样，电容分压器的各部分对地也有杂散电容，但由于分压器本体也是电容，对地电容的影响只会造成幅值误差，而不会使波形畸变，从这个角度看电容分压器比其他类型的分压器优越，因幅值误差是容易校正的。但是电容分压器各单元的寄生电感和各段引线的固有电感与电容 C_1、C_2 构成一系列高频振荡回路，这是影响电容分压器系统响应特性的主要因素，为了阻尼各处的振荡，必须接入阻尼电阻。

将阻尼电阻分散连接到分压器的各个电容元件上，就可以构成一种响应特性较好的串联阻容分压器和并联阻容分压器，如图 4-32 所示。前者的测量回路与电容分压器相同，而后者的测量回路与电阻分压器相同。

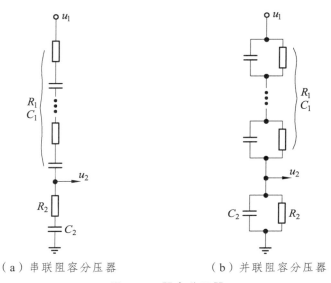

（a）串联阻容分压器　　　　　　　（b）并联阻容分压器

图 4-32　阻容分压器

如果只需要测量电压幅值，可将峰值电压表接在分压器低压臂上进行测量。如果要求记录冲击波形，则用高压脉冲示波器配合分压器进行测量。

3. 高压脉冲示波器和冲击电压数字测量系统

冲击电压波具有一次性瞬变特征，一次瞬变的延续时间往往只有数十微秒，为了得到冲击波形的全貌，采用高压脉冲示波器与冲击分压器配合测量。

高压脉冲示波器与普通示波器原理及组成没多大差别，一般都由高压示波管、电源单元、射线控制单元、扫描单元、标定单元五部分组成。高压脉冲示波器具有加速电压高、射线开放时间短的特点。各部分高度协同工作，具有扫描电压多样化等特点。

传统的高压脉冲示波器没有记忆储存等功能，捕捉变化极快的被测现象需冲卷读图，这种方法已过时。

近些年来随着电子技术和计算机技术的迅速发展，新的数字测量系统已逐步取代传统高压脉冲示波器的模拟测量系统。高电压数字测量系统由硬件和软件两大部分组成。硬件系统包括高压分压器、数字示波器、计算机、打印机；软件系统包括测量软件、信号处理、存储、显示、打印等。其中，核心部分为数字示波器、计算机和测量软件。这一数字系统能对雷电冲击全波、截波及操作冲击波的波形和有关参数进行全面测定，整个测量过程按预先设置的指令自动执行，测量结果可显示于屏幕，并可存入机内或打印输出。这种传统的模拟测量更新为现代数字测量，已成为高压测试技术发展的必然趋势。

4. 峰值电压表测量

峰值电压表的原理前面已做过介绍，测量冲击电压的峰值电压表与测量稳态电压的峰值电压表略有差异，由于冲击电压是瞬变的一次过程，所以用作整流充电的电容器 C 的电容量要大大减小，以便它能在很短的时间内一次充好电。在选用冲击峰值电压表时，要注意其响应时间是否适合于被测波形的要求，并应使其输入阻抗尽可能大一些，以免因峰值表的接入影响到分压器的分压比而引起测量误差。它与用球隙测峰值相比，可大大简化测量过程，但被测电压波形必须是平滑上升的，否则就会产生误差。

习　题

1. 进行工频高压试验时，怎样选择试验变压器的额定电压和额定容量？若有一被试品的电容量为 5 000 pF，试验电压有效值为 600 kV，求进行工频耐压试验时流过试品的电流和试验变压器的输出功率。

2. 测量工频高压、直流高压、冲击高压各有哪些方法？每种方法的基本原理是什么？

3. 工频高压试验简化等值电路如图 4-33 所示，其中，回路的总电阻 $R = 10\,\text{k}\Omega$，总电抗值 $X_L = 100\,\text{k}\Omega$，被试品电容量 $C_0 = 3\,000\,\text{pF}$，试验时高压侧输出电压有效值 $U_1 = 500\,\text{kV}$，求：试品 C_0 两端电压 U_2，并将结果用相量图表示。

4. 试设计一个标称电压为 1 MV 能产生 1.2/50 μs 标准波的多级冲击电压发生器。已知：C_1' 为 5 个 200 kV、0.05 μF 的电容器组成，负荷电容为 $C_2 = 500\,\text{pF}$，每次放电的能量为 $0.5 \times 10^4\,\text{W·S}$。

（1）画出该冲击发生器的主回路图及等值放电回路；

（2）用近似估计法求每级的波前、波长电阻。

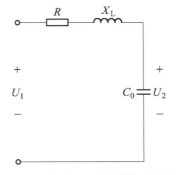

图 4-33　工频高压试验简化等值电路

第 3 篇　线路保护与电力系统过电压

本篇主要介绍无损耗单导线和多导线系统下波传播和反射折射的过程，变压器绕组中的波传播过程；输电线路的防雷保护，包括过电压影响与保护措施；电力系统的操作过电压、工频过电压和谐振过电压的产生分析和实例，以及保护措施和应对方法；高压环境下电气设备的绝缘检测、在线诊断和电力系统的绝缘配合；同时，简单介绍了牵引供变电系统的组成及其相关的防雷绝缘保护。

第 5 章　线路和绕组中的波过程

5.1　无损耗单导线线路中的波过程

本节介绍波过程的基本概念和基本规律两部分。通过概念描述、原理讲解，了解电能在线路中传输是波过程的实质，掌握波阻抗、波速等基本概念及波过程的基本方程式。

5.1.1　波过程的基本概念

电力系统中出现的过电压都是以波的形式出现的，在冲击波的作用下，电力系统元件的等值电路必须用分布参数电路来表示。分布参数电路与集中参数电路最根本的特点在于电压、电流不但是时间 t 的函数，而且是位置 x 的函数。

首先对单根均匀无损导线上的传播规律进行分析。当雷击线路时，在幅值和频率都很高的雷电波作用下，很大的雷电流沿导线流动，变化速度很快，因此，在分析雷击线路暂态过程时，输电线路的电容和电感均不能忽略。计及输电线路的电感、电阻、对地电容和沿线分布情况，可用若干个 π 形链组成的电路来等值，如图 5-1（a）所示，图中 L_0、R_0、C_0、G_0 为输电线路单位长度上的电感、电阻、对地电容和电导。为简化分析，可略去 R_0、G_0。不计 R_0、G_0 的输电线路称为无损导线，如图 5-1（b）所示。

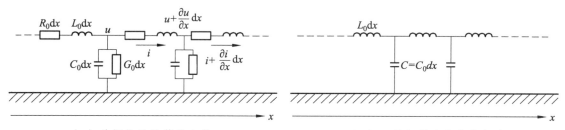

（a）单根导线的等值电路　　　　　　　　（b）无损耗导线的等值电路

图 5-1　均匀单根导线

若在图 5-1（b）电路始端合闸一直流电压，输电线路上便有电荷向 x 方向移动，因受电感 L_0 的作用，输电线路上各点电压建立所对应的时间是不同的。同时，当电荷向右移动时，部分电荷会流到电容中去，故在同一时间导线上各点的电压、电流是不同的，输电线路上电压与电流是从始端向末端逐渐地建立起来。当电荷在输电线路上流动时，需向对地电容 C_0 充电，因此在输电线路与地之间建立起电场。当电荷通过电感 L_0 时，将在输电线路周围建立磁场。在输电线路的某一点上出现的电场和磁场，它们将以一定速度向输电线路某一方向运动。在无损的输电线路周围空间，电场强度 E 与磁场强度 H 相互垂直，并位于同一平面内，因此称为平面波。这一平面波以一定的速度沿输电线路运动，因此又叫作平面电磁波，也称为电磁流动波。

假设在时间 $\mathrm{d}t$ 内，波前进了 $\mathrm{d}x$，在这段时间内，长度为 $\mathrm{d}x$ 的导线的电容 $C_0\mathrm{d}x$ 充电到 u，获得电荷为 $C_0\mathrm{d}xu$，这些电荷是在时间 $\mathrm{d}t$ 内通过电流波 i 送过来的，因此：

$$C_0\mathrm{d}xu = i\mathrm{d}t \tag{5-1}$$

另一方面，在同样的时间 $\mathrm{d}t$ 内，长度为 $\mathrm{d}x$ 的导线上已建立起电流 i，这一段导线的电感为 $L_0\mathrm{d}x$，则所产生的磁链为 $L_0\mathrm{d}xi$。这些磁链是在时间 $\mathrm{d}t$ 内建立的，因此导线上的电压为

$$u = L_0\mathrm{d}xi\mathrm{d}t \tag{5-2}$$

将式（5-1）和式（5-2）中消去 $\mathrm{d}t$、$\mathrm{d}x$，可以得到

$$u = \pm\sqrt{\frac{L_0}{C_0}}i = \pm Zi \tag{5-3}$$

反映电压波与电流波关系的波阻抗为

$$Z = \sqrt{\frac{L_0}{C_0}} \tag{5-4}$$

行波的传播速度为

$$v = \pm\frac{1}{\sqrt{L_0C_0}} \tag{5-5}$$

在式（5-5）中，v 的正负号表示行波传播的正、反方向。

由式（5-3）可知，在无损均匀导线中，某点的正、反方向电压波与电流波的比值是一个常数 Z，该常数具有电阻的量纲 Ω，称为导线的波阻抗。

波阻抗虽然与电阻具有相同的量纲，而且从形式上也表示导线上电压波与电流波的比值，但两者具有不同的物理含义。波阻抗表示只有一个方向的电压波和电流波的比值，其大小只取决于导线单位长度的电感和电容，与线路的长度无关，而导线的电阻与长度成正比；波阻抗表示导线周围电介质中所储存电磁能的大小，它并不消耗能量，而电阻吸取电源能量并转变为热能消耗掉；波阻抗有正、负号，表示不同方向的流动波，而电阻一般没有。

5.1.2 波过程的基本规律

描述均匀无损线路 x 点在时刻 t 的电压和电流的关系为

$$\left.\begin{array}{l} u(x,t) = u_f(x-vt) + u_b(x+vt) \\ i(x,t) = [u_f(x-vt) - u_b(x+vt)]/Z \\ \quad = i_f(x-vt) + i_b(x+vt) \end{array}\right\} \qquad (5\text{-}6)$$

式中　u_f、u_b 及 i_f、i_b——构成电压波与电流波的两个分量。

式（5-6）中，$u_f(x-vt)$ 随着时间 t 的增加以 v 的速度向 x 增加方向运动，称为前行波；同样，$u_b(x+vt)$ 随着 t 的增加以 v 的速度向 x 减少的方向运动，称为反行波。因此可将式（5-6）改写成：

$$u(x,t) = \vec{u} + \overleftarrow{u} \qquad (5\text{-}7)$$

$$i(x,t) = \vec{i} + \overleftarrow{i} \qquad (5\text{-}8)$$

前面已经分析，电压波与电流波数值之间的关系是通过波阻抗 Z 相联系的。但不同极性的行波向不同的方向传播，需要规定一定的正方向。电压波的符号只由导线对地电容上相应电荷的符号决定，与运动方向无关。而电流波的符号不但与相应的电荷符号有关，而且与电荷的运动方向有关。

综上所述，可得出描述行波在均匀无损单根导线上传播的基本规律的四个方程：

$$\left.\begin{array}{l} u(x,t) = u_f + u_b \\ i(x,t) = i_f + i_b \\ \quad u_f = Zi_f \\ \quad u_b = -Zi_b \end{array}\right\} \qquad (5\text{-}9)$$

其物理意义是：导线上任何一点的电压或电流，等于通过该点的前行波与反行波之和；前行波电压与前行波电流之比等于 $+Z$；反行波电压与反行波电流之比等于 $-Z$。由这四个方程和相应的边界、起始条件，即可解决各种类型的波过程问题。

5.2 行波的折射与反射

本节包含行波的折、反射规律和彼得逊法则两部分。通过定义讲解、图例分析，了解波的折、反射规律，掌握彼得逊法则的应用。

5.2.1 行波的折、反射规律

过电压的传播如同光的传播一样具有波动性质，当传播媒质发生变化时，就会出现行波的折射、反射。

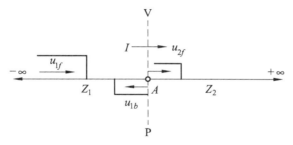

图 5-2　波的折射与反射

在图 5-2 中，分别具有不同波阻抗 Z_1、Z_2 的导线 1、2 相连于节点 A。沿导线 1 有一电压波的 u_{1f} 向导线 2 传播，到达节点 A 的波称为入射波。当波到达节点 A 时，会发生折射和反射，越过节点 A 进入导线 2 继续沿原方向传播的行波 u_{2f} 称为折射波，沿导线 1 反向传播的行波 u_{1b} 称为反射波。为简化分析，假定导线 1 与导线 2 为无限长，即不考虑波到达线路两端部的折射和反射来讨论波在 A 点发生的反射与折射。按照单导线线路波过程规律，可得导线 1 上总的电压和电流为

$$\left.\begin{array}{l} u_1 = u_{1f} + u_{1b} \\ i_1 = i_{1f} + i_{1b} \end{array}\right\} \tag{5-10}$$

而导线 2 上的电压和电流为

$$\left.\begin{array}{l} u_2 = u_{2f} \\ i_2 = i_{2f} \end{array}\right\} \tag{5-11}$$

由于在节点 A 处只能有一个电压和电流值，因此 $u_1 = u_2$，$i_1 = i_2$，则

$$\left.\begin{array}{l} u_{1f} + u_{1b} = u_{2f} \\ i_{1f} + i_{1b} = i_{2f} \end{array}\right\} \tag{5-12}$$

由于 $i_{1f} = u_{1f}/Z_1$，$i_{2f} = u_{2f}/Z_2$，$i_{1b} = -u_{1b}/Z_1$，代入式（5-12）后得

$$u_{2f} = \frac{2Z_2}{Z_1 + Z_2} u_{1f} = \alpha u_{1f} \tag{5-13}$$

$$u_{1b} = \frac{Z_2 - Z_1}{Z_1 + Z_2} u_{1f} = \beta u_{1f} \tag{5-14}$$

其中：　　　$\alpha = \dfrac{2Z_2}{Z_1 + Z_2}$　　　$\beta = \dfrac{Z_2 - Z_1}{Z_1 + Z_2}$

式中　α——折射电压波与入射电压波之比值，称为电压波折射系数，其值恒为有界正值，$0 \leqslant \alpha \leqslant 2$；

　　　β——反射电压波与入射电压波之比值，称为电压波反射系数，其值为有界值，$-1 \leqslant \beta \leqslant 1$。

不难证明，α 和 β 满足 $\beta + 1 = \alpha$ 关系。

当线路末端开路时，相当于在末端接一条波阻抗为 ∞ 的导线，根据式（5-13）及式（5-14）可以算出 $\alpha = 2$、$\beta = 1$，则 $u_{1b} = u_{1f}$、$i_{1b} = -i_{1f}$，如图 5-3 所示。电压反射波与入射波叠加，使

末端电压升高一倍，电流叠加为零。即波到达开路的末端时，全部磁场能量变为电场能量，使电压升高一倍。

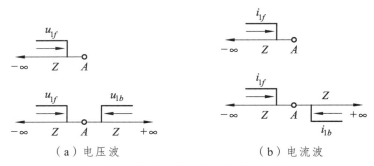

（a）电压波　　　　　　　　（b）电流波

图 5-3　线路末端开路波的折、反射

同理，当末端短路时，可算出：$\alpha = 0$，$\beta = -1$；$u_{1b} = -u_{1f}$，$i_{1b} = i_{1f}$，如图 5-4 所示。此时电压的反射波与入射波符号相反、数值相等，故末端电压叠加为零，电流反射波符号相同，叠加结果使电流增大一倍。即当波到达短路的末端时，全部电场能量转变为磁场能量，使电流增大一倍。

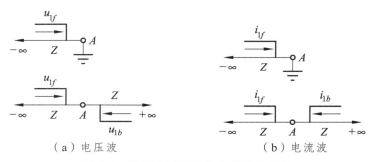

（a）电压波　　　　　　　　（b）电流波

图 5-4　线路末端开路波的折射和反射

当 $Z_1 \neq Z_2$ 的两导线相连，若 $Z_1 > Z_2$，则 $0 < \alpha < 1$，$-1 < \beta < 0$，$u_{1f} > u_{2f}$；若 $Z_1 < Z_2$，则 $1 < \alpha < 2$，$0 < \beta < 1$，$u_{1f} < u_{2f}$。其电压波及电流波的折射和反射情况如图 5-5 所示。

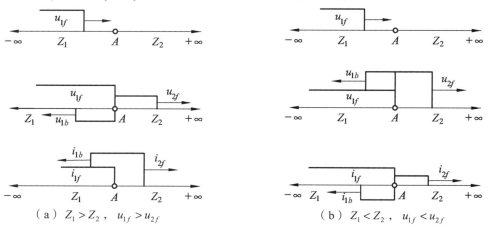

（a）$Z_1 > Z_2$，$u_{1f} > u_{2f}$　　　　　　（b）$Z_1 < Z_2$，$u_{1f} < u_{2f}$

图 5-5　$Z_1 \neq Z_2$ 时在节点上的折射与反射

显然，$Z_1 > Z_2$ 时，不存在节点，也就没有行波的反射现象，波传播中波形不发生任何变化。当 $R = Z_1$ 时，与 $Z_1 = Z_2$ 一样，称之为匹配状态，不同的是入射的电磁波能量全部被 R 吸收，并转变为热能消耗掉。

5.2.2　彼得逊法则

依据式（5-13）的折射电压波求解公式，折射电压可看作是以入射波电压两倍的 $2u_{1f}$ 作为电源，其内阻抗为 Z_1，与阻抗等于波阻抗 Z_2 的集中元件相连，回路中 Z_2 两端压降即为折射波电压的 u_{2f}。这个等值电路叫作彼得逊等值电路，如图 5-6 所示。其使用条件是波从分布参数入射，线路 Z_2 中没有反行波，或 Z_2 中的反射波尚未到达节点 A，仅用于分析折射波。

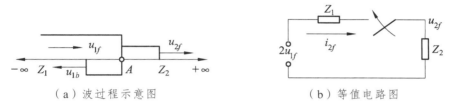

（a）波过程示意图　　　　　（b）等值电路图

图 5-6　彼得逊等值电路

例 5-1　某一变电站的母线上有 n 条出线，其波阻抗均为 Z，如沿一条出线有幅值为 u_0 的直角波袭来，如图 5-7（a）所示，求各出线电压幅值及电压折射系数。

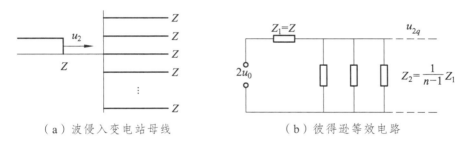

（a）波侵入变电站母线　　　　　（b）彼得逊等效电路

图 5-7　有 n 条架空线的变电站母线上的折射电压

解：应用彼得逊等值电路，如图 5-7（b）所示，可求出各出线电压幅值为

$$U_2 = \frac{2u_0}{Z + \dfrac{Z}{n-1}} \cdot \frac{Z}{n-1} = \frac{2}{n} u_0 \tag{5-15}$$

电压折射系数 $\alpha = 2/n$。

由此可见：当 n 越大时，α 越小，亦即波折射到多出线的变电站时，母线上的电压将降低。此外，由 $1 + \beta = \alpha$ 可得从变电站母线发出的电压反射波（幅值），即

$$\beta = \alpha - 1 = 2/n - 1 = (2-n)/n \tag{5-16}$$

所以

$$U_b = \beta u_0 = (2-n) u_0 / n \tag{5-17}$$

5.3　行波通过串联电感和并联电容

本节将介绍行波通过串联电感和并联电容的波过程规律。通过原理推导，了解侵入波通过串联电感或并联电容后波头的陡度下降规律，掌握串联电感或并联电容在防雷保护中的应用，用来限制雷电波的陡度。

在实际电网中，常常会遇到分布参数线路与集中电感或集中电容参数元件的各种方式的连接，例如，电网中改善功率因数的并联电容器、电容式电压互感器，限制短路电流的串联电抗器等。由于并联电容、串联电感的存在，使在线路上传播的行波发生幅值和波形的变化。

5.3.1　直角波通过串联电感

当一无穷长直角波 u_{1f} 自具有波阻抗 Z_1 的导线经电感过渡至具有波阻抗 Z_2 的导线时，如图 5-8（a）所示。设研究分析时刻 Z_2 中反行波尚未到达节点，则根据彼得逊法则画出的集中参数等值电路，如图 5-8（b）所示。

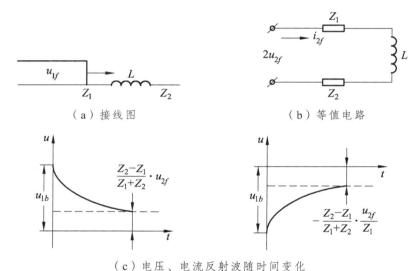

（a）接线图　　　　　　　（b）等值电路

（c）电压、电流反射波随时间变化

图 5-8　直角波通过串联电感（$Z_2 > Z_1$）

经理论分析可得，折射电流波为

$$i_{2f} = \frac{2u_{1f}}{Z_1+Z_2}(1-e^{-t/T}) \tag{5-18}$$

折射电压波为

$$u_{2f} = i_{2f}Z_2 = \frac{2Z_2}{Z_1+Z_2}u_{1f}(1-e^{-t/T}) \tag{5-19}$$

沿 Z_1 的反射波如图 5-8（c）所示。当 $t=0$ 时，$i_{2f}=0$，$u_{2f}=0$，$u_{1b}=u_{1f}$。这是由于电感中的磁通链不能突变的原因，当波到达电感瞬间，电感相当于开路，全部磁场能量转变为电场能量，使电压升高一倍，随后按指数规律变化。

当 $t \to \infty$ 时：

$$i_{2f} = \frac{2u_{1f}}{Z_1 + Z_2} \qquad\qquad (5\text{-}20)$$

$$u_{2f} = \frac{2Z_2}{Z_1 + Z_2} u_{1f} = \alpha u_{1f} \qquad\qquad (5\text{-}21)$$

$$u_{1b} = \frac{Z_2 - Z_1}{Z_1 + Z_2} u_{1f} = \beta u_{1f} \qquad\qquad (5\text{-}22)$$

$$i_{1b} = -\frac{Z_2 - Z_1}{Z_1 + Z_2} \frac{u_{1f}}{Z_1} \qquad\qquad (5\text{-}23)$$

这是由于电感相当于短路，已不起作用，此时折射波、反射波犹如由 Z_1 与 Z_2 直接连接的节点下产生的。

从上述分析可知：

（1）无穷长直角波通过集中电感元件后，其稳态值只取决于线路的波阻抗 Z_1 与 Z_2，而与电感 L 无关。

（2）无穷长直角波通过集中电感元件后，波头被拉长。也就是说，串联电感起到了降低来波陡度的作用，且 L 越大，波头就越平缓。

所以在电力系统中，可采用串联电感来限制侵入波的陡度。一些小容量变电站就采用串联电感来作为进线段保护，以降低入侵变电站内的过电压陡度。

5.3.2　直角波并联电容

图 5-9（a）为无穷长直角波 u_{1f} 自具有波阻抗 Z_1 的导线旁过并联电容过渡至具有波阻抗 Z_2 的接线方式，其等值电路如图 5-9（b）所示。

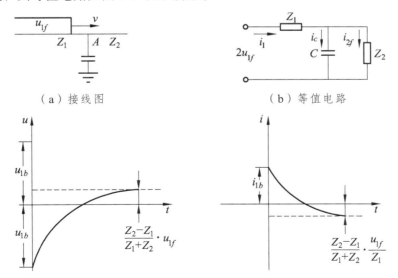

（a）接线图　　　　　　　　（b）等值电路

（c）反射波电压、电流随时间变化

图 5-9　行波旁过并联电容（$Z_2 > Z_1$）

经理论分析可得，折射电流波为

$$i_{2f} = \frac{2u_{1f}}{Z_1 + Z_2}(1 - e^{-t/T}) \qquad (5\text{-}24)$$

折射电压波为

$$u_{2f} = \frac{2Z_2}{Z_1 + Z_2}u_{1f}(1 - e^{-t/T}) = \alpha u_{1f}(1 - e^{-t/T}) \qquad (5\text{-}25)$$

从以上分析可知：

（1）u_{2f}、u_{1f} 均由零值依指数规律渐趋稳态值，原始直角波变为指数波，波头便被拉平，且稳态值只取决于波阻抗 Z_1 与 Z_2，而与电容 C 无关。

（2）反行波电压、电流的波形如图 5-9（c）所示。当 $t = 0$ 时，$u_{1b} = -u_{1f}$，这是由于电容上电压不能突变，波到达节点 A 的瞬间，全部电场能量转变为磁场能量，相当于线路末端短路时的反射。这说明在直角波作用下，经过一定时间，电容充完电后相当于开路，对导线 1 与导线 2 间的行波传播过程不再起任何作用。

（3）最大空间陡度与 Z_2 无关，仅与 Z_1 有关。故为获得更小的陡度，采用并联的电容较采用串联电感更为经济。

5.4　无损耗平行多导线系统中的波过程

本节介绍无损平行多导线系统中的波过程。通过原理讲解、典例案例分析，了解波在无损耗平行多导线系统中传播的物理现象，并能够通过方程组分析典型实例。

5.4.1　波在平行多导线系统中的传播

实际输电线路都是由多根平行导线组成的。这时波在平行多导线系统中传播，将产生相互的电磁耦合作用。

分析多导线中波过程时，可以将静电场中的麦克斯韦尔方程运用于平行多导线系统。如图 5-10 所示，有 n 根相互平行且与地面平行的导线。

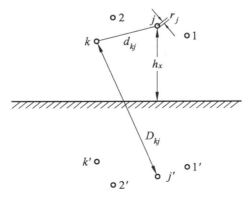

图 5-10　多导线系统及其镜像

它们的单位长度上的电荷分别为 q_1，q_2，$q_3 \cdots q_n$。若 u_1，u_2，$u_3 \cdots u_n$ 是导线 1，2，3$\cdots n$ 上的电压，可写出下列方程组：

$$\left.\begin{array}{l} u_1 = \alpha_{11}q_1 + \alpha_{12}q_2 + \cdots + \alpha_{kk}q_{kj} + \alpha_{1n}q_n \\ u_2 = \alpha_{21}q_1 + \alpha_{22}q_2 + \cdots + \alpha_{kk}q_{kj} + \alpha_{2n}q_n \\ \vdots \\ u_n = \alpha_{n1}q_1 + \alpha_{n2}q_2 + \cdots + \alpha_{kk}q_{kj} + \alpha_{nn}q_n \end{array}\right\} \qquad (5\text{-}26)$$

式中　α_{kk} 与 q_{kj} ——自电位系数与互电位系数，它们的值取决于导线的几何尺寸和布置。

若将式（5-26）中右边的电荷 q_k 乘以 v，便得到电流 i_k，可将式（5-26）改写为

$$\left.\begin{array}{l} u_1 = Z_{11}i_1 + Z_{12}i_2 + \cdots + Z_{kk}i_{kj} + Z_{1n}i_n \\ u_2 = Z_{21}i_1 + Z_{22}i_2 + \cdots + Z_{kk}i_{kj} + Z_{2n}i_n \\ \vdots \\ u_n = Z_{n1}i_1 + Z_{n2}i_2 + \cdots + Z_{kk}i_{kj} + Z_{nn}i_n \end{array}\right\} \qquad (5\text{-}27)$$

式中　Z_{kk} ——导线 k 的自波阻抗；

Z_{kj} ——导线 k 与 j 间的互波阻抗。

对于架空线路：

$$\left.\begin{array}{l} Z_{kk} = \alpha_{kk} / C = 60\ln\dfrac{2h_k}{r_k} \\[4mm] Z_{kj} = Z_{jk} = \alpha_{jk} / C = 60\ln\dfrac{D_{kj}}{d_{kj}} \end{array}\right\} \qquad (5\text{-}28)$$

5.4.2　典型实例

例 5-2　一个两导线系统，其中 1 为避雷线，2 为对地绝缘的导线，如图 5-11（a）所示。假定雷击塔顶，避雷线上有电压波的传播，求避雷线与导线之间绝缘上所承受的电压。

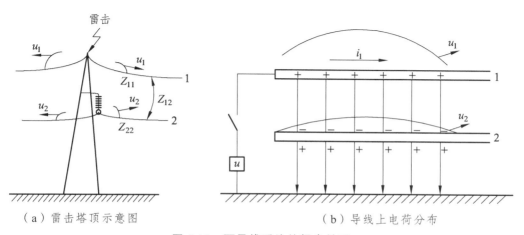

（a）雷击塔顶示意图　　　　　　　　　（b）导线上电荷分布

图 5-11　两导线系统的耦合关系

解：对地绝缘的导线 2 上没有电流，但由于它处在导线 1 行波产生的电磁场内，也会出现感应电压波，根据式（5-27）可得

$$u_1 = Z_{11}i_1 + Z_{12}i_2$$
$$u_2 = Z_{21}i_1 + Z_{22}i_2$$

（5-29）

由于 $i_2 = 0$ ，则

$$u_2 = \frac{Z_{21}}{Z_{11}}u_1 = K_{c12}u_1$$

（5-30）

式中　　K_{c12}——导线 1 对导线 2 的耦合系数，由于恒有 $Z_{21} < Z_{11}$ ，所以 $K_{c12} < 1$ 恒成立，其值为 0.2 ~ 0.3，它是输电线路防雷中的一个重要参数。

在图 5-11（b）中，导线 2 获得了与 u_1 同极性的对地电压 u_2，这样导线之间的电位差 Δu 为

$$\Delta u = u_1 - u_2 = \left(1 - \frac{Z_{21}}{Z_{11}}\right)u_1 = (1 - K_{c12})u_1$$

（5-31）

分析式（5-31）可知：当不计耦合系数时，绝缘子串上承受的电压 $\Delta u = u_1$。当计及耦合系数时，绝缘子串上承受的电压为 $\Delta u = (1 - K_{c12})u_1$。很清楚 K_{c12} 越大，Δu 越小，越有利于绝缘子串的安全运行。由此可见，耦合系数对防雷保护有很大的影响，在有些多雷地区，为了减少绝缘子串上的电压，有时在导线下面架设耦合地线，以增大耦合系数。

例 5-3　某 220 kV 输电线路架设两根避雷线，它们通过金属杆塔彼此连接，如图 5-12 所示。雷击塔顶时，求避雷线 1、2 对导线 3 的耦合系数。

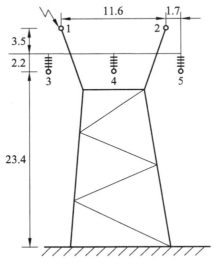

图 5-12　220 kV 线路杆塔和导线布置（单位：m）

解：根据式（5-27）可得

$$u_1 = Z_{11}i_1 + Z_{12}i_2 + Z_{13}i_3$$
$$u_2 = Z_{21}i_1 + Z_{22}i_2 + Z_{23}i_3$$
$$u_3 = Z_{31}i_1 + Z_{32}i_2 + Z_{33}i_3$$

（5-32）

由于避雷线 1、2 的离地高度和半径都一样，所以，$Z_{11} = Z_{22}$，$Z_{12} = Z_{21}$，$Z_{13} = Z_{31}$，$Z_{23} = Z_{32}$，$i_1 = i_2$。

又由于 $i_3 = 0$，$u_1 = u_2 = u_3$，则

$$u_1 = Z_{11}i_1 + Z_{12}i_2$$
$$u_2 = Z_{21}i_1 + Z_{22}i_2$$
$$u_3 = Z_{31}i_1 + Z_{32}i_2$$

（5-33）

即

$$u_3 = \frac{Z_{13} + Z_{23}}{Z_{11} + Z_{12}} u = K_{c1,2\text{-}3} u$$

（5-34）

$$K_{c1,2\text{-}3} = \frac{Z_{13} + Z_{23}}{Z_{11} + Z_{12}} = \frac{Z_{13}/Z_{11} + Z_{23}/Z_{11}}{1 + Z_{12}/Z_{11}} = \frac{K_{c13} K_{c23}}{1 + K_{c12}}$$

（5-35）

式中　$K_{c1,2\text{-}3}$——避雷线 1、2 对导线 3 的耦合系数；

K_{c13}，K_{c23}，K_{c12}——导线 1-3、2-3、1-2 之间的耦合系数。

5.5　冲击电晕对线路波过程的影响

本节介绍冲击电晕对线路波过程的影响。通过概念描述、图表分析，了解电晕的特点及其对导线波过程的影响。

5.5.1　冲击电晕的特点

雷电冲击波的幅值很高，在导线上将产生强烈的冲击电晕。研究表明，形成冲击电晕所需的时间非常短，大约在正冲击时只需 $0.05~\mu s$，在负冲击时只需 $0.01~\mu s$；而且与电压陡度的关系非常小。因此可以认为，在不是非常陡峭的波头范围内，冲击电晕的发展主要只与电压的瞬时值有关。

5.5.2　冲击电晕对导线波过程的影响

当导线、避雷线受到雷击或线路操作时，将产生幅值较高的冲击电压。当它超过导线的起始电晕电压时，导线周围会产生强烈的冲击电晕。

冲击电晕的出现，会使导线的有效半径增大，其自波阻抗相应减小，而互波阻抗不变，所以线间的耦合系数增大。考虑电晕影响时，输电线路中导线与避雷线间的耦合系数 K_c 为

$$K_{c0} = K_{c1} K_{c0}$$

（5-36）

式中　K_{c0}——几何耦合系数；

K_{c1}——电晕校正系数。

导线出现电晕后，由于导线对地电容的增大，电感基本不变，使得导线的自波阻抗下降，互波阻抗不变，从而使波的传播速度减慢。这些量的变化程度与行波电压瞬时值有关。一般情况下，由于电晕的出现，自波阻抗降低 20%～30%，传播速度为光速的 0.75 倍左右。

图 5-13 给出了计及冲击电晕引起行波衰减与变形的典型波形。图 5-13 中 $u_0(t)$ 表示冲击原始波形，$u(t)$ 表示由电晕引起衰减与变形后的波形。由图 5-13 可知，当电压超过起始电晕电压后，波形开始衰减与变形。电晕的作用使行波的波头拉长（幅值 u_A 对应的出现时间由 τ_0 变为 τ ）、幅值降低，这种效应对变电站防雷具有重要意义。

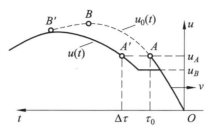

图 5-13　行波的衰减与变形

5.6　变压器绕组中的波过程

本节包含单相变压器和三相变压器绕组内的波过程，以及变压器绕组绝缘的内部保护三部分。通过概念描述、图例分析，了解单相变压器、三相变压器在冲击波下的电位分布及可能出现的最大电位，掌握变压器绕组绝缘的内部保护措施。

当雷电波沿输电线路侵入变电站时,会使变电站中的变压器绕组也受到冲击电压的作用,危及绕组的主绝缘和纵绝缘，因此在确定变压器绝缘结构和变电站防雷保护接线时，要了解变压器绕组中波过程的基本规律。

5.6.1　单相变压器绕组内的波过程

由于绕组的结构特点，在冲击电压波作用下，绕组间的电磁耦合非常复杂，单相变压器绕组等值电路如图 5-14 所示，图中 L_0 为沿绕组高度方向单位长度的电感，C_0、K_0 分别表示沿绕组高度方向单位长度的对地电容与匝间（或线盘间）电容。

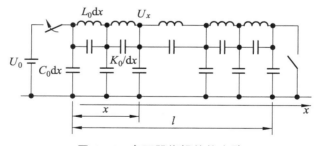

图 5-14　变压器绕组等值电路

在冲击电压作用的波前部分等值频率较高，感抗比容抗大得多，故等值电路只包含 C_0、K_0 的电容链。而在冲击波尾部分，等值频率下降，L_0 相当于短路，C_0、K_0 相当于开路，等值电路可视为一直流电阻。冲击波作用起始阶段由 C_0、K_0 决定电位的起始分布；稳态阶段由绕组直流电阻决定其稳态电压分布；在起始阶段向稳态阶段过渡阶段存在振荡。

1. 起始电压分布与入口电容

经分析得绕组末端接地或末端绝缘的起始电压分布表达式为

$$u(x) = U_0 \mathrm{e}^{-\alpha x} = U_0 \mathrm{e}^{-\alpha l \frac{x}{l}} \qquad (5\text{-}37)$$

其中，$\alpha = \sqrt{\dfrac{C_0}{K_0}}$。

图 5-15 给出了不同 αl 时的电压起始分布。可以看出，αl 越大，起始电压分布曲线下降越快。对于未采取特殊措施的连续式绕组，αl 的值通常为 5～15，平均为 10。

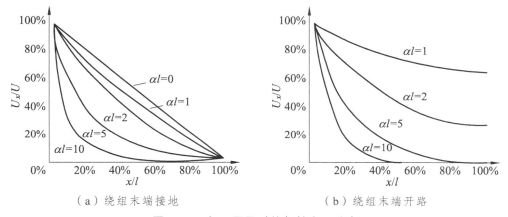

（a）绕组末端接地　　　　　　　（b）绕组末端开路

图 5-15　当 αl 不同时的起始电压分布

α 越大，绕组首端附近的压降越大，绕组首端的电位梯度 $\left|\dfrac{\mathrm{d}u}{\mathrm{d}x}\right|$ 最大，其值为

$$\left.\frac{\mathrm{d}u}{\mathrm{d}x}\right|_{x=0} = \alpha U_0 = \frac{U_0}{l}\alpha l \qquad (5\text{-}38)$$

式（5-38）表明：在 $x = 0^+$ 时，绕组首端（$x = 0$）的电位梯度比平均值 U_0/l 大 α 倍，因此，对绕组首端的绝缘应采取保护措施。

当分析变电站防雷保护时，因等值频率很高，可以忽略电感的影响，变压器可用归算至首端的对地电容来代替，通常叫作入口电容。它的数值为

$$C_T = \frac{Q_{x=0}}{U_0} = \frac{1}{U_0}K_0\left(\frac{\mathrm{d}u}{\mathrm{d}x}\right)_{x=0} = \frac{1}{U_0}K_0\alpha U_0$$

$$= K_0\alpha = \sqrt{C_0 K_0} = \sqrt{C_0 l \frac{K_0}{l}} = \sqrt{CK} \qquad (5\text{-}39)$$

式中　C——变压绕组总的对地电容，F；

　　　K——变压绕组总的匝间电容，F。

C、K 即为变压器绕组全部对地电容、匝间电容的几何均值。

变压器绕组入口电容与其结构、电压等级和容量有关。通常变压器的入口电容可参见表 5-1。对于纠结式绕组，因匝间电容增大，其入口电容比表 5-1 的数值大。

表 5-1　变压器高压绕组入口电容

额定电压/kV	35	110	220	330	500
入口电容/pF	500~1 000	1 000~2 000	1 500~3 000	2 000~5 000	4 000~5 000

2. 稳态电压分布

当 $t \to \infty$ 时，绕组的稳态电压分布完全由绕组的电阻决定。当绕组中性点接地时，电压自首端（$x=0$）至中性点（$x=l$）均匀下降；而中性点绝缘时，绕组上各点对地电位均与首端对地电位相同，如图 5-16 所示。

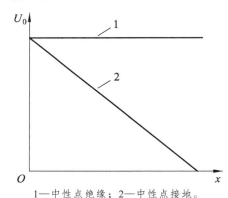

1—中性点绝缘；2—中性点接地。

图 5-16　中性点绝缘与中性点接地时稳态电压分布

3. 过渡过程中绕组各点的最大对地电位包络线

由于电压沿绕组的起始分布与稳态分布不同，加之绕组是分布参数的振荡回路，故由初始状态过渡到稳态分布必有一个振荡过程。显然，振荡过程的剧烈程度由绕组电压起始分布和稳态分布的差决定。把记录的各个时刻振荡过程中绕组各点出现的最大电位连成曲线，可得绕组中各点的最大电位包络线。

由图 5-17 可知：末端接地的绕组中，最大电位将出现在绕组首端附近，其值可达 $1.4U_0$ 左右；末端不接地的绕组中最大电位将出现在中性点附近，其值可达 $1.9U_0$ 左右。

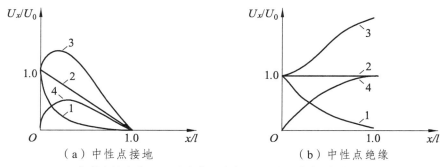

（a）中性点接地　　　　　　（b）中性点绝缘

1—初始电压分布；2—稳态电压分布；3—最大对地电位包络线；
4—稳态电压分布与初始电压分布的差值曲线。

图 5-17　最大对地电位包线

实际的绕组内总是有损耗的，因此最大值将低于上述值。这对绕组的设计与纵绝缘保护是非常重要的参数。

5.6.2　三相变压器绕组内的波过程

　　三相绕组中波过程的基本规律与单相绕组相同，当变压器高压绕组星形连接且中性点接地时，无论是一相、两相或三相进波，都可以按三个独立绕组波过程分析。

　　当变压器高压绕组星形连接中性点不接地时，A 相进波，如图 5-18 所示，由于绕组对冲击波的阻抗远大于线路的波阻抗，故在冲击电压作用下可近似认为 B、C 两相绕组的线路侧是接地的，可等效为 B、C 两相绕组并联与 A 相绕组串联，长度增加了一倍。绕组中电压的起始分布与稳态分布如图 5-18（b）中的曲线 1、2 所示。稳态电压是按绕组的电阻分布，故中性点 0 的稳态电压为 $U_0/3$。因而在振荡过程中中性点 0 的最大对地电位可达 $2U_0/3$。如果两相、三相同时进波，可用叠加法来估算中性点对地电位。显然，中性点最高电位分别可达 $4U_0/3$ 和 $2U_0$。

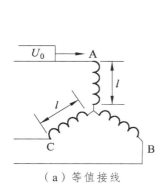
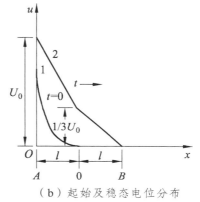

（a）等值接线　　　　　　　　（b）起始及稳态电位分布

1—初始分布；2—稳态分布。

图 5-18　星形接线变压器单相进波时的绕组电位分布（中性点不接地）

　　若变压器绕组是三角形连接，一相进波时，同样由于绕组阻抗大于线路阻抗，故可认为未受冲击的两相线路侧相当于接地，这样与末端接地绕组相同，如图 5-19（a）所示。两相进波和三相进波同样可用叠加法处理。图 5-19（b）所示为三相进波时沿绕组的初始电压分布与稳态电压分布，如图中曲线 1、2 所示，曲线 3 为绕组各点对地最大电位包络线。此时变压器绕组中部对地电位高达 $2U_0$。

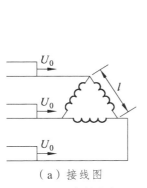
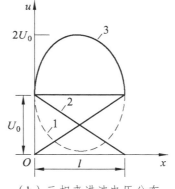

（a）接线图　　　　　　　　　（b）三相来进波电压分布

1—初始分布；2—稳态分布；3—最大电压包络线。

图 5-19　三角形接线三相来波

5.6.3 变压器绕组绝缘的内部保护

由变压器绕组波过程分析可知：改善起始电压分布使之接近稳态电压分布，可以降低绕组各点在振荡过程中的最大对地电位和最大电位梯度。

通常有两种改善绕组起始电压分布的方法。

1. 横向电容补偿

在变压器绕组首端增设电容环或采用屏蔽线匝，利用绕组各点与电容环间的电容耦合向对地电容 C_0 提供充电电荷，使所有纵向电容 K_0 上的电荷都相等或接近相等，如图 5-20 所示。

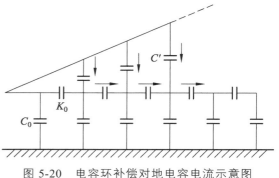

图 5-20　电容环补偿对地电容电流示意图

2. 纵向电容补偿

尽量增大纵向电容 K_0 的数值，以削弱对地电容电流的影响。工程上常采用纠结式绕组，如图 5-21 所示。

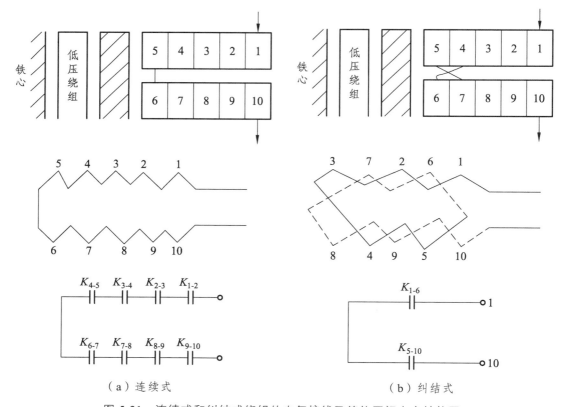

（a）连续式　　　　　　　　（b）纠结式

图 5-21　连续式和纠结式绕组的电气接线及等值匝间电容结构图

5.7　冲击电压在绕组中的传递

本节介绍冲击电压波在绕组间传递的静电分量和电磁分量。通过定性分析，了解一个绕组进波、其他绕组感应冲击电压的现象，并了解其危害及保护措施。

5.7.1　静电分量

当冲击电压波侵入变压器的一侧绕组时，由于绕组间的电磁耦合，在未直接受到冲击电压波作用的绕组上也会出现过电压，这就是绕组间的电压传递，它包含静电耦合与电磁耦合两个分量。

当冲击电压开始加到一次绕组时，因电感中电流不能突变，一、二次绕组的等值电路都是电容链。由于绕组之间也存在电容耦合，一、二次绕组上都立刻形成了各自的起始电压分布。当二次绕组开路时，传递到它上面的最大电压发生在与一次绕组首端相对应的端点上，其数值可由简化公式估算。两绕组间电容耦合的等值电路如图 5-22 所示。

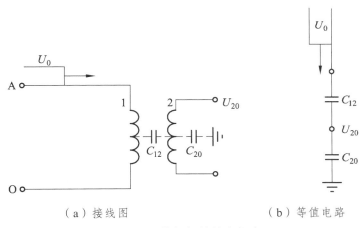

（a）接线图　　　　　　　（b）等值电路

图 5-22　绕组间的静电耦合

若绕组 1 首端所加的电压波幅值是 U_0，则绕组 2 上对应端的静电分量 U_{20} 可由下式求得

$$U_{20} = \frac{C_{12}U_0}{C_{12} + C_{20}} \tag{5-40}$$

式中　C_{12}、C_{20}——高、低压绕组间及低压绕组对地电容（包括与低压绕组相连的设备及线路）。

当低压侧绕组开路时，C_{20} 只是变压器绕组自身的对地电容，其值通常很小，因此可能出现 $C_{12} \gg C_{20}$，此时 $U_{20} \approx U_0$，即高压绕组上的电压几乎全部耦合到低压绕组上，从而可能造成低压绕组的损坏。若低压绕组开路，但接有一段电缆，则由于电缆对地电容较大，使 C_{20} 增大，一般来说，静电耦合分量很低，对低压绕组威胁很小。

5.7.2 电磁分量

一次绕组在冲击电压作用下，绕组电感中会逐渐通过电流，所产生的磁通将在二次绕组中感应出电压，这就是电磁感应分量。传递电压的电磁分量与变比有关。一、二次绕组中的电压又都要经过振荡过程而趋于稳态。二次绕组中的稳态取决于一次绕组对它的电磁感应，还与二次绕组的负载，一、二次绕组的接线方式，以及一次绕组是单相、两相或三相进波等情况有关。

由于低压绕组冲击绝缘耐受电压值低于高压绕组，但安全裕度远高于高压绕组，因此凡高压绕组可以耐受的冲击电压（若有避雷器保护）按变比传递至低压侧时，对低压绕组通常亦无危害。

习　题

1. 什么是波速、波阻抗？

2. 分布参数的波阻抗的物理意义与集中参数电路中的电阻有何不同？

3. 集中参数和分布参数中的暂态过程有何不同？

4. 请描述行波在均匀无损导线上传播的基本规律。

5. 有一幅值为 700 kV 的过电压波沿平均悬挂高度 h 为 10 m、半径为 10 mm 的单根架空导线运动，试求电流波的幅值。

6. 在上题中，如同时还有一幅值为 500 kV 的过电压波反向运动，试求此两波叠加范围内导线的电压和电流。

7. 什么是波的折射系数与反射系数？

8. 请解释彼得逊法则。

9. 有一直角电压波 E 沿波阻抗为 $Z = 500\ \Omega$ 的线路传播，线路末端接有 $C = 0.01\ \text{F}$ 的对地电容，画出计算末端电压的彼得逊等值电路，并计算线路末端的电压幅值。

10. 某变电站母线上共接有 5 条出线，每条出线的波阻抗均为 Z_0，若有一幅值为 1 400 kV 的电压波沿一条线路侵入变电站，求出母线上的过电压幅值。

11. 母线上接有波阻抗分别为 Z_1、Z_2、Z_3 的三条出线，从 Z_1 线路上传来幅值为 u_0 的无穷长直角电压波。求出在 Z_3 线路里出现的折射波和 Z_1 线路上的反射波。

12. 试述串联电感和并联电容对波过程的影响。

13. 在电力系统中，为什么可采用串联电感来作为进线段保护，以降低入侵变电站内的过电压陡度？

14. 何谓耦合系数？

15. 试说明导线电位和绝缘子串上过电压与哪些因素有关。

16. 110 kV 单架空地线输电线路，杆塔如图 5-23 所示。导线直径 21.5 mm，地线直径 7.8 mm。导线弛垂 5.3 m，地线弛垂 2.8 m。

（1）计算地线 1、导线 2 的自波阻抗和它们之间的互波阻抗。

（2）在地线上有冲击电压波时，求地线 1 对导线 2 的耦合系数。

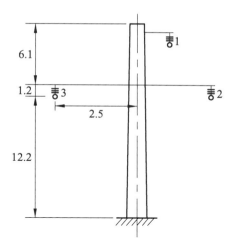

图 5-23　杆塔示意图（单位：m）

17. 试述冲击电晕对线路的波过程所产生的影响。

18. 简述冲击电晕的特点。

19. 高压变压器高压绕组的工频对地电容一般以万皮法计，但其入口电容一般却只有几百到几千皮法，为什么会有这种差异？

20. 什么叫变压器的入口电容？变压器的入口电容与哪些因素有关？如何改善冲击电压作用下变压器绕组的电压分布？

21. 变压器绕组间过电压是如何传递的？

22. 某 220 V/10 kV 变压器，$C_{12} = 4\,500$ pF，$C_{22} = 9\,000$ pF。如果 220 kV 侧的过电压幅值为 500 kV，问在低压侧产生的静电感应电压是否会危及低压侧绝缘（10 kV 侧全波试验电压为 75 kV）？若在低压侧并联一个 0.1 μF 的电容器，则静电感应电压又是多大？

第6章 输电线路防雷保护

6.1 输电线路的感应雷过电压

本节包括雷击线路附近大地对导线上的感应过电压和雷击线路杆塔时导线上的感应过电压。通过原理讲解、定性分析，了解感应过电压的形成机理及两种情况下导线上感应过电压最大值的估算方法，并了解避雷线的耦合作用以降低感应过电压的原理。

6.1.1 输电线路感应过电压形成过程

当雷云接近输电线路上空时，根据静电感应的原理，将在线路上感应出一个与雷云电荷相等但极性相反的电荷，这就是束缚电荷，而与雷云同号的电荷则通过线路的接地中性点逸入大地，对中性点绝缘的线路，此同号电荷将由线路泄漏而逸入大地，其分布如图6-1所示。

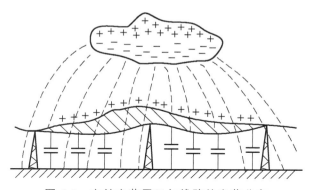

图6-1　主放电荷雷云与线路的电荷分布

此时如雷云对地（输电线路附近地面）放电，或者雷击塔顶但未发生反击，由于放电速度很快，雷云中的电荷便很快消失，于是输电线路上的束缚电荷就变成了自由电荷，分别向线路左右传播，如图6-2所示。

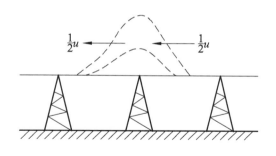

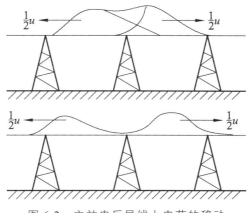

图 6-2　主放电后导线上电荷的移动

设感应电压为 u，当发生雷电主放电以后，由雷云所造成的静电场突然消失，从而产生行波。根据波动方程初始条件可知，波将一分为二，向左右传播。

6.1.2　无避雷线时的感应雷过电压

当雷击塔顶时，无避雷线时导线上的感应过电压的最大值 U（kV）可由下式计算：

$$U = \alpha h_d \tag{6-1}$$

式中　α——感应过电压系数，kV/m，其值等于以 kA/μs 为单位的雷电流平均陡度值，即 $\alpha = I/2.6$；

　　　h_d——导线悬挂平均高度，m。

当雷击线路附近大地对导线上的感应过电压时，根据理论分析和实测结果，有关规程建议，当雷击点距输电线路的距离 s 大于 65 m 时，导线上产生的感应过电压最大值可按下式计算：

$$U = 25 \frac{I h_d}{s} \tag{6-2}$$

式中　I——雷电流幅值，kA；

　　　h_d——导线悬挂平均高度，m；

　　　s——雷击点至线路的距离，m。

感应过电压的幅值与雷电流幅值 I 及导线平均高度成正比，与雷击点到线路的距离 s 成反比。

实测表明，感应过电压峰值一般最大可达 300 ~ 400 kV。这对 35 kV 及以下的水泥杆线路将可能引起闪络事故；对于 110 kV 及以上的线路，由于绝缘水平较高，一般不会引起闪络事故，且感应过电压同时存在于三相导线上，故相间不存在电位差，只能引起对地闪络，如果两相或三相同时对地闪络，才可能形成相间闪络事故。

6.1.3　避雷线对感应雷过电压的影响

如果线路上挂有避雷线，则由于其屏蔽作用，导线上的感应过电压将会下降。假定避雷线不接地，在避雷线和导线上产生的感应过电压可用式（6-2）进行计算，当两者悬挂高度相差不大时，可近似认为两者相等。但实际上避雷线是接地的，其电位为零，这相当于在其上叠加了一个极性相反、幅值相等的电压（$-U$），这个电压由于耦合作用在导线上产生的电压为 $K_c(-U) = -K_cU$。因此，导线上的感应过电压幅值为两者叠加，极性与雷电流相反，即

$$U' = U - K_cU = (1 - K_c)U \tag{6-3}$$

式中　K_c——雷线与导线之间的耦合系数。

如前所述，其值只取决于导线间的相互位置与几何尺寸。线间距离越近，则耦合系数 K_c 越大，导线上感应过电压越低。

6.2　输电线路的直击雷过电压和耐雷水平

本节包含雷击塔顶、雷击避雷线挡距中央及绕击时的过电压和耐雷水平三部分内容。通过概念讲解、定性分析，了解绕击、反击耐雷水平等基本概念，并了解各种情况下导线电位、耐雷水平计算公式的由来，掌握提高输电线路耐雷水平的主要手段。

6.2.1　无避雷线时的直击雷过电压和耐雷水平

当雷击线路时，不致引起绝缘闪络的最大雷电流幅值（kA）称为线路的耐雷水平。线路的耐雷水平越高，线路绝缘发生闪络的机会就越小。

输电线路未架设避雷线的情况下，雷击线路的部位只有两个：一是雷击导线；二是雷击塔顶。

1. 雷击导线的过电压及耐雷水平

雷击导线的过电压与雷电流的大小成正比。如果此电压超过线路绝缘的冲击耐受电压的50%，则将发生冲击闪络。由此可得线路的耐雷水平 I（kA）为

$$I = \frac{U_{50\%}}{R_0} \tag{6-4}$$

2. 雷击塔顶时的过电压及耐雷水平

当雷击线路杆塔顶端时，雷电流将流经杆塔及其接地电阻 R_{ch} 流入大地，如图 6-3（a）所示。设杆塔的电感为 L_{gt}，雷电流为斜角平顶波，且工程计算取波头为 2.6 μs，则 $\alpha = I/2.6$。根据图 6-3（b）等值电路求出塔顶电位为

$$U = IR_{ch} + L_{gt}\frac{dI}{dt} = I(R_{ch} + L_{gt}/2.6) \tag{6-5}$$

式中　R_{ch}——杆塔的冲击电阻，Ω；

　　　L_{gt}——杆塔的等值电感，H。

当雷击塔顶时，导线上的感应过电压为

$$U' = \alpha h_d = \frac{I}{2.6}h_d \tag{6-6}$$

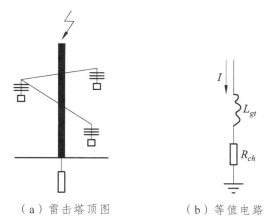

（a）雷击塔顶图　　　　（b）等值电路

图 6-3　雷击塔顶时的过电压示意图

由于感应过电压的极性与塔顶电位的极性相反，因此，作用于绝缘子串上的电压为

$$U_j = U - (-U')$$
$$= I(R_{ch} + L_{gt}/2.6) + Ih_d/2.6 \tag{6-7}$$
$$= I(R_{ch} + L_{gt}/2.6 + h_d/2.6)$$

由式（6-7）可知，加在线路绝缘子串上的雷电过电压与雷电流的大小、陡度，导线与杆塔的高度及杆塔的接地电阻有关。如果此值等于或大于绝缘子串的 50% 雷电冲击放电电压时，塔顶将对导线产生反击。在中性点直接接地的电网中，有可能使线路跳闸，此时线路的耐雷水平为

$$I = \frac{U_{50\%}}{R_{ch} + L_{gt}/2.6 + h_d/2.6} \tag{6-8}$$

如前所述，雷电大约有 90% 为负极性。雷击塔顶时，绝缘子串挂导线端为正极性，因此 $U_{50\%}$ 应为绝缘子串的正极性放电电压，它要比 $U_{50\%}$ 绝缘子串负极性放电电压低一些。

我国 60 kV 及以下电网采用中性点非直接接地方式，上述雷击塔顶，若雷电流超过耐雷水平，会发生塔顶对一相导线放电。由于工频电流很小，不能形成稳定的工频电弧，故不会引起线路跳闸，仍能安全送电。只有当第一相闪络后，再向第二相反击，导致两相导线绝缘子串闪络，形成相间短路时，才会出现大的短路电流，引起线路跳闸。

雷击塔顶，第一相绝缘闪络后，可以认为该相导线具有塔顶的电位。由于第一相导线与第二相导线的耦合作用，使两相导线电压差为

$$U_j' = (1 - K_c)U_j$$
$$= I(R_{ch} + L_{gt}/2.6 + h_d/2.6)(1 - K_c) \tag{6-9}$$

式中　K_c——两相导线间的耦合系数。

当 U_j 大于或等于绝缘子串 $U_{50\%}$ 冲击放电电压时，第二相导线也发生反击，形成两相短路，有可能引起跳闸，由此得出线路耐雷水平为

$$I = \frac{U_{50\%}}{(1 - K_c)(R_{ch} + L_{gt}/2.6 + h_d/2.6)} \tag{6-10}$$

6.2.2 有避雷线时直击雷过电压

此时，雷击线路的部位有三种：一是雷绕过避雷线而击于导线；二是雷击塔顶；三是雷击挡距中央的避雷线。

1. 雷绕过避雷线击于导线的过电压及耐雷水平

假设有一条输电线路，其长度为 100 km，穿过 40 个雷电日地区，它所受到的雷击次数为 N，那么有多少次雷绕击于线路呢？把雷绕过避雷线击于导线的次数 N_1 与雷击线路总次数 N 之比称为绕击率 P_a，即

$$N_1 = P_a N \tag{6-11}$$

模拟试验和多年现场运行经验表明，绕击率和避雷线对外侧导线的保护角 α、杆塔高度 h 和地形条件等有关，规程建议用下式计算。

对于平原线路：

$$\lg P_a = \frac{a\sqrt{h}}{86} - 3.90 \tag{6-12}$$

对于山区线路：

$$\lg P_a = \frac{a\sqrt{h}}{86} - 3.35 \tag{6-13}$$

式中 h——杆塔高度，m；

      α——保护角，°。

2. 雷击塔顶时的过电压及耐雷水平

雷击塔顶时作用在绝缘子串上的电压为

$$
\begin{aligned}
U_j &= \beta_g I (K_{ch} + L_{gt}/2.6)(1 - K_c) + \frac{I}{2.6} h_d (1 - K_c) \\
&= I(\beta_g K_{ch} + \beta_g L_{gt}/2.6 + h_d/2.6)(1 - K_c)
\end{aligned} \tag{6-14}
$$

若 U_j 大于或等于绝缘子串 50%冲击放电电压，绝缘子串将会出现闪络。这样，雷击塔顶的耐雷水平 I 为

$$I = \frac{U_{50\%}}{(1 - K_c)[\beta_g (R_{ch} + L_{gt}/2.6) + h_d/2.6]} \tag{6-15}$$

雷击塔顶的耐雷水平与杆塔冲击接地电阻、分流系数、导线与避雷线耦合系数 K_c、杆塔等值电感 L_{gt}，以及绝缘子串冲击放电电压 $U_{50\%}$ 有关。工程上常采取降低接地电阻 R_{ch}、提高耦合系数 K 作为提高耐雷水平的主要手段。对于一般高度的杆塔，冲击接地电阻 R_{ch} 上的电压降是塔顶电位的主要成分。耦合系数 K 的增加可以减小雷击塔顶时作用在绝缘子串上的电压，也可以减少感应过电压分量，提高耐雷水平。常规的做法是，将单根避雷线改为双避雷线，甚至在导线下方增设耦合地线，其作用是增强导线、地线间的耦合作用。

3. 雷击避雷线挡距中央的过电压及其空气间隙

现在研究另一种雷击线路的情况，即挡距中央避雷线上遭受雷击，如图 6-4 所示。A 点与导线空气间隙绝缘上所承受的电压 U_s 为

$$U_s = U_A(1-K_c) = \frac{1}{2}\alpha L_s(1-K_c)$$　　　　　　（6-16）

式中　K_c——导线与避雷线间的耦合系数；

　　　U_A——A 点的过电压；

　　　α——雷电流取斜角波的陡度；

　　　L_s——挡距避雷线电感。

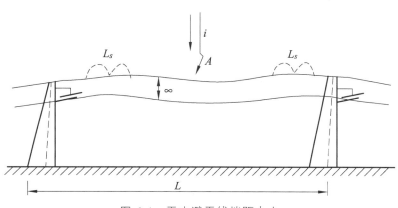

图 6-4　雷击避雷线挡距中央

根据理论分析和运行经验，我国规程规定，在挡距中央，导线和避雷线之间的空气距离 s 按下式求得

$$s \geqslant 0.012l + 1$$　　　　　　（6-17）

式中　s——导线与避雷线之间的距离，m；

　　　l——挡距，m。

电力系统多年的运行经验表明，只要满足式（6-17）的要求，雷击挡距中央避雷线时，导线与避雷线间一般不会发生闪络。

6.3　输电线路的雷击跳闸率

本节包含建弧率和有避雷线线路雷击跳闸率的计算两部分。通过定义讲解，了解建弧率的公式和雷击跳闸率计算公式的含义，熟悉利用公式进行输电线路雷击跳闸率的计算。

6.3.1　建弧率

当雷击输电线路时，会引起线路绝缘子串闪络，当绝缘子串发生闪络后，若闪络通道形成稳定的工频电弧，线路就会跳闸，中断供电。每年每 100 km 线路上折合 40 个雷暴日由雷

击引起的跳闸次数称为输电线路雷击跳闸率。雷击跳闸率是输电线路防雷的主要指标。

输电线路遭雷击时由绝缘子串冲击闪络转化为稳定工频电弧的概率与电源容量及去游离条件等多种因素有关，但主要的影响因素是作用于电弧路径的平均电位梯度。由运行经验与试验数据得出，冲击闪络转化为稳定工频电弧的概率——建弧率的计算公式如下：

$$\eta = 4.5E^{0.75} - 14\%$$ （6-18）

式中 η——建弧率，%；

E——绝缘子串的平均工作电压梯度，kV/m。

显然，降低建弧率可采取的措施是：适当增加绝缘子片数，减少绝缘子串上工频电场强度，电网中采用不接地或经消弧线圈接地方式，防止建立稳定的工频电弧。

6.3.2 雷击跳闸率的计算

雷击输电线路引起的跳闸次数与线路可能受雷击的次数有密切的关系，而线路可能受雷击的次数与线路的等值受雷击宽度、每个雷暴日每平方千米地面的平均落雷次数、线路长度及线路所经过地区的雷电活动程度有关。线路因雷击而跳闸，有可能是由反击引起的，也可能是由绕击造成的，这两部分之和即是线路总的雷击跳闸率。

1. 反击跳闸率 n_1

从雷击点部位来看，反击包括两部分：一是雷击塔顶及杆塔附近的避雷线，雷电流经杆塔入地，造成塔顶较高电位，使绝缘子闪络；二是雷击避雷线挡距中央。前已分析，只要空气间隙符合规程要求，雷击避雷线挡距中央一般不会发生闪络，当然不会引起反击跳闸。因此，可以认为反击跳闸率主要是由第一种情况确定。雷击塔顶及杆塔附近避雷线的次数由运行经验可以得出，雷击杆塔次数与雷击线路总数的比例称为击杆率 g，每百公里线路在40个雷电日下，雷击杆塔的次数为 $N_g = 0.6h_d g$，雷电流幅值大于雷击塔顶的耐雷水平 I_1 的概率为 P_1，建弧率为 η，每百公里线路，40 个雷电日，每年因雷击塔顶造成的跳闸次数 n_1〔次/（100 km·40 雷电日）〕为

$$n_1 = 2.8h_d g\eta P_1$$ （6-19）

2. 绕击跳闸率 n_2

线路绕击率为 P_a，每百公里每年绕击次数为 $N_{Pa} = 2.8h_d P_a$，雷电流超过耐雷水平 I_1 的概率为 P_2，建弧率为 η，则每百公里线路因绕击跳闸次数 n_2〔次/（100 km·40 雷电日）〕为

$$n_2 = 2.8h_d g\eta P_2$$ （6-20）

综上所述，对于中性点直接接地，有避雷线的线路跳闸率 n〔次/（100 km·40 雷电日）〕为

$$n = n_1 + n_2 = 2.8h_d P_a(gP_1 + P_aP_1)$$ （6-21）

顺便指出，在中性点非直接接地的电网中，无避雷线（金属或钢筋混凝土杆塔线路）的线路雷击跳闸率〔次/（100 km·40 雷电日）〕可用下式计算：

$$n_2 = 2.8 h_d g \eta P_1 \qquad\qquad (6\text{-}22)$$

式中　　h_d——上导线平均高度，m；

　　　　η——建弧率；

　　　　P_1——雷击使线路一相导线与杆塔间闪络后，再向第二相导线反击时耐雷水平的雷电流概率。

6.4　输电线路防雷保护措施

本节介绍输电线路常用的防雷措施。通过要点讲解，了解输电线路防雷的措施及原则，熟悉输电线路直接雷、反击雷防护的类型及其应用特点。

6.4.1　输电线路防雷的原则和措施

输电线路防雷的原则是：采用技术与经济合理的措施，使系统雷害事故降低到运行部门可以接受的程度，保证系统安全、可靠、经济运行。

通常采取的主要措施如下：

（1）防止雷直击导线。高压超高压线路防雷的基本措施是沿线架设避雷线，有时还要装避雷针与其配合。在某些情况下可改用电缆线路，使输电线路免受直接雷击。

（2）防止雷击塔顶或避雷线后引起绝缘闪络。降低杆塔的接地电阻，增大耦合系数，适当加强线路绝缘，在个别杆塔上采用线路型悬挂式避雷器等，提高线路的耐雷水平，减少绝缘闪络概率。

（3）防止雷击闪络后转化为稳定的工频电弧。适当增加绝缘子片数和选择绝缘子形状，降低绝缘子串上工频电场强度，电网采用不接地或经消弧线圈接地方式，防止建立稳定的工频电弧。

（4）防止线路中断供电。在线路上采用自动重合闸，或双回路、环网供电等措施，即使雷击引起线路跳闸，也能不中断供电。

6.4.2　输电线路的直击雷防护

（1）架设避雷线。架设避雷线是输电线路防雷保护的最基本和最有效的措施。在其有效保护范围之内，避雷线能很有效地防止雷直击导线。

为了提高避雷线对导线的屏蔽效果，减小绕击率，110 kV 及以上电压等级的输电线路都应全线架设避雷线。避雷线对边导线的保护角也应小一些，一般采用 20°～30°。平原上的 220 kV 及 110 kV 线路可用单根避雷线，保护角为 25°；山区 220 kV 线路也要采用双避雷线，保护角在 20°以下。300～500 kV 及以上的超高压、特高压线路都架设双避雷线，保护角在 15°左右。35 kV 及以下的线路绝缘水平很低，一般不沿全线架设避雷线，可采用中性点经消弧线圈接地或不接地。

（2）装设避雷针。借助避雷针的引雷作用可以有效地防护直击雷对线路的危害，当雷电被吸引到针上时，将有数千安的高频电流通过避雷针及其接地引下线和接地装置，此时针和引线的电压很高，会由针及引下线向被保护物发生反击，损坏被保护物，这是运用避雷针时必须注意的问题。

6.4.3 反击雷防护

（1）安装避雷针和架设避雷线。架设避雷线，对防止反击也有较大的作用，因为它具有分流、耦合和屏蔽作用。

（2）加强线路绝缘。由于输电线路个别地段需采用大跨越高杆塔（如跨河杆塔），这就增加了杆塔落雷的机会。高塔落雷时塔顶电位高，感应过电压大，而且受绕击的概率也较大。为降低线路跳闸率，可在高杆塔上增加绝缘子串片数，或者更换新型的绝缘子，加大大跨越挡导线与地线之间的距离，以加强线路绝缘。在 35 kV 及以下的线路中可采用瓷横担等冲击闪络电压较高的绝缘子来降低雷击跳闸率。

（3）采用消弧线圈接地的方式。这样可以使绝大多数雷击单相闪络接地故障被消弧线圈消除，不至于发展成持续工频电弧。而当雷击引起二相或三相闪络故障时，第一相闪络并不会造成跳闸，先闪络的导线相当于一个避雷线，增加了分流和对未闪络相的耦合作用，使未闪络相绝缘上的电压下降，从而提高了线路的耐雷水平，雷击跳闸率可以降低 1/3 左右。

（4）采用不平衡绝缘方式。在现代高压及超高压线路上，同杆架设的双回路线路日益增多。不平衡绝缘的原则是使双回路的绝缘子串片数有差异，这样，雷击时绝缘子串片数少的回路先闪络，闪络后的导线相当于地线，增加了对另一回路导线的耦合作用，提高了线路的耐雷水平，使之不发生闪络，保障了另一回路的连续供电。一般认为双回路绝缘水平的差异宜为相电压峰值的 $\sqrt{3}$ 倍，差异过大将使线路的总跳闸率增加。

（5）耦合地埋线。耦合地埋线可起两个作用：一是降低接地电阻，连续伸长接地线是沿线路在地中埋设 1~2 根接地线，并可与下一基塔的杆塔接地装置相连，此时对工频接地电阻值不作要求。国内外的运行经验证明，它是降低高土壤电阻率地区杆塔接地电阻的有效措施之一。二是起一部分架空地线的作用，既有避雷线的分流作用，又有避雷线的耦合作用。根据运行经验，在一个 20 基杆塔的易击段埋设耦合地埋线后，10 年中只发生了一次雷击故障，显著提高了线路的耐雷水平。

（6）预放电棒与负角保护针。预放电棒的作用机理是减小导、地线间距，增大耦合系数，降低杆塔分流系数，加大导线、绝缘子串的对地电容，改善电压分布；负角保护针可看成装在线路边导线外侧的避雷针，其目的是改善屏蔽，减小临界击距。预放电棒与负角保护针常一起装设。

（7）降低杆塔接地电阻。在土壤电阻率低的地区，应充分利用铁塔、钢筋混凝土杆的自然接地电阻。高土壤电阻率地区，可采用多根放射性接地体，或连续伸长接地体。在处理接地时使用降阻剂，也可取得较好的降阻效果。降阻剂使用后接地电阻随时间的推移而下降，并且由于其 pH 值一般均在 7.6~8.5 之间，有的呈中性略偏碱，对接地体有钝化保护作用，故基本无腐蚀现象。但是，使用较长时间后接地降阻剂对接地体产生了严重的腐蚀。故在采用这一方法时应关注长期的效果，特别是对接地体的腐蚀问题。

（8）架设耦合地线。在降低杆塔接地电阻有困难时，可采用架设耦合地线的措施，即在导线下方加设一条接地线。它具有分流作用，又加强了避雷线对导线的耦合，可使线路绝缘上的过电压降低。运行经验证明，耦合地线对降低线路的雷击跳闸率效果显著，可降低 50% 左右。

（9）装设自动重合闸。由于线路绝缘具有自恢复性能，大多数雷击造成的冲击闪络在线路跳闸后能够自行消除，因此安装自动重合闸装置对降低线路的雷击事故率效果较好。资料显示，我国 110 kV 及以上的高压线路重合闸成功率达 75% ~ 95%，35 kV 及以下的线路为 50% ~ 80%。

（10）安装线路避雷器。在线路雷电活动强烈或土壤电阻率很高、降低接地电阻比较困难的线段，采用在线路交叉处和在高杆塔上加装管型避雷器，或线路防雷用带串联间隙的复合外套金属氧化物避雷器（MOA），以提高线路的雷击跳闸事故。

6.5　发电厂和变电站的防雷保护

6.5.1　直击雷保护

1. 避雷针保护设备的原则

装设的避雷针应该使所有设备均处于避雷针及避雷线的保护范围之内。同时应该注意雷击于避雷针后，它们的地电位可能提高，如果它们与被保护设备的距离不够大，则有可能在避雷针与被保护设备之间发生放电，这种现象称为避雷针对电气设备的反击，或叫作逆闪络。此类放电现象不但会在空气中发生，而且还会在地下接地装置间发生，一旦出现，高电位就将加到电力设备上，有可能导致电力设备的绝缘损坏。因此，避雷针的装设应避免逆闪络的事故发生。

2. 避雷针的安装保护要求

（1）独立避雷针。为了保证雷击避雷针时，避雷针对被保护物体不发生反击，避雷针与被保护物体之间的空气间隙应有足够的距离 s_k；同理，接地体之间为了防止反击，也要有足够的距离 s_d。

如图 6-5 所示，根据运行经验，对 s_k、s_d 提出如下要求：

$$\left.\begin{array}{l} s_k \geqslant 0.3R_{ch} + 0.1h \text{（m）} \\ s_d \geqslant 0.3R_{ch} \text{（m）} \end{array}\right\} \tag{6-23}$$

式中　R_{ch}——接地装置的冲击电阻，Ω；

　　　h——避雷针的 A 点高度，m。

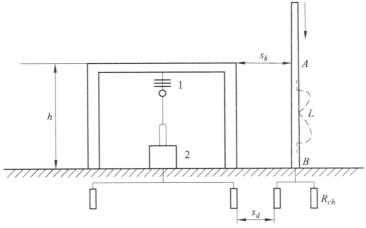

图 6-5　雷击独立避雷针时的间隙

独立避雷针（线）宜设独立的接地装置。在一般地区，其工频接地电阻不宜超过 10 Ω。若降低接地电阻有困难，该接地装置可与主接地网连接。但为防止反击 35 kV 及以下设备，要求避雷针与主接地网的地下连接点至设备与主接地网的地下连接点，沿接地体的长度不得小于 15 m。独立避雷针不应设在人经常通行的地方，避雷针及其接地装置与道路等的距离不宜小于 3 m，否则应采取均压措施，或铺设砾石或沥青地面（厚 5 ~ 8 cm），以保证人身不受跨步电压的危害。

对于电压 110 kV 及以上的配电装置，一般将避雷针装在配电装置的架构或屋顶上，但对于 $\rho > 1\,000\ \Omega \cdot m$ 的地区，宜装设独立避雷针。否则应通过验算，采取降低接地电阻或加强绝缘等措施，防止反击事故。

对于 63 kV 的配电装置，允许将避雷针装在配电装置架构或屋顶上，但在 $\rho > 500\ \Omega \cdot m$ 的地区，宜装设独立避雷针。

35 kV 及以下配电装置架构或屋顶，不宜装设避雷针，因其绝缘水平很低，雷击时易引起反击。

（2）构架避雷针。对于 110 kV 及以上的配电装置，由于绝缘较强，不易反击，一般可将避雷针装设在构架上。构架避雷针有造价低廉、便于布置的优点。但因构架离电气设备较近，必须保证不发生反击的要求。

35 kV 及以下配电装置的绝缘较弱，所以其构架或房顶上不宜装设避雷针，而需要装设独立避雷针。

对于 110 kV 及以上的配电装置，由于电气设备的绝缘水平较高，在土壤电阻率不高的地区不易发生反击，因此一般允许将避雷针装设在配电装置的构架上。但在土壤电阻率大于 $1\,000\ \Omega \cdot m$ 的地区，不宜装设构架避雷针。另外，要注意安装避雷针的构架应铺设辅助接地体，此接地体与主变压器接地点之间电气距离应大于 15 m。这是为了使雷击时辅助接地体的电位升高，沿地网向主变压器接地点传播时，逐渐衰减，到达变压器的接地点后，其幅值已降低到不至于对变压器发生反击。当然，为了保证主变压器的安全，在主变压器的门形构架上是不能装设避雷针的。

构架避雷针接地点附近应加设 3 ~ 5 根垂直接地极或水平接地带。装有避雷针的构架上，接地部分与带电部分间的空气中距离不得小于绝缘子串的长度；但在空气污秽地区，如有困难，空气中距离可按非污秽区标准绝缘子串长度确定。

（3）烟囱附近的引风机及其电动机机壳应与主接地网连接，并应装设集中接地装置。该接地装置宜与烟囱的接地装置分开，如不能分开，引风机的电源线应采用带金属外皮的电缆，金属外皮应与接地装置连接。冷却塔上电动机的电源线和构架照明灯电源线，均必须采用直接埋入地下带金属外皮的电缆或穿入金属管的导线，埋地长度在 10 m 以上，才允许与 35 kV 及以下配电装置的接地网及低压配电装置相连。

（4）独立避雷针、避雷线与配电装置带电部分间的空气中距离，以及独立避雷针、避雷线的接地装置与接地网的地中距离，应符合安全要求。发电厂厂房一般不装设避雷针，以免发生感应或反击使继电保护误动作，甚至造成绝缘损坏。

3. 架空避雷线的安装要求

与避雷针保护一样，保证避雷线保护可靠性的关键，仍然是要依据雷击时在避雷线上和接地装置上产生的过电压正确确定避雷线的安装结构。为了保证空气、地下间隙不发生反击，空气中的间隙 s_k 应有足够的距离，地下接地装置之间 s_d 也要有一定的距离。采用架空避雷线保护，有两种布置形式：一种形式是避雷线一端经配电装置构架接地，另一端绝缘；另一种形式是避雷线两端接地。

（1）一端绝缘另一端接地的避雷线。

$$\left.\begin{aligned} s_k &\geq 0.3R_{ch} + 0.16(h + \Delta l) \ (\text{m}) \\ s_d &\geq 0.3R_{ch} \ (\text{m}) \end{aligned}\right\} \tag{6-24}$$

式中　h——避雷线支柱的高度，m；

Δl——避雷线上校验的雷击点与接地支柱的距离，m；

R_{ch}——接地装置的冲击电阻，Ω。

（2）两端接地的避雷线。避雷针、避雷线的 s_k 一般不宜小于 5 m，s_d 一般不宜小于 3 m，在可能的情况下，应适当加大。

（3）变电站避雷线与杆塔架空地线的连接。由于变电站的配电装置至变电站出线的第一个杆塔之间的距离可能比较大，如允许将杆塔上的避雷线引至变电站的构架上，最后一挡线路将受到保护，比用避雷针经济。由于避雷线有两端分流的特点，当雷击时，它比避雷针引起的电位升高小一些，因此我国有关规程规定：

①　110 kV 及以上的配电装置可将线路的避雷线引接到出线门形构架上，但土壤电阻率大于 1 000 $\Omega \cdot$ m 的地区，应加装 3～5 根接地极。

②　35～60 kV 配电装置在 $\rho \leq 500$ $\Omega \cdot$ m 的地区，允许将线路的避雷线引接到出线门形构架上，但应装设 3～5 根接地极；当 $\rho > 500$ $\Omega \cdot$ m 时，避雷线应终止于线路终端杆塔，进变电站一挡线路可装设避雷针保护。

（4）避雷线与出线门形构架的连接。对于 110 kV 及以上的配电装置，可将线路的避雷线引到出线门形构架上，在 $\rho > 1 000$ $\Omega \cdot$ m 的地区，应装设集中接地装置。35～63 kV 配电装置的绝缘水平较低，在 $\rho \leq 500$ $\Omega \cdot$ m 的地区，才允许将避雷线引到出线门形构架上，但应装设集中接地装置；当 $\rho > 500$ $\Omega \cdot$ m 时，避雷线应在终端杆上终止，最后一挡线路的保护可采用独立避雷针，也可在终端杆上加装避雷针。

（5）对架空避雷线的安装要求：

①　避雷线应具有足够的截面和机械强度。一般采用镀锌钢绞线，截面不小于 35 mm²，在腐蚀性较大的场所，还应适当加大截面或采取其他防腐措施，在 200 m 以上挡距，宜采用不小于 50 mm² 的截面。

②　尽量缩短一端绝缘的避雷线的挡距，减小雷击点到接地装置的距离。

③　对于一端绝缘的避雷线，应通过计算选定适当数量的绝缘子个数。

④　当有两根及以上一端绝缘的避雷线并行敷设时，可考虑将各条避雷线的绝缘末端用与避雷线相同的钢绞线连接起来。

⑤　避雷线的布置，应尽量避免万一断落时造成全厂停电或大面积停电事故，例如，尽量避免避雷线与母线互相交叉的布置方式。

⑥　当避雷线附近有电气设备、导线或 63 kV 及以下构架时，应验算避雷线对上述设施的间隙距离。

⑦　尽量降低避雷线接地端的工频接地电阻，一般不宜超过 10 Ω。

6.5.2 变电站内避雷器的保护作用

1. 避雷器与变压器间距为零时避雷器保护作用分析

如果避雷器和被保护设备直接接在一起，则由避雷器的保护特性——冲击放电电压（有间隙）和残压或仅由残压（无间隙）来决定避雷器上的电压，它也就是作用在被保护设备绝缘上的电压。

如图 6-6 所示，当避雷器动作后，其电压波形可由图解法或解析法求得。由图 6-6（b）可以看出，电压波有冲击放电电压（点 A）及残压（点 B）两个峰值。因为避雷器的伏秒特性较平，一般冲击放电电压不随入射波陡度而变，可视为一定值；残压虽与流过避雷器中的电流有关，但阀片是非线性的，在流过避雷器雷电流的很大范围内，残压的变化仍很小，通常避雷器的残压与其全波冲击放电电压大致相等，这样避雷器上的电压波形可简化成一个斜角平顶波。上述结果是在有间隙阀式避雷器动作后得到的。对于金属氧化物避雷器，该过程也是类似的。金属氧化物避雷器不但有很好的非线性，而且不出现间隙放电时有一个负的电压跃变现象，也就是说，开始时，避雷器端点电压始终是上升的，但到一定数值以后，电压几乎不随电流增大而提高。

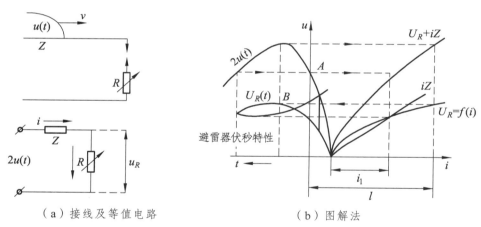

（a）接线及等值电路 （b）图解法

图 6-6 电压波侵入时避雷器电压图解

2. 避雷器与变压器有一定间距时保护作用分析

如前所述，如果将被保护设备和避雷器接在一起，那么避雷器端部电压就是加到被保护设备上的电压，只要此值不超过设备的耐受能力，即可安全运行。但在变电站中，避雷器与被保护设备之间总是有一段电气距离的，在这种情况下，当阀式避雷器动作时，由于波的折射与反射，会使作用于被保护设备上的电压高于避雷器的冲击放电电压或残压，从而影响了避雷器的保护效果。

图 6-7 为阀式避雷器保护变压器的原理接线图。假设避雷器与变压器的电气距离为 l，陡度为 α（kV/μs）、速度为 v 的波向避雷器袭来。设 $t = 0$ 时，入射波到达避雷器，避雷器上的电压将按 $u_R = \alpha t$ 上升，如图 6-8 中的虚线 1。

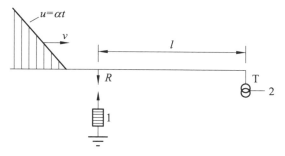

1—阀式避雷器；2—变压器。

图 6-7　阀式避雷器保护电气设备的简单接线图

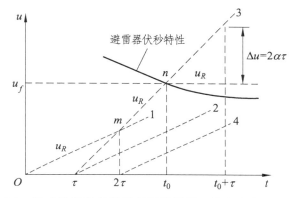

图 6-8　阀式避雷器保护设备时避雷器及设备上电压的波形

由图 6-8 可见，变压器上最大电压将比避雷器上的电压高出 Δu，数值为

$$\Delta u = 2\alpha\tau = 2\alpha\frac{l}{v} \qquad (6\text{-}25)$$

也就是说，变压器上的电压应为

$$u_{\mathrm{T}} = u + \Delta u = u_R + 2\alpha\frac{l}{v} \qquad (6\text{-}26)$$

为了保证变压器上电压不超过一定的允许值，避雷器与变压器之间的电气距离 l 应有一定限度，也就是有一定的保护距离。

因此，避雷器到变压器的最大允许电气距离比一路进线时大。图 6-9 是两路进线的变电站中避雷器到变压器的最大允许电气距离曲线。三路进线时，可比图 6-9 中的值增大 20%；四路以上进线时，可比图 6-9 中的值增大 35%。对于同杆架设的双回线路，因为有同时遭受雷击的可能，所以在决定 l_{m} 值时，该双回线只按一回考虑，且在雷季中，应尽量避免将其中一回路断开。

根据多年设计运行经验，对于 220 kV 及以下的一般变电站，只要保证在每一段可能单独运行的母线上都有一组避雷器，就可使整个变电站得到保护。只有当母线或设备连接线很长的大型变电站，或靠近大跨越、高杆塔的特殊变电站，经过计算或试验证明以上布置不能满足要求时，才需要考虑是否在适当的位置增设避雷器。

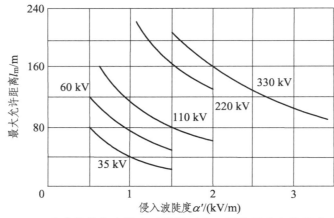

图 6-9 两路进线的变电站中避雷器到变压器的最大允许距离曲线

对于 500 kV 的超高压变电站,目前国内主要采用双母线带旁路或一个半断路器的电气主接线。500 kV 敞开式变电站一般的保护接线是:在每回线路入口处的出线断路器的线路侧装设一组线路型避雷器;如果线路入口有并联电抗器并且通过断路器进行操作,则在电抗器侧增设一组避雷器。只有当变电站的规模很大、母线很长,经过计算或模拟试验证明不能满足要求时,才需要考虑是否在母线或旁路母线的适当位置增设避雷器。

6.5.3 变电站的进线段保护

1. 架空线进线段保护

对于 35~110 kV 无避雷线的线路,在靠近变电站的一段进线段上,必须架设避雷线,以减少进线段内出现雷电波的概率。架设避雷线的线段为进线保护段,其长度一般取 1~2 km,如图 6-10 所示。

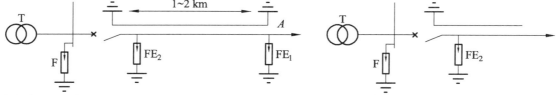

（a）未沿全线架设避雷线的线路的变电站的进线段保护接线　（b）全线有避雷线的变电站的进线段保护接线

图 6-10　35 kV 及以上变电站的进线段保护接线

有关规程规定不同电压等级进线段的耐雷水平见表 6-1。在木杆或木横担钢筋混凝土杆线路进线段的首端,应装设一组避雷器 FE_1,杆塔工频接地电阻不宜大于 10 Ω。铁塔或铁横担、瓷横担的钢筋混凝土杆线路,以及全线有避雷线的线路,进线段首端一般不装设避雷器 FE_1。同时,进线段避雷线的保护角一般不应超过 20°,最大不应超过 30°。

表 6-1 进线段的耐雷水平

额定电压/kV		35	66	110	220	330	500
耐雷水平/kA	一般线路	20~30	30~60	40~75	75~110	100~150	125~175
	大跨越挡和进线段	30	60	75	110	150	175

对于全线有避雷线线路，也将变电站附近 2 km 的一段进线段列为进线段保护段，此段的耐雷水平及保护角也应符合上述规定。

当进线段首端落雷时，流经避雷器的雷电流可按下述方法估算。最不利情况是进线段首端落雷时，侵入波最大幅值为线路绝缘的 50% 冲击闪络电压 $U_{50\%}$。绝缘子串的 $U_{50\%}$ 远大于导线的临界电晕电压，侵入波作用下导线将产生冲击电晕，直角波头的雷电波自进线段首端向变电站的传播过程中，波头变缓。

若线路绝缘水平很低，为了进一步限制侵入波的幅值，可在进线段首端装设一组排气式避雷器 FE，如图 6-10 所示。雷雨季节中，如变电站 35～110 kV 的隔离开关或断路器可能经常处于断路带电热备状态，当雷电波侵入时，在此断开点将发生波的全反射，可能使断开的断路器或隔离开关对地闪络，将导致工频短路。因此，必须在靠近隔离开关或断路器处装设一组排气式避雷器，FE_2（见图 6-10）在断路器闭合运行时，侵入雷电波不应使 FE_2 动作。若缺乏合适参数的排气式避雷器，FE2 也可用阀式避雷器或保护间隙来代替。

2. 电缆进线段保护

35 kV 及以上电缆进线段，在电缆与架空线的连接处应设阀式避雷器，其接地端应与电缆的金属外皮连接。对于三芯电缆，末端的金属外皮应直接接地，如图 6-11（a）所示。对于单芯电缆，金属外皮一端应经无间隙金属氧化物电缆护层保护器（YWDL）或保护间隙（JX）接地，如图 6-11（b）所示。

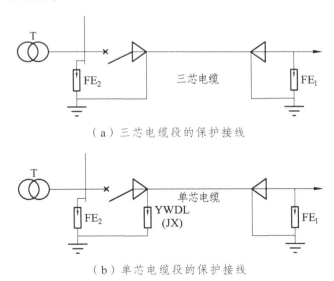

（a）三芯电缆段的保护接线

（b）单芯电缆段的保护接线

图 6-11　具有电缆段的 35 kV 及以上变电站进线保护接线

如电缆长度不超过 50 m，或虽超过 50 m，但经校验，安装一组避雷器即能符合保护要求时，图 6-11 中可只装 FE_1 或 FE_2。如电缆长度超过 50 m，且断路器在雷季可能经常断路运行时，应在电缆末端装设排气式避雷器或避雷器。

连接电缆段的 1 km 架空线路，应架设避雷线。全部进线全长均为地下电缆，则变电站可不安装防护雷电过电压的避雷器。

3. 小容量变电站的进线保护

对于进出线很少的小容量变电站，由于避雷器到变压器的距离可以选择在 10 m 以内，其允许的来波陡度可适当增大，因此其进线段的长度可以缩短到 500～600 m。为限制流入变电站阀式避雷器的雷电流，在进线段首端可装设一组排气式避雷器或保护间隙，其接地电阻不应超过 5 Ω。图 6-12 是容量为 3 150～5 000 kV·A、35 kV 变电站的进线保护接线；容量在 3 150 kV·A 以下者，还可进一步简化，如图 6-13 所示。

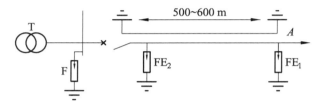

图 6-12　3 150～5 000 kV·A 的 35 kV 变电站简化进线保护

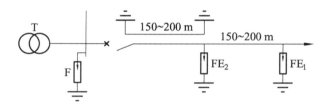

（a）简化进线保护之一

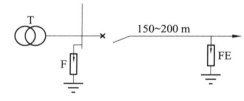

（b）简化进线保护之二

图 6-13　3 150 kVA 以下 35 kV 变电站的简化进线保护

对于 35～66 kV 变电站，如进线段装设避雷线有困难或杆塔接地电阻难以下降时，可在进线的终端杆上安装一组 1 000 μH 左右的电抗线圈来代替进线段。保护接线简化的变电站，阀式避雷器与主变压器和电压互感器的最大电气距离不宜超过 10 m。

对于 35 kV 以上变电站内 3～10 kV 侧配电装置的防雷接线，主要是限制避雷器中雷电流幅值，不考虑限制来波陡度问题。保护接线如图 6-14 所示，应在每组母线上装设金属氧化物避雷器加以保护。有电缆段的架空线路，避雷器应装设在电缆头附近，其接地端应和电缆金属外皮相连。如各架空进线均有电缆段，避雷器与主变压器的最大电气距离不受限制。避雷器应以最短的接地线与变电站主接地网连接（包括通过电缆金属外皮连接）。避雷器附近应装设集中接地装置。3～10 kV 配电所，当无所用变压器时，可仅在每路进线装设金属氧化物避雷器或排气式避雷器。

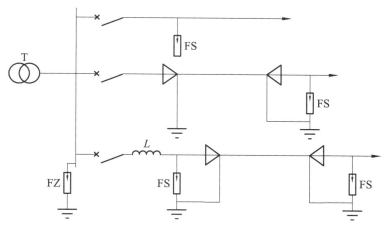

图 6-14　变电站 3～10 kV 侧的保护

4. 进线段排气式避雷器和保护间隙的选择

1）排气式避雷器的选择

（1）排气式避雷器开断续流的上限，考虑非周期分量，不应小于安装处短路电流最大有效值；开断续流的下限，不考虑非周期分量，不得大于安装处短路电流的可能最小数值。

（2）如按开断续流范围选择，最大短路电流应按雷季系统最大运行方式计算，并包括非周期分量的第一个半周期电流有效值。计算时可先算出周期分量，若短路发生在发电厂附近，将周期分量乘以 1.5，若较远，则乘以 1.3，作为包括非周期分量的全短路电流的有效值。最小短路电流应按雷季系统最小运行方式计算，且不包括非周期分量。

（3）排气式避雷器的伏秒特性，取决于内外火花间隙的大小。内部火花间隙的长度不希望太小，应使其工频放电电压高于系统的操作电压水平。

2）进线段保护间隙的选择

（1）如排气式避雷器的灭弧能力不能符合要求，可采用保护间隙，并应尽量与自动重合闸装置配合。

（2）电压为 63～110 kV 的保护间隙，可装设在耐张绝缘子串上。中性点非直接接地的电力网，应使单相间隙动作时有利于灭弧；电压为 3～35 kV 级，宜采用角形保护间隙。

6.5.4　变压器的防雷保护

1. 三绕组变压器的保护

当变压器高压侧有雷电波侵入时，通过绕组间电磁与静电耦合，在低压侧也将出现过电压。三绕组变压器在正常运行时，可能有高、中压绕组运行，低压绕组开路的情况。此时，若线路有入侵雷电波作用在高压侧或中压侧时，由于低压绕组的对地电容很小，开路的低压绕组上的静电耦合分量可能达到很高的数值，危及低压绕组的安全。由于静电分量使低压绕组三相电位同时升高，因此为了限制这种过电压，只要在任一相低压绕组出线端对地加装一台避雷器即可。如果低压绕组连接有 25 m 及以上的金属外皮电缆时，则相应地增加了低压侧的对地电容，限制了过电压，此时低压侧可不装避雷器。

三绕组变压器中压绕组，相对来说，绝缘水平比低压绕组要高，当其开路运行时，一般静电耦合分量不会损坏中压绕组，不必加装上述要求的避雷器。

双绕组变压器在正常运行时，高压与低压侧断路器都是闭合的，两侧都有避雷器保护。

2. 自耦变压器的保护

自耦变压器一般除有高、中压自耦绕组外，还带有三角形接线的低压绕组，以减小零序电抗和改善波形。因此，它有可能只有两个绕组运行而另一个绕组开断的情况。

当雷电侵入波从高压端线路袭来，设高压端电压为 U_0，其初始和稳态分布及最大电位包络线都和中性点接地的绕组相同，如图 6-15（a）所示，在开路的中压端 A' 上可能出现的最大电位为高压侧电压 U_0 的 $2/k$ 倍（k 为高压侧与中压侧绕组的变比），这样可能造成开路的中压端套管闪络。因此在中压侧与断路器之间应装设一组避雷器，以便在中压侧断路器开路时，保护中压侧绕组的绝缘。

当高压侧开路，中压侧有一雷电波 U_0' 侵入时，初始和稳态分布如图 6-15（b）所示。由中压端 A' 到开路的高压端 A 的稳态分布，是由中压端 A' 到中性点 O 稳态分布的电磁感应形成的，高压端稳态电压为 KU_0'。在振荡过程中，A 端的电位可达 $2KU_0'$，这将危及开路的高压绕组。因此，在高压侧与断路器之间也应安装一组避雷器。当中压侧有出线（相当于 A' 经线路波阻抗接地），高压侧有雷电波入侵时，雷电波电压将大部分加在 AA' 绕组上，可能使绕组损坏。同样，中压侧进波，高压侧有出线时，情况与上述类似。这种情况，显然 AA' 绕组越短（即变比 k 越小）时，越危险。为此，当变比小于 1.25 时，在 AA' 之间应装设一组避雷器。

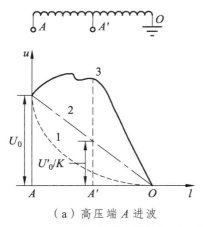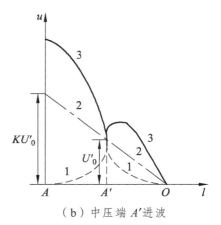

（a）高压端 A 进波 　　　　　（b）中压端 A' 进波

1—初始电压分布；2—稳态电压分布；3—最大电位包络线。

图 6-15　自耦变压器的电位分布

自耦变压器的防雷接线如图 6-16（a）所示，也可采用图 6-16（b）所示的避雷器保护方式。与图 6-16（a）相比，图 6-16（b）可以节省避雷器元件，但引线较麻烦，还需验算自耦绕组任一侧接地短路条件下，避雷器所承受的最高工频电压不应超过其灭弧电压。

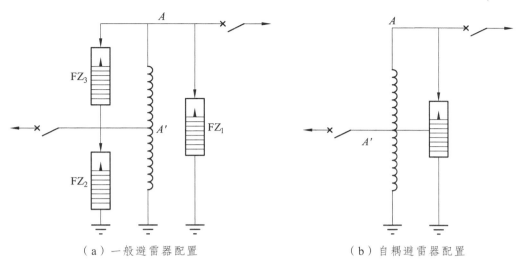

（a）一般避雷器配置　　　　　　　　（b）自耦避雷器配置

图 6-16　保护自耦变压器的避雷器配置

6.5.5　变压器的中性点保护

1. 变压器的中性点绝缘简介

在中性点直接接地的系统中，为减少单相接地的短路电流，有部分变压器的中性点采取不接地运行。这时，变压器的中性点需要保护。

用于这种系统的变压器的中性点对地绝缘有两种不同的设计方案：

（1）全绝缘，中性点处的绝缘水平与相线端的绝缘水平相等。

（2）分级绝缘，中性点处的绝缘水平低于相线端的绝缘水平。

我国生产的电力变压器的中性点绝缘水平，在 66 kV 及以下时，与相端的绝缘水平相等，为全绝缘的；而在 110 kV 及以上时，一般都低于相端，为分级绝缘的。但也生产少数全绝缘变压器（仅用于中性点不接地系统）。电力变压器中性点的绝缘耐压值见表 6-2。

表 6-2　35～500 kV 变压器中性点绝缘水平

额定电压/kV	中性点绝缘等级 /kV	工频试验电压 （有效值）/kV	变压器冲击试验电压 （幅值）/kV
35	35	85	185
66	60	140	325
110	35，60，110	95，140，200	250，325，400
220	110	200	400
330	35，154	85，230	185，550
500（自耦变压器直接接地或经小电抗接地）	35，60	85，140	185，325

2. 变压器的中性点保护

66 kV 及以下电力网，中性点是非直接接地的。35～66 kV 中性点雷害较小，一般不需保护。对于中性点非直接接地的个别 110 kV 电网，变压器中性点是全绝缘的，此时由于线路上装有避雷线而线路的绝缘较高，中性点也不需要保护。

但在多雷区单路进线的中性点非直接接地的 35~110 kV 变电站，宜在中性点加装避雷器保护。装有消弧线圈的变压器且有单路进线的可能性时，也应在中性点上加装避雷器，并且后者在非雷雨季节也不许退出运行，以限制操作过电压。所有这些避雷器的额定电压都可按线电压选择，至少不应低于相电压，具体按表 6-3 选用。

表 6-3　中性点非直接接地电网中用于保护变压器中性点的典型避雷器

变压器额定电压/kV	35	66	110
中性点避雷器序号	Y1.5W-60/144	Y1.5W-72/186	Y1.5W-60/144 Y1.5W-72/186 Y1.5W-144/320

110 kV 及以上电网，电网中性点一般是直接接地的，但为了限制单相短路电流并满足继电保护需要，部分变压器中性点是不接地的，如果中性点是半绝缘的，就要进行保护。这是因为对于中性点不接地的变压器，当雷电波从线路侵入变电站到达变压器不接地的中性点时，对于三相同时进波，就相当于末端开路的情况，雷电波在中性点全反射，产生近 2 倍入射波过电压，这种幅值很高的雷电过电压会危及变压器中性点绝缘。这种情况虽属少见，但在单台变压器的变电站中，如果变压器中性点绝缘损坏，经济损失会很大，故需在中性点加装一个与首端有同等电压等级的避雷器。

避雷器选择方法：灭弧电压高于单相接地时中性点电位升高，残压低于中性点冲击耐压值。为可靠灭弧，中性点避雷器至少采用灭弧电压为 35%U_{Lmax}（U_{Lmax} 为系统最高运行线电压）的避雷器，一般用 40%U_{Lmax} 的避雷器。对于 220 kV 变压器的半绝缘中性点，则用 Y1.5W-96/260 避雷器保护即可。变压器中性点用无间隙金属氧化锌避雷器保护时，应符合下列要求：

（1）避雷器的持续运行电压和额定电压应不低于表 6-4 所列数值。

（2）避雷器能承受所在系统的暂时过电压和操作过电压能量。

表 6-4　无间隙金属氧化物避雷器持续运行电压和额定电压

系统接地方式		持续运行电压/kV		额定电压/kV	
		相地	中性点	相地	中性点
有效接地	110 kV	$U_m/\sqrt{3}$	0.45U_m	0.75U_m	0.57U_m
	220 kV	$U_m/\sqrt{3}$	0.13U_m（0.45U_m）	0.75U_m	0.17U_m（0.57U_m）
	330、500 kV	$U_m/\sqrt{3}$（0.59U_m）	0.13U_m	0.75U_m（0.8U_m）	0.17U_m
不接地	3~20 kV	1.1U_m、U_{mg}	0.64U_m、$U_{mg}/\sqrt{3}$	1.38U_m、1.25U_{mg}	0.8U_m、0.72U_{mg}
	35、66 kV	U_m	$U_m/\sqrt{3}$	1.25U_m	0.72U_m
消弧线圈		U_m、U_{mg}	$U_m/\sqrt{3}$、$U_{mg}/\sqrt{3}$	1.25U_m、1.25U_{mg}	0.72U_m、0.72U_{mg}
低电阻		0.8U_m		U_m	
高电阻		1.1U_m、U_{mg}	1.1$U_m/\sqrt{3}$、$U_{mg}/\sqrt{3}$	1.38U_m、1.25U_{mg}	0.8U_m、0.72U_{mg}

注：① 表中数据摘自 DL/T 620—1997，其中 U_m 是系统最高运行线电压，U_{mg} 是发电机高运行线电压。
② 220 kV 括号外和括号内数据分别对应变压器中性点经电抗器接地和不接地。
③ 330、500 kV 括号外和括号内数据分别与工频过电压 1.3 p.u.和 1.4 p.u.对应。
④ 220 kV 变压器中性点经电抗器接地和 330、500 kV 变压器或高压并联电抗器中点经电抗器接地时，接地电抗器的电抗与变压器或高压并联电抗器的零序电抗器之比小于或等于 1/3。
⑤ 110、220 kV 变压器中性点不接地，且绝缘水平低于规定值，避雷器参数需另行研究确定。

110～220 kV 系统中部分变压器中性点不接地，只需在部分变压器中性点上加装对地的间隙，其间隙距离的选择应保证只在内部过电压下动作，而在雷电过电压下不动作。

500 kV 变压器的中性点直接接地或经小电抗接地，其绝缘水平为 35 kV 级，并用相应等级的避雷器保护。

6.5.6　配电变压器的防雷保护

1. 配电变压器的防雷保护的接线要求

3～10 kV 配电线路绝缘水平低，直击雷常使线路绝缘闪络，但大部分雷电流流入大地中，限制了侵入波以及通过避雷器的雷电流幅值；加之避雷器与变压器靠得很近，两者之间电位差很小，因此可以不设进线保护。

配电变压器的保护接线如图 6-17 所示。避雷器应尽量靠近变压器装设，并尽量减小连接线的长度，以减少雷电流在连接线电感上的电压降，使变压器绕组与避雷器之间不致产生很大的电位差。避雷器的接地线应与变压器金属外壳，以及低压侧中性点连在一起三点联合接地，这样，若高压侧来波，作用在高压侧主绝缘上的电压就只是避雷器上的残压，而不包括接地电阻 R 上的电压降。

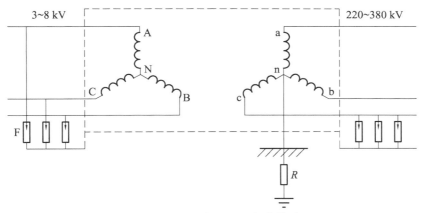

图 6-17　配电变压器的保护接线

2. 配电变压器的正反变换过电压

如果只有高压侧装设避雷器，运行经验表明，还不能使变压器免除雷害事故。这是由于雷击高压线路时，避雷器动作后的雷电流将在接地电阻上产生电压降。这一电压将作用到低压侧中性点上，而此时低压绕组出线相当于通过线路波阻抗接地，故将在低压绕组上产生电流，通过电磁耦合在高压侧感应出电动势。由于高压绕组出线段的电位被避雷器限制，所以这个高电位将沿高压绕组分布，在中性点上达到最大值，可能使中性点附近绝缘损坏。由高压侧遭雷击，避雷器动作，作用于低压绕组的电流通过电磁耦合又变换到高压侧的过程叫作"反变换"。另外，如低压侧线路落雷，作用在低压侧的冲击电压按变比感应到高压侧，由于低压侧绝缘裕度比高压侧大，故有可能在高压侧引起先击穿，这个过程叫作"正变换"。为了防止正反变换出现的过电压，可在低压侧每相上装一只避雷器，使配电变压器的防雷保护得以改善。

6.5.7 气体绝缘变电站（GIS）的过电压保护

1. GIS 过电压保护的特点

全封闭 SF_6 气体绝缘变电站（GIS）是除变压器以外整个变电站的高压电力设备及母线，封闭在一个接地的金属壳内，壳内充以（3 ~ 4）× 1.013 25 × 10^5 Pa 大气压的 SF_6 气体作为相间和对地的绝缘，它是近年来发展起来的一种新型变电站。由于 SF_6 气体的高电气强度，采用 SF_6 绝缘的全封闭式变电站的占地面积比空气绝缘的敞开式变电站小很多，以 500 kV 系统为例，前者占地面积只有后者的 5%。全封闭 SF_6 气体绝缘变电站的绝缘不受环境条件（雨、雪等）和环境污染的影响，运行安全可靠。我国 110、220 kV 的 GIS 已经有了一些运行经验。500 kV 系统中，特别是在大型水电工程和城市高电压电网的建设中，GIS 正在得到迅速推广。

GIS 的过电压保护有如下几个方面的特点：

（1）GIS 绝缘的全伏秒特性比较平坦，其冲击系数很小，为 1.2 ~ 1.3，因此它的绝缘水平主要取决于雷电冲击电压。

（2）GIS 的波阻抗一般在 60 ~ 100 Ω 之间，远比架空线路低，这对变电站的侵入波保护有利。

（3）GIS 结构紧凑，设备之间的电气距离小，避雷器离被保护设备较近，防雷保护措施比敞开式变电站容易实现。

（4）GIS 绝缘完全不允许电晕，一旦发生电晕，将立即击穿；而且没有自恢复能力。致命的绝缘损伤可能导致整个 GIS 系统损坏。因此要求包括母线在内的整套 GIS 装置的雷电过电压保护应有较高的可靠性，在设备绝缘配合上留有足够的裕度。

2. GIS 常用的过电压保护接线方式

实际的 GIS 有不同的主接线方式，其进线方式大体可分为两类：一是架空线直接与 GIS 相连；二是经电缆段与 GIS 相连。

1）与架空线直接相连的 GIS 的防雷保护接线

可能的保护接线方式如图 6-18 所示。对于母线长度不长（大约 50 m 以内）的 GIS，如图 6-18（a）在 GIS 入口处外侧装设一组 ZnO 避雷器（若经过验算合格也可用常规避雷器）；或如图 6-18（b）在 GIS 入口处内侧装设 ZnO 避雷器（或金属封闭的常规避雷器），均能得到可靠的保护效果；但后者保护效果较好。

对于母线较长的 GIS，上述保护方式不能满足要求时，可以考虑在变压器出口处加装一组避雷器，如图 6-18（c）和（d）所示，这样还能进一步降低变压器和 GIS 的绝缘水平。实际上，变压器侧是否装设避雷器要通过技术经济比较来决定。

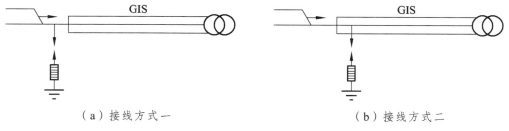

（a）接线方式一　　　　　　　　　　　　　　（b）接线方式二

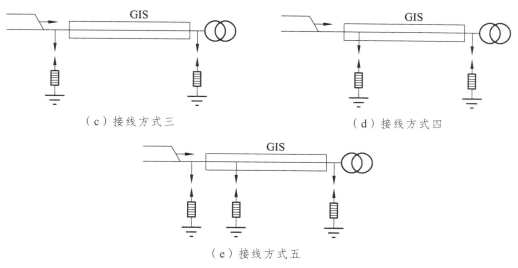

（c）接线方式三　　　　　　　　　　（d）接线方式四

（e）接线方式五

图 6-18　与架空线直接相连的 GIS 保护接线

如果 GIS 的规模较大，母线很长，需要在母线中部增加一组避雷器，如图 6-18（e）所示。

2）经电缆段进线的 GIS 的保护接线方式

对有电缆段进线的 GIS 的过电压保护，可根据具体情况分别采用如图 6-19 所示的不同保护接线。

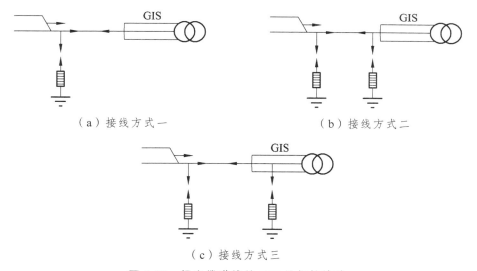

（a）接线方式一　　　　　　　　　　（b）接线方式二

（c）接线方式三

图 6-19　经电缆进线的 GIS 的保护接线

雷电波从架空线路传播到变压器，首先要经过架空线到电缆的折射（折射系数小于1），然后从电缆到 GIS 的折射（由于电缆的波阻抗比 GIS 还低，折射系数大于1）。作用在变压器和 GIS 上的过电压波，要经历多次的折、反射，具体条件不同，折、反射情况可能比较复杂。

模拟试验和计算表明，对有电缆段进线的 GIS，一般在电缆段首端装设一组避雷器[见图 6-19（a）]也能达到保护的目的，但安全裕度不大。当在 GIS 入口处装有第二组避雷器时[见图 6-19（b）和（c）]，保护效果很好。

GIS 的保护应尽量选用保护性能优良的金属氧化物避雷器。如果在 GIS 内部和外部采用不同保护性能的避雷器，由于伏安特性的差异，可能出现避雷器动作后放电电流负担不均匀的问题，应进行校验。

习　题

1. 简述输电线路感应过电压的形成过程。

2. 某 35 kV 线路的 A 相导线在杆塔上的悬挂点高度是 12 m，弛垂为 4.5 m，试计算当幅值为 30 kA 的雷击于距导线 100 m 处的地面时导线上的感应过电压值。若同样大小雷电流击中线路的杆塔，设波头长度是 2.63 μs，试计算此时导线上的感应过电压值。

3. 什么是输电线路的耐雷水平？

4. 试比较有无避雷线时直击雷过电压和耐雷水平的区别。

5. 无避雷线的 110 kV 线路导线为上字形布置，下导线平均对地高度 8.7 m，绝缘子串的正极性 50% 放电电压为 700 kV，杆塔电感为 16 μH，杆塔自然冲击接地电阻为 30 Ω，求线路的耐雷水平。

6. 在上题中，若在杆塔上架设一根避雷线，其考虑冲击电晕影响后的耦合系数（对下导线）为 0.143，几何耦合系数为 0.114，杆塔冲击接地电阻减小到 10 Ω，线路的挡距为 150 m，杆塔高度为 19.5 m，下导线横担高度为 13.4 m，避雷线平均对地高为 17.6 m。求此时线路的耐雷水平（雷电流波头长度按 2.6 μs 计算）。

7. 什么是输电线路的建弧率？

8. 可采取什么措施来降低建弧率？

9. 什么是输电线路的雷击跳闸率？

10. 输电线路防雷的基本措施是什么？

11. 如何进行输电线路的直击雷防护？

12. 35 kV 及以下的输电线路为什么一般不采取全线架设避雷线的措施？

13. 架设耦合地线的作用是什么？

14. 避雷针保护设备的原则是什么？

15. 避雷针的安装保护要求有哪些？

16. 架空避雷线的安装要求有哪些？

17. 当雷电波侵入变电站时，为什么变压器上所受的冲击电压幅值比避雷器上的冲击电压高？

18. 简述避雷器可用来限制变电站侵入波的原理。

19. 试述变电站进电保护段的标准接线中各元件的作用。

20. 在选择进线段排气式避雷器时应注意哪些问题？

21. 对三绕组变压器的防雷保护应采取什么措施？

22. 如何对自耦变压器进行防雷保护？

23. 为什么要对变压器的中性点进行保护?

24. 请分别阐述变压器中性点在不同的接地方式下,其中性点保护的情况。

25. 试述配电变压器的反变换过电压及其保护方法。

26. 请分别阐述产生"正、反变换过电压"的原因。

27. GIS 雷电防护与敞开式变电站有何不同?

28. 为什么说 GIS 绝缘的耐受水平主要取决于雷电冲击过电压水平?

第7章 电力系统操作过电压

7.1 解列过电压

本节介绍解列过电压的基本知识。通过定性分析，掌握解列过电压的概念及解列过电压的物理过程，熟悉影响解列过电压的因素和限制解列过电压的措施。

7.1.1 解列过电压的概念

在多电源供电系统中，系统正常运行时要求电源间必须保持同步运行。当发生非对称短路或系统出现非同步运行时，线路两侧电源的电势将产生相对摆动而失步。为了避免事故扩大，必须使系统解列，从而在单端供电的空载长线路上出现解列过电压。

解列过电压的特点及危害：发生在多电源系统，幅值高，振荡波及面大，对系统的扰动很大，会威胁系统中绝缘薄弱的设备。

7.1.2 解列过电压的物理过程

通常，多电源供电系统正常运行时，依据负荷的大小，线路两侧电源电势间总是存在较小的相角差 δ，δ 可以在 $0° \sim 180°$ 变化。如果在相角差 δ 接近 $180°$ 时解列，会引起高幅值的过电压。实际出现上述不利条件的可能性，特别是相角差 $\delta \approx 180°$ 时解列的概率是很小的，若计及线路两侧次一级电压线路的联系，这种不利条件更难出现。

以图 7-1（a）所示的两端供电网络为例，来分析解列过电压的物理过程。若系统失步，在解列前，沿线电压分布如图 7-1（b）1 所示。由于两端电源电势反相，故线路中某处电压为零，开关线路侧电压为 $-U_{\text{Rm}}$。开关跳闸系统解列后，电源 $e_{\text{s}}(t)$ 带空载长线，线路末端电压上升，其稳态值为 $-U'_{\text{Rm}}$，沿线电压分布如图 7-1（b）2 所示。断路器开端前后的稳态电压值存在一定差异，必然会在断路器两侧出现电压振荡，过渡过程中最大过电压为

$$U_{\text{m}} = 2U'_{\text{Rm}} - (-U_{\text{Rm}}) = 2U'_{\text{Rm}} + U_{\text{Rm}} \tag{7-1}$$

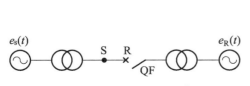

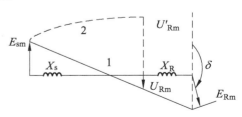

（a）解列前稳态电压分布　　　　　　　（b）解列后电压分布

图 7-1　解列前后稳态电压分布

如图 7-2 所示的单端供电网络若发生非对称接地短路，断路器 QF$_2$ 开断前的沿线电压分布如图中曲线 1 所示，QF$_2$ 跳闸后，沿线稳态电压分布如图中曲线 2 所示。故障时，接地点电压接近于零（$U_{2k} = 0$）。由于短路电流为感性，若在断路器 QF$_2$ 熄弧瞬间电源电势 $e(t)$ 处于幅值 E_m，则线路末端会因电容效应使得电压 U_{2w} 升高很大。线路 L$_1$ 末端最大振荡电压一般不是很高，为

$$U_{2m} = 2U_{2w} - U_{2k} = 2U_{2w} \qquad\qquad (7\text{-}2)$$

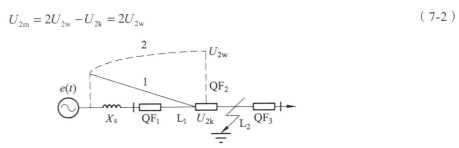

图 7-2　单端供电网切除接地故障过电压

若为两端供电网络，线路发生稳定性单相接地，单相重合闸不成功，线路的一端三相解列跳闸，这时的解列过电压尚要计及线路不对称短路引起的电压升高，非故障相上的过电压将会很高。

7.1.3　影响解列过电压的因素

如上述分析，影响解列过电压的主要因素有：

（1）电源容量、线路长度、系统参数以及故障位置。线路长度、系统参数以及解列后仍带空长线的电源容量对解列过电压的大小都有影响。故障点位置影响开断后 U_{2k}、U_{2w}，如开断点在零电位处，则过电压较小。

（2）解列时线路两侧电源电势的相角差 δ。解列时线路两侧电源电势的相角差 δ 越大，解列时出现的过电压越大。

（3）断路器电气特性。断路器加装并联电阻，可以限制解列过电压，但对于超高压断路器而言，其并联电阻的主要任务是限制合闸过电压。

（4）线路损耗、残余电荷的泄放等。若线路损耗较大或存在残余电荷的泄放途径，解列过电压的幅值会有所降低。

7.1.4　限制解列过电压的措施

一般可利用断路器分闸并联电阻限制解列过电压，但由于断路器并联电阻主要是用以限制合闸过电压，故通常更多采用新型的避雷器来限制解列过电压。另外，可采用自动化装置，使断路器在两侧电源电势相角差不超过允许范围时开断，从而限制解列过电压的幅值。

7.2　开断电容性负载时的过电压

本节包含切除空载线路的过电压、开断电容器组过电压。通过对过电压物理过程的定性分析，掌握切除空载线路的过电压、开断电容器组过电压产生的原因、影响因素和限制措施。

7.2.1 切除空载线路的过电压的物理过程

对于电容性负载来说，由于通过断路器的电流是电容电流，通常其值只有几十安到几百安，断路器切除电容电流时，由于可能引起电弧重燃，从而产生过电压。常见的情况有切除空载线路的过电压和切除电容器组的过电压。

切除空载线路时引起的操作过电压幅值大、持续时间长，是确定 220 kV 及以下电网绝缘水平的重要因素之一。过电压物理过程采用分布参数等值电路和行波理论来分析，假设被切除的空载线路的长度为 l，波阻抗为 Z，电源容量足够大，工作相电压 u 的幅值为 U_{ph}。

1. 物理过程分析

如图 7-3（a）所示，当断路器 QF 闭合时，流过断路器的电流将是空载线路的充电（电容）电流 i_c，它比电压 u 超前 90°，如图 7-3（b）所示。当断路器在任何瞬间拉闸时，其触头间的电弧总是要到电流过零点附近才能熄灭，若此时电源电压正好处于幅值 $-U_{ph}$ 的附近，触头间的电弧熄灭后，线路对地电容上将保留一定的剩余电荷，导线对地电压将保持等于电源电压的幅值。经半个周期后，在电源电压为 U_{ph} 时，断路器 QF 两端电位差将为 $2U_{ph}$，若电弧不出现第一次重燃，则不产生过电压；若出现电弧第一次重燃，则按最严重的情况考虑会产生 $3U_{ph}$ 的过电压幅值（一般过电压最大值可按 2 倍的稳态值 U_s 与初始值 U_0 之差，即 $U_{max} = 2U_s - U_0$ 来计算），由于此时电流为零，电弧再次熄灭，导线对地电压将保持 $3U_{ph}$。

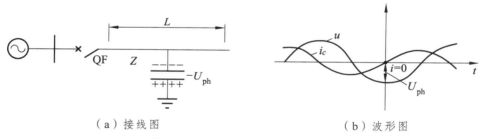

（a）接线图　　　　　　　　　　（b）波形图

图 7-3　空载线路上的电压与电流

若电源电压再次为 $-U_{ph}$ 时，断路器 QF 两端将为 $4U_{ph}$，出现电弧第二次重燃，则按最严重的情况考虑会产生 $-5U_{ph}$ 的过电压幅值。以此类推，重燃次数越多，过电压值越大。

上述分析是按照最严重的情况来考虑的，由于过电压受多种因素影响，系统现场实测结果中超过 $3U_{ph}$ 的过电压概率很小。

2. 过电压产生的原因

由以上物理过程可以看出，切除空载线路过电压产生的根本原因是电弧重燃。断路器灭弧能力越差，分断速度越慢，重燃概率越大，过电压幅值越高。通常超过 3 p.u.的过电压概率较小，且持续时间为 0.01 ~ 0.02 s。

3. 影响切除空载线路过电压的因素

（1）断路器的性能。由于断路器中电弧的重燃是产生过电压的根本原因。如果断路器触头分断速度快，触头间绝缘恢复强度的上升速度大于触头间恢复电压上升速度，则电弧就不会发生重燃，当然也就不会出现高的过电压。随着断路器制造技术和灭弧能力的提高，断路器分断时已能做到基本上不重燃，使得这类过电压降到了次要的位置。

（2）中性点接地方式。在中性点直接接地的电网中，虽然存在线路间的耦合，但各相可自成独立回路，切除空载线路的过程基本上和以上讨论的单相线路情况一样。但在中性点非直接接地电网中，三相断路器分闸不同期会构成瞬间的不对称电路，使中性点产生位移、相间的耦合，使分闸过程变得复杂，过电压增高一般会比中性点直接接地电网高出 20% 左右。

（3）回路损耗和残余电荷的泄放。切除空载线路出现过电压后，线路上会产生强烈的电晕，电晕的出现显著增大了能量消耗，使过电压降低。此外，电源及线路中的有功损耗也会使过电压降低。线路绝缘子表面、线路上装设的电磁式电压互感器、并联电抗器等，都将为残余电荷的泄放提供通道，从而降低了过电压。

（4）其他。若母线上带有多条出线或在断路器外侧是接有电磁式电压互感器，相当于加大了母线的对地电容，电弧重燃时，线路上的残余电荷重新分配，母线的对地电容越大，线路上的残余电压越低，从而降低了电弧重燃时线路的初始电压，降低了过电压。

4. 限制切除空载线路过电压的措施

（1）采用不重燃断路器。随着电力设备制造技术的提高和新材料、新介质的应用，制造不重燃断路器已成为可能。选择具有选相功能的用于分断容性负荷的高压真空断路器，可以做到零电压合闸、零电流分闸，电弧重燃率小于万分之三。我国的 110、220 kV 系统用的 SF_6、压缩空气断路器，灭弧性能大有改善，使切除空载线路过电压明显减小。330、500 kV 系统用的高压、超高压断路器基本可以做到电弧不重燃。

（2）在断路器上装设分闸电阻。分闸电阻有时也叫并联电阻，与合闸电阻相反，在切除线路时，先打开主触头，此时电源通过分闸电阻 R 仍和线路相连，线路上的残余电荷通过分闸电阻释放，R 上的压降就是主触头两端的恢复电压。R 越小，主触头恢复电压就越小，即不会产生重燃。当经过一段时间后，辅助触头打开，此时主触头两端的恢复电压较低，不会发生电弧的重燃，即使发生重燃，也由于 R 已对其振荡过程产生阻尼作用，使过电压幅值降低。因此，断路器的设计者应根据两触头间恢复电压，以及 R 的热容量来确定分闸电阻的数值，一般在千欧姆以上。

（3）线路上装设泄流设备。由于线路侧装设并联电抗器或电磁式电压互感器，都能使线路上的残余电荷得以泄放或产生衰减振荡，改变线路残余电压幅值与极性，最终降低断路器触头间的恢复电压，减少重燃的概率，达到降低过电压的目的。

（4）装设避雷器。在线路首末端装设可以限制操作过电压的金属氧化物避雷器。

7.2.2　开断电容器组过电压

为了保证供电质量，系统常采用并联电容器补偿的方式。在开断电容器组时若存在断路器重燃，将会出现与切除空载线路过电压类似的过电压。

1. 过电压物理过程

开端并联电容器组时，一相重燃会影响其他两相，按运行状况，开断电容器组重燃过电压有无故障单相重燃、带故障单相重燃和两相重燃三种类型。

（1）无故障单相重燃。开断中性点绝缘的三相电容器组，单相重燃时，过电压主要加在电容器组中性点与地之间，电容器极间无过高的过电压。单相重燃过程中，重燃相过电压并不是最高的，往往是通过中性点传递至不重燃的两相中的一相，成为过电压最高相。即使是单相复燃（在小于 1/4 工频周期内重燃），在非复燃相中的一相也会出现过电压。而在开断空载线路时，断路器复燃是不会产生过电压的。按最严重的情况考虑，若 A 相为首开相且 A 相重燃，对地最大过电压可达 3.5 倍，C 相过电压最高可达 5.87 倍，中性点对地最大位移电压可达 4.5 倍。

（2）带故障单相重燃。中性点不接地电网允许单相接地运行 2 h，可能出现在单相接地时开断电容器组，一般电源侧单相接地时，开断电容器组单相重燃过电压比无故障开断要高。

（3）两相重燃。单相重燃过程中，如 A 相为首开相，A 相重燃，如 C 相过电压最高，可能导致 C 相断口重燃，形成两相重燃。以 A、C 相相间电势最大时，断路器 A、C 相同时重燃为例，A 相电容器极间最高过电压为额定电压幅值的 3.1 倍，C 相为 2.73 倍，A 相和 C 相电容器相间过电压可达 5.83 倍。可见，两相重燃过电压主要作用在电容器极间绝缘上，对地电压不高。

2．过电压产生的原因

由上述分析可知，开断电容器组过电压产生的原因，还是由于电弧重燃前后，电路存在过渡过程而引发过电压。

3．影响过电压的因素

开断电容器组过电压幅值的高低，与运行状况、断路器性能有较大关系。

4．限制过电压的措施

（1）选用无重燃断路器。一般认为，灭弧性能好的断路器，如 SF_6、真空断路器可用于开断电容器。灭弧性能差的断路器不宜进行电容器的开断。

（2）采用氧化锌避雷器进行保护。

（3）在电容器组中性点对地接电阻。中性点对地接电阻分压器，可用于中性点不平衡检测，同时可起到降低断路器断口恢复电压以及降低开断电容器重燃过电压的作用。

7.3 空载线路合闸的过电压

本节包含空载线路合闸过电压。通过对过电压物理过程的定性分析，掌握空载线路合闸过电压产生的原因、影响因素和限制措施。

7.3.1 合闸空载线路过电压产生的物理过程

空载线路的合闸分为两种情况，即正常合闸和自动重合闸。这时出现的操作过电压称为合闸空载线路过电压。两种合闸的实质性区别在于被合闸线路的初始条件不同，电源电势的幅值及线路上的残余电荷会使上述两种产生的过电压幅值有较大的差异。一般情况下，重合闸过电压较为严重。合闸空载线路过电压是选择超高压系统绝缘水平的决定性因素。

以简单的集中参数单相模型进行分析，如图 7-4（a）所示。为简化分析，线路用 T 形电路来等值，L_T、C_T 分别为线路总的电感、电容，电源电感为 L_S，并忽略线路及电源的电阻。做上述简化后，合闸空载线路的等值电路变为图 7-4（b），其中 $L = L_S + L_T/2$。

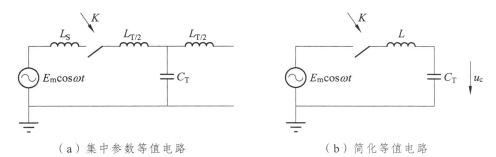

（a）集中参数等值电路　　　　　　　　　（b）简化等值电路

图 7-4　空载线路合闸电路图

依据回路电压方程建立微分方程，根据初始条件，可求得电容上的电压为

$$U_c(t) = U_{cm}(\cos \omega t - \cos \omega_0 t) \tag{7-3}$$

$$U_{cm} = E_m / \left[1 - \left(\frac{\omega}{\omega_0} \right)^2 \right] \quad \omega_0 = 1/\sqrt{LCT} \tag{7-4}$$

式中　ω——电源频率；

$\quad\quad U_{cm}$——电容上电压的振幅；

$\quad\quad \omega_0$——等值回路自振荡的频率。

合闸空载线路时，若 ω_0 远大于电源频率 ω，在电源电压到达峰值时合闸，可认为在振荡初期电源电势 E_m 保持不变，这样电容上电压可达 $2U_{cm}$。

在超高压系统中，ω_0 通常等于 $1.5 \sim 3.0\omega$，实际中，由于线路的电容效应 $U_{cm} > E_m$，因此线路上的电压要超过电源电势的 2 倍。若计及损耗，但忽略损耗对 ω_0 的影响，则

$$U_c(t) = U_{cm}(\cos \omega t - e^{-\delta t} \cos \omega_0 t) \tag{7-5}$$

式中　δ——衰减系数，我国 330、500 kV 电网实测结果，$\delta \approx 30$，与国外同级电网实测结果相同。

7.3.2　合闸空载线路过电压产生的原因

可见，合闸空载线路时，产生过电压的原因是电容、电感的振荡，其振荡电压叠加在稳态电压上所致。

如果采用的是单相自动重合闸，只切除故障相，而健全相不与电源电压相脱离，那么当故障相重合闸时，因该相导线上不存在残余电荷和初始电压，就不会出现高幅值重合闸过电压。在合闸过电压中，以三相重合闸的情况最为严重，其过电压理论幅值可达 3.0 p.u.。

7.3.3　影响因素

合闸过电压由稳态分量和自由振荡分量组成，最大过电压值依据合闸的方式不同而异。

通常重合闸过电压会更严重。对于超高压、特高压系统，由于线路长、输电容量大，分布参数特点明显，过电压振幅中含有多次谐波分量，各次谐波的振幅值随谐波次数的增加而减小，正常合闸过电压会大于 2.0 p.u.，威胁设备绝缘。

影响合闸空载线路过电压的因素有以下几点。

1. 合闸相位

前面讨论的是最严重的合闸情况，实际上无论是合闸还是重合闸，合闸相位均是随机的，不可能总是在最大值时刻合闸，它有一定的概率分布，这与断路器合闸过程中的预击穿特性及断路器合闸速度有关。

2. 残余电荷

合闸过电压的大小与线路上残余电荷数值和极性有关。线路上若有电磁式电压互感器，可泄放残余电荷；线路若装设并联电抗器，对于重合闸而言，当断路器开断后，线路电容和电抗器形成衰减的振荡回路，不但会影响残余电荷的幅值，而且会影响残余电荷的极性。

3. 断路器合闸的不同期

由于三相线路间存在电磁耦合，先合相会通过电磁耦合在未合相上产生残余电荷。这样，当未合相在其电源电压与感应电压反极性时进行合闸，则过电压自然就增大。

4. 回路损耗

实际输电线路中，能量损耗会引起振荡分量的衰减。损耗主要来源于两个方面：一是输电线路及电源的电阻；二是当过电压较高时，线路上出现的电晕，这些都会使过电压降低。

5. 电容效应

合闸空载长线时，由于电容效应会使线路稳态电压增高，导致了合闸过电压增高。在对电容效应无限制措施时，通常操作过电压在线路末端总是高于首端。

7.3.4　限制合闸空载线路过电压的措施

限制合闸空载线路过电压的措施可以从两方面入手：一是降低线路的稳态电压分量；二是限制其电压的自由分量。

1. 降低工频电压升高

空载线路上的操作过电压是在工频稳态电压的基础上由振荡产生的。显然，降低工频电压升高会使操作过电压下降。目前，超高压电网中采取的有效措施是装设并联电抗器和静止补偿装置（SVC），其主要作用是削弱电容效应。

2. 断路器装设并联电阻

将线路合闸分两个阶段进行。第一阶段带电阻 R 合闸，即将 R 与辅助触头串联。由于 R 对振荡回路起阻尼作用，使过渡过程中的过电压降低。大约经过 8~15 ms，主触头闭合，将 R 短接，电源直接与线路相连，完成合闸操作，这是合闸的第二个阶段。

断路器合闸的两个阶段中,出现的过电压与 R 值的选取是相互矛盾的。合闸的第一阶段,R 值越大,阻尼效果较好,过电压越低。而在第二阶段,R 值越小,使断路器短接时,回路振荡程度较弱。因此,合闸空载线路过电压的大小与合闸电阻值的关系呈一条 V 形曲线,如图 7-5 所示。综合两个过程,可确定出可兼容的最佳电阻值,使过电压被限制到最低,同时应兼顾合闸电阻的热容量和使用寿命。对于 500 kV 线路的断路器,大多采用 400 Ω 左右的 R 值。

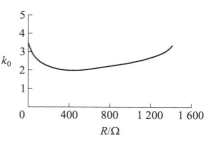

图 7-5　合闸电阻过电压倍数 k_0 与 R 值的关系

3. 控制合闸相位

空载线路合闸过电压的大小与合闸时电源电压的相位有关,因此可以通过一些电子装置来控制断路器的动作时间,在各相合闸时,将电源电压的相位角控制在一定范围内,以达到降低合闸过电压的目的。

4. 消除线路上的残余电荷

在线路侧接电磁式电压互感器,可在几个工频周波内,将全部残余电荷通过互感器泄放掉。

5. 装设避雷器

在线路首端和末端装设金属氧化物避雷器,当出现较高操作过电压时,避雷器应能可靠动作,将过电压限制在允许的范围内。

7.4　电弧接地过电压

本节介绍电弧接地过电压。通过对过电压物理过程的定性分析,掌握电弧接地过电压产生的原因、影响因素和消弧线圈对限制电弧接地过电压的作用。

7.4.1　产生电弧接地过电压的物理过程

当中性点不接地系统中发生单相接地时,故障点将流过数值不大的接地电容电流。如果电网小、线路不太长,接地电容电流将很小,电弧一般可以自行熄灭,系统很快恢复正常。随着电网的发展和电压等级的提高,单相接地电容电流随之增加,一般 6~10 kV 电网的接地电流超过 30 A,35~60 kV 电网的接地电流超过 10 A 时电弧便难以熄灭。中性点不接地电网中的单相接地电流(电容电流)较大,接地点电弧将不能自熄,而以断续电弧的形式存在,就会产生另一种严重的操作过电压——电弧接地过电压。

电弧接地过电压会引起系统电感-电容的强烈、多次振荡,幅值较高,持续时间长,遍及整个系统,对系统中绝缘较弱的设备威胁较大;同时易形成相间短路,使事故扩大。

运行经验表明:当 A 相发生单相接地短路时,弧道中不但有工频电流,还会有幅值很高的高频电流。电弧有可能在高频电流过零时熄灭,也可能在工频电流过零时熄灭,或者是高频分量与工频分量在某个时刻的叠加时熄灭。由于通常在大气中的开放性电弧的熄灭是受工频电流控制的，所以下面按工频熄弧理论分析电弧接地过电压的发展过程。图 7-6（a）为中性点不接地三相系统 A 相发生单相接地时的等值电路及相量图。其中，U_A、U_B、U_C 为三相电源电压，C_1、C_2、C_3 分别表示 A、B、C 三相导线的对地电容，设三相线路对称，故 $C_1 = C_2 = C_3 = C$。

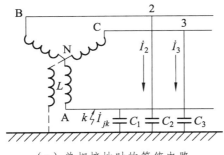

（a）单相接地时的等值电路 （b）单相接地时的相量图

图 7-6　中性点不接地系统发生 A 相接地时的等值电路及相量图

图 7-7 给出了当 A 相接地时过电压的发展过程，U_1、U_2、U_3 分别为 A、B、C 三相线路的对地电压。若在 t_1 时刻 A 相电压达到最大值，即 $U_1(t_1) = +5 \text{ p.u.}$，$U_2(t_1) = U_3(t_1) = -5 \text{ p.u.}$ 时，A 相发生对地闪络，则 $U_1(t_1+) = 0$，而 $U_2(t_1+) = U_3(t_1+) = -1.5 \text{ p.u.}$。健全相 B、C 线路可能出现的最大对地过电压为

$$U_{2\max} = U_{3\max} = -1.5 \text{ p.u.} + [-1.5 \text{ p.u.} - (-0.5 \text{ p.u.})] = -2.5 \text{ p.u.} \tag{7-6}$$

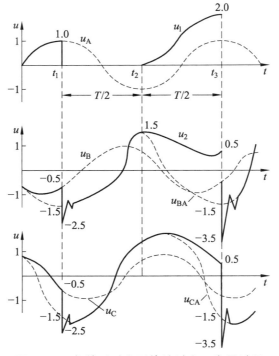

图 7-7　工频熄弧时电弧接地过电压发展过程

如果 A 相发生金属性接地，且电弧熄灭后不再重燃，则在健全相上出现的过电压不超过 2.5 p.u.。反之，若电弧是不稳定的，出现间歇性电弧，此时可能产生更高的过电压，其幅值与电弧何时熄灭、何时重燃有关。

t_1 时刻发弧后，按工频熄弧理论，电弧要等到工频电流过零的时刻才熄灭。由于发弧后弧道中流过的是容性电流，电流超前电压 90°，即在发弧 t_1 时刻，弧道中工频电流分量为零。弧道中高频电流迅速衰减，而工频电流先递增后递减，经过 $T/2$ 再变为零，即 $t_2 = t_1 + T/2$ 时，工频电流熄弧，因此电弧持续时间为 $T/2$。

熄弧时，$U_1(t_2) = 0$，$U_2(t_2) = 1.5$ p.u.，$U_3(t_2) = 1.5$ p.u.，这也就是熄弧瞬间各相电容电压的初始值。熄弧后，由于 C_2、C_3 上的残余电荷将重新分配到三相对地电容上，使三相系统恢复平衡。由于是中性点不接地系统，这些电荷无处泄漏，仍留在系统中，使各相电容上叠加了一个相同的直流分量，且数值为

$$2C \times (+1.5 \text{ p.u.})/3C = +1.0 \text{ p.u.} \tag{7-7}$$

熄弧后，三相电容上的电压由三相对称交流电压分量与三相相等的直流分量的叠加组成，即

$$u_1(t_2^+) = u_1(t_2) + U_0 = -1.0 \text{ p.u.} + 1.0 \text{ p.u.} = 0 \tag{7-8}$$

$$u_2(t_2^+) = u_2(t_2) + U_0 = 0.5 \text{ p.u.} + 1.0 \text{ p.u.} = 1.5 \text{ p.u.} \tag{7-9}$$

$$u_3(t_2^+) = u_3(t_2) + U_0 = 0.5 \text{ p.u.} + 1.0 \text{ p.u.} = 1.5 \text{ p.u.} \tag{7-10}$$

以上三式为 t_2^+ 时刻后各相电压的新稳态值，它分别与 t_2^+ 时刻各电压值相同，即 t_2^+ 熄灭后，将不会出现高频振荡的过渡过程。

熄弧 0.01 s 后，即 $t_3 = t_2 + T/2$ 时刻，原 A 相故障点的电压又达到最大值，此时：

$$u_1(t_3^+) = 1.0 \text{ p.u.} + 1.0 \text{ p.u.} = 2.0 \text{ p.u.} \tag{7-11}$$

$$u_2(t_3^+) = -0.5 \text{ p.u.} + 1.0 \text{ p.u.} = 0.5 \text{ p.u.} \tag{7-12}$$

$$u_3(t_3^+) = -0.5 \text{ p.u.} + 1.0 \text{ p.u.} = 0.5 \text{ p.u.} \tag{7-13}$$

假定这个时刻故障点电弧重燃，则 u_1 由 2.0 p.u.突然降为零，电路将再次出现过渡过程。B、C 两相电压的初始值为 0.5 p.u.，而 t_3 时刻新的稳态值为

$$u_1(t_3^+) = 0 \tag{7-14}$$

$$u_2(t_3^+) = 1.5 \text{ p.u.} \tag{7-15}$$

$$u_3(t_3^+) = -1.5 \text{ p.u.} \tag{7-16}$$

B、C 两相电容 C_2、C_3 经电源电感从 0.5 p.u.充电到 -1.5 p.u.值，由图可得

$$U_{2\max} = -1.5 \text{ p.u.} + (-1.5 \text{ p.u.} - 0.5 \text{ p.u.}) = -3.5 \text{ p.u.} \tag{7-17}$$

$$U_{3\max} = -1.5 \text{ p.u.} + (-1.5 \text{ p.u.} - 0.5 \text{ p.u.}) = -3.5 \text{ p.u.} \tag{7-18}$$

也就是说，第二次电弧重燃，健全相上的最大过电压为 3.5 p.u.。可以用同样的方法分析每隔半个工频周期依次发生熄弧和重燃，过渡过程将与上面完全重复，健全相的最大过电压为 3.5 p.u.，故障相的最大过电压为 2.0 p.u.。

7.4.2 电弧接地过电压产生的原因

由上述物理过程的分析可知，电弧接地过电压产生的原因是：当发生间歇性电弧接地时，因健全相对地电压的起始值与稳态值不同，电容与电源电感会产生振荡并引起过电压。

7.4.3 影响中性点不接地系统电弧接地过电压的主要因素

电弧接地过电压的幅值、持续时间受多种因素的影响，主要归结为：

（1）系统中性点接地方式。

（2）发生电弧部位的介质特性及大气条件。

（3）燃弧相位、熄弧相位。

（4）残余电荷的泄漏、线路损耗。

（5）输电线路的相间电容。

7.4.4 限制电弧接地过电压的措施

中性点不接地系统电弧接地过电压最根本的防护方法就是不让间歇性电弧出现，可以通过改变中性点接地方式来实现，即采用中性点经消弧线圈接地方式。

消弧线圈是一电感线圈，接于系统中性点处，其作用是：

（1）补偿流过故障点的短路电流，使电弧自行熄灭。

（2）降低故障相上恢复电压上升的速度，减小电弧重燃的可能性。

关于消弧线圈的应用场合，我国标准有如下规定：

（1）对于 35 kV 和 66 kV 系统，如单相接地电容电流不超过 10 A 时，中性点可采用不接地方式；如超过上述容许值（10 A）时，应采用经消弧线圈接地方式。

（2）对于不直接与发电机连接的 3~10 kV 系统，I_c 的容许值如下：

① 由钢筋混凝土或金属杆塔的架空线路构成者为 10 A；

② 由非钢筋混凝土或非金属杆塔的架空线路构成者为 3 kV、6 kV-30 A，10 kV-20 A。

③ 由电缆线路构成者为 30 A。

（3）对于与发电机直接连接的 3~20 kV 系统，如 I_c 不超过表 7-1 所示的容许值，其中性点可采用不接地方式；如超过容许值，应采用经消弧线圈接地方式。

表 7-1 发电机电容电流容许值

发电机额定电压/kV	发电机额定容量/MW	I_c 容许值/A
6.3	≤50	4
10.5	50~100	3
13.8~15.75	125~200	2（非氢冷）
18~20	≥300	2.5（氢冷）

消弧线圈的运行主要就是调谐值的整定。在选择消弧线圈的调谐值（即 L 值）时，应满足下述两方面的基本要求：

① 单相接地时流过故障点的残流应符合能可靠地自动消弧的要求。在电网正常运行和发生故障时，中性点位移电压 U_N 都不可升高到危及绝缘的程度。为了充分发挥消弧线圈的"消弧作用"，电力系统通常采用过补偿的运行方式。这是因为，若原来是欠补偿，随着电网发展，则可能失去消弧线圈的补偿作用；另一方面，在运行中，部分线路可能退出，则可能出现全补偿或接近全补偿状态，因电网三相对地电容不对称，将导致中性点上出现较大的位移电压危及系统绝缘。采用过补偿就不会出现上述情况。采用过补偿时，应使残流值不超过 10 A，否则还可能出现间歇性电弧。

在很多单相瞬时接地故障的情况下，如多雷地区、大风地区等，消弧线圈的采用可以看作是提高供电可靠性的有力措施。但是，消弧线圈使用不当时也会引起谐振过电压。

② 采用电阻接地方式。6～35 kV 系统是主要由电缆线路构成的送、配电系统，单相接地故障电容电流较大时，可采用低电阻接地方式，但应考虑供电可靠性要求，故障时瞬态电压、瞬态电流对电气设备和通信的影响，继电保护技术要求以及本地的运行经验等。

6 kV 和 10 kV 配电系统以及发电厂用电系统，单相接地故障电容电流较小时，为防止谐振、间歇性电弧接地过电压等对设备的损害，可采用高电阻接地方式。

7.5　切除空载变压器过电压

本节介绍切除空载变压器引起的过电压。通过对过电压物理过程的分析，掌握切除空载变压器产生过电压的原因、影响因素和限制措施。

7.5.1　产生切除空载变压器过电压的物理过程

空载变压器在正常运行时表现为一激磁电感。切除空载变压器就是开断一个小容量电感负荷，会在变压器和断路器上出现很高的过电压。在开断并联电抗器、消弧线圈等电感元件时，也会引起类似的过电压。

切除空载变压器的等值电路如图 7-8 所示。L 为变压器的励磁电抗；C 为变压器本身及连接母线等的对地电容，其数值与变压器结构、容量有关，约为几百至几千皮法；$e(t)$ 为电源电势；L_s 为电源电感。

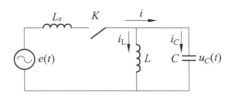

图 7-8　切断空载变压器的等值电路

在断路器未开断前，电源在工频电压作用下，回路中流过的电流 i 为变压器空载电流 i_L 与电容电流 i_C 的相量和，由于工频下 C 的容抗很大，故 i_C 可以略去，则

$$\dot{i} = \dot{i}_L + \dot{i}_C \approx \dot{i}_L \qquad (7\text{-}19)$$

假如电流 i_L 是在其自然过零时被切断的，电容 C 和电感 L 上的电压正好等于电源电压的幅值。被切断后的情况是电容 C 上的电荷通过电感 L 做振荡性放电，并逐渐衰减至零（因为存在铁心损耗和电阻损耗），可见这样的拉闸不会引起过电压。

若电流上 i_L 在自然过零之前就被提前切断，设电流被截断时 i_L 上的瞬时值为 I_0，电感与电容上的电压相等，$u_L = u_C = U_0$。断路器开断时在电感与电容中储存的能量分别为

$$W_L = \frac{1}{2} L I_0^2 \qquad (7\text{-}20)$$

$$W_C = \frac{1}{2} C U_0^2 \qquad (7\text{-}21)$$

L、C 构成振荡回路，当全部电磁能量转变为电场能时，电容 C 上的电压最大值 $U_{C\max}$ 可由下式求得

$$\frac{1}{2} C U_{C\max}^2 = \frac{1}{2} L I_0^2 + \frac{1}{2} C U_0^2 \qquad (7\text{-}22)$$

$$U_{C\max} = \sqrt{\frac{L}{C} I_0^2 + U_0^2} \qquad (7\text{-}23)$$

若略去截流时电容上的能量，则

$$U_{C\max} = I_0 \sqrt{\frac{L}{C}} = I_0 Z_m \qquad (7\text{-}24)$$

式中 Z_m——变压器的特征阻抗，$Z_m = \sqrt{\dfrac{L}{C}}$。

由此可见，截流瞬间 I_0 越大，变压器励磁电感越大，则磁场能量越大；寄生电容越小，使同样的磁场能量转化到电容上，则可能产生很高的过电压。一般情况下，I_0 并不大，极限值为励磁电流的最大值，只有几安到几十安，可是变压器的特征阻抗 Z_m 很大，可达上万欧姆，故能产生很高的过电压。上述过电压是在不计损耗下求得的，实际上在磁场能量转化为电场能量的高频振荡过程中变压器是有铁耗与铜耗的，因此，过电压幅值有所下降。

7.5.2 产生切除空载变压器过电压的原因

由上述分析可知，断路器切除空载变压器过电压产生的根源是截流。断路器灭弧能力越强，截流值通常越大，过电压倍数越高。总之，切除空载变压器的过电压具有幅值高、频率高、衰减快、持续时间短、能量小的特点。

7.5.3 影响因素

1. 断路器性能

切除空载变压器引起的过电压与截流数值成正比，灭弧能力越强的断路器截断电流的能

力越大，过电压 U_{Cmax} 就越高。另外，若分断时有截流，断开的变压器侧会产生过电压，而电源侧是工频电源电压，当触头间分开的距离不够大时，在较高的恢复电压作用下，可能产生电弧重燃，则变压器侧向电源侧泄放能量，会使过电压有所降低；若分断时几乎无截流，触头间电弧重燃，会导致电源侧继续向变压器充电，造成过电压增高。

2. 变压器特性

变压器 L 越大，C 越小，则过电压越高。为减小过电压，优质导磁材料应用日益广泛，变压器的励磁电流减小很多；变压器绕组改用纠结式绕法以及增加静电屏蔽等措施，可使过电压有所降低。

此外，变压器的相数、线组接线方式、铁心结构、中性点接地方式、断路器的断口电容，以及与变压器相连的电缆线段、架空线段等，都会对切除空载压器过电压产生影响。

7.5.4　切除空载变压器过电压的限制措施

鉴于切除空载变压器过电压的特点，只要在变压器任一侧装设参数匹配的金属氧化物避雷器，就可以有效地限制这种过电压。计算分析表明，金属氧化物避雷器在限制切除空载变压器过电压时所吸收的能量远小于雷电过电压下动作后所吸收的能量。而金属氧化物避雷器在操作波下所固有的能量吸收能力远大于雷电波下的能量吸收能力。因此，采用金属氧化物避雷器限制这种过电压是可靠和有效的。但必须指出，由于安装这种避雷器的目的是用来限制切除空载变压器过电压的，所以在非雷雨季节也不应退出运行。

习　题

1. 为什么解列时会出现过电压？
2. 如何限制解列过电压？
3. 为什么开断电容性负载会产生过电压？
4. 如何限制切空线过电压？
5. 如何限制开断电容器过电压？
6. 合闸空载线路过电压产生的原因是什么？
7. 如何限制合空载线路过电压？
8. 电弧接地过电压为何只出现在中性点不接地系统中？
9. 采用消弧线圈限制电弧接地过电压要注意哪些事项？
10. 说明切除空载变压器过电压产生的原因。
11. 切除空载变压器过电压有何特点？
12. 说明限制切除空载变压器过电压的措施。

第 8 章　电力系统工频过电压与谐振过电压

8.1　工频过电压

本节包含内过电压和工频过电压概述、空载线路电容效应引起的工频过电压、不对称短路引起的工频过电压、甩负荷引起的过电压。通过对不同类型的工频过电压特点分析，掌握产生工频过电压的原因，了解工频过电压对电力系统运行的影响。

8.1.1　内过电压和工频过电压概述

1. 内过电压

在电力系统内部，由于断路器的操作或发生故障，使系统参数发生变化，引起电网电磁能量的转化或传递，在系统中出现过电压，这种过电压称为内部过电压，简称内过电压。

2. 内过电压的分类

系统参数变化的原因是多种多样的，因此，内部过电压的幅值、振荡频率以及持续时间不尽相同，通常可按产生的原因将内部过电压分为操作过电压及暂时过电压。操作过电压即电磁暂态过程中的过电压；而暂时过电压包括工频电压升高及谐振过电压。若以其持续时间的长短来区分，一般持续时间在 0.1 s（5 个工频周波）以内的过电压称为操作过电压；持续时间长的过电压则称为暂时过电压。

有时也把频率为工频或接近工频的过电压称为工频电压升高，或工频过电压。对因系统的电感、电容参数配合不当，出现的各类持续时间长、波形周期性重复的谐振现象及其电压升高，称为谐振过电压。

3. 过电压倍数

与雷电过电压不同，内部过电压能量来自系统内部，因此过电压的高低与系统运行电压、运行方式和输送容量等因素有关，通常采用过电压倍数表示。

工频过电压基准值定义为：最高运行的相电压有效值（ $1.0\ \text{p.u.} = U_\text{m}/\sqrt{3}$ ）；

操作过电压基准值定义为：最高运行的相电压峰值（ $1.0\ \text{p.u.} = \sqrt{2}U_\text{m}/\sqrt{3}$ ）。

4. 工频过电压对电力系统运行的影响

一般而言，工频过电压对 220 kV 电压等级以下、线路不太长的系统的正常绝缘的电气设备是没有危险的，但对超高压、远距离传输系统绝缘水平的确定却起着决定性的作用。工频过电压对电力系统运行的影响主要体现在如下三个方面：

（1）工频电压升高的大小将直接影响操作过电压的幅值。

（2）工频电压升高的大小影响保护电器的工作条件和保护效果，例如，避雷器最大允许工作电压是由工频电压升高决定的，如要求避雷器最大允许工作电压较高，则其冲击放电电压和残压也将提高，相应地，被保护设备的绝缘强度也应随之提高。再如，断路器并联电阻因工频电压升高而使断路器操作时流过并联电阻的电流增大，并联电阻要求的热容量也随之增大，造成并联电阻的制作困难。

（3）工频电压升高持续时间长，对设备绝缘及其运行性能有重大影响，例如，油纸绝缘内部游离、污秽绝缘子闪络、铁心过热、电晕及其干扰加剧等。

8.1.2　几种常见的工频过电压

1. 空载线路电容效应引起的工频过电压

在集中参数 L、C 串联电路中，如果容抗大于感抗，即 $1/(\omega C) > \omega L$，电路中将流过容性电流。电容上的电压等于电源电势加上电容电流流过电感造成的电压升，这种电容上电压高于电源电势的现象，称为电容效应。一条空载长线可以看作是由无数个串联的 L、C 回路构成的，在工频电压作用下，线路的总容抗一般远大于导线的感抗，因此线路各点的电压均高于线路首端电压，而且越往线路末端电压越高。

2. 不对称短路引起的工频过电压

当在空载线路上出现单相或两相接地短路故障时，健全相上工频过电压不仅由长线的电容效应所致，还有由短路电流的零序分量引起的电压升高。由于一般两相接地的概率很小，而单相接地故障更为常见，幅值相对较高。因此系统通常以单相接地短路引起的工频过电压值作为确定避雷器额定电压、灭弧电压的依据，这里只讨论单相接地的情况。

对于中性点绝缘的 $3 \sim 10$ kV 系统，单相接地时，健全相的工频过电压可达最高运行线电压 U_m 的 1.1 倍。因此，在选择避雷器额定电压或灭弧电压时，应取 $\geqslant 110\%$，称为 110% 避雷器。

对于中性点经消弧线圈接地的 $35 \sim 60$ kV 系统，单相接地时健全相上工频过电压接近 U_m。因此，在选择避雷器额定电压或灭弧电压时，应取 $\geqslant 100\%$，称为 100% 避雷器。对于中性点直接接地的 $110 \sim 220$ kV 系统，健全相上电压升高 $\leqslant 0.8 U_m$，称为 80% 避雷器。

3. 甩负荷引起的工频过电压

当系统满负荷运行时，输电线路传送功率最大，此时由于某种原因，断路器跳闸，电源突然甩负荷后，将在原动机与发电机内引起一系列机电暂态过程，它是造成线路工频过电压的又一原因。首先，甩负荷前的电感电流对发电机主磁通的去磁效应突然消失，而空载线路的电容电流对发电机主磁通起助磁作用，使暂态电势 E'_d 上升。因此，加剧了工频电压的升高。其次，发电机突然甩掉一部分有功负荷，使发电机转速增加，电源频率上升，加剧了线路的电容效应。

8.2 线性谐振过电压

本节包含消弧线圈补偿网络的线性谐振、传递过电压。通过原理讲解、要点分析，了解线性谐振过电压产生的条件和特点。

8.2.1 谐振过电压的分类

电力系统中存在着大量的"储能元件"，这就是储静电能量的电容和储磁能的电感，例如线路的电容、补偿用的串联与并联电容器组和变压器的电感等。正常运行时，这些振荡回路被负载所阻尼或分路，不可能产生严重的谐振。但在发生故障时，系统接线方式发生改变，负载也甩掉了，在一定的电源作用下，就有可能发生谐振。谐振常常引起严重的、持续时间很长的过电压；有时，即使电压不太高，也会出现一些异常现象，使系统无法正常运行。

依据谐振诱发的原因不同，产生的谐振过电压的特点是不同的。通常谐振过电压分为线性谐振过电压、铁磁谐振过电压和参数谐振过电压。

8.2.2 线性谐振过电压

线性谐振是由线性电感和线性电容构成的，当 L-C 自振频率 ω_0 接近或等于电源频率 ω 时，会出现高幅值的谐振。这种谐振具有谐振频带窄、谐振条件苛刻、过电压幅值高、持续时间长等特点。实际电力系统中，要求在设计或运行时严格避开这种谐振，因此完全满足线性谐振的机会是极少的。但要注意，这种过电压的危害是很大的。

线性谐振条件是等值回路中的自振频率等于或接近于电源频率，此时 $\omega L \approx 1/(\omega_0 C)$，回路中阻抗接近为零，过电压幅值只受到回路中损耗（电阻）的限制。有些情况下，由于谐振时电流的急剧增加，回路中的铁磁元件趋向饱和，使系统自动偏离谐振状态而限制其过电压幅值。

8.2.3 传递过电压

当系统中发生不对称接地故障或断路器不同期操作时，可能出现明显的零序工频电压分量，通过静电和电磁耦合在相邻输电线路之间或变压器绕组之间会产生工频电压传递现象，称之为传递过电压；若与接在电源中性点的消弧线圈或电压互感器等铁磁元件组成谐振回路，还可能产生线性谐振或铁磁谐振传递过电压。

8.3 非线性谐振过电压

本节包含非线性谐振过电压概述、几种常见的非线性谐振过电压。通过要点讲解，掌握常见的非线性谐振过电压的类型和特点。

8.3.1 非线性谐振过电压概述

电力系统运行时，由于系统断线、接地故障等原因，使电力系统中带有铁心的电感元件如电磁式电压互感器、电抗器、变压器等，因饱和引起电感电流或磁通的非线性变化，此时等值电感不再是常数，与电路中的线性电容 C 构成的自振频率是可变的，在满足一定条件时，会发生分频、基频或倍频的宽范围的铁磁谐振。所以，系统中发生铁磁谐振的机会是相当多的。国内外运行经验表明，铁磁谐振是引发电力系统某些严重事故的直接原因。它具有谐振频带宽、振荡幅值高、伴随大电流和自保持等一系列特点，很难从设计和运行中避开此类谐振。

8.3.2　几种常见的非线性谐振过电压

为了讨论分析铁磁谐振过电压，首先来研究最简单的 L-C 串联谐振电路，如图 8-1（a）所示，其中电感为非线性，特性如图 8-1（b）中的 U_L。以基波谐振为例，略去损耗。在发生基波谐振时，电路中的电压、电流除含有基频分量外，还含有高次谐波分量，但在基频谐振下高次谐波分量不起主导作用，在分析中可以忽略。

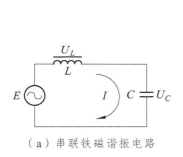

（a）串联铁磁谐振电路

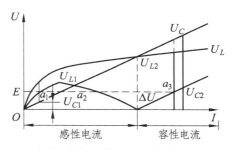

（b）串联铁磁谐振电路的特征曲线

图 8-1　铁磁谐振

因为无论电路呈感性还是容性，电感上的电压 $\dot{U}_L$ 和电容上的电压 $\dot{U}_C$ 始终符号相反。由于电容是线性的，所以 U_C-I 特征曲线是一条直线，如图 8-1（b）所示。当 $U_L > U_C$ 时，电路中的 I 呈感性；但随着 I 的增大，铁心饱和，电感 L 减小，U_L-I 和 U_C-I 两条特性曲线相交，在交点处，$\left|\dot{U}_L\right| = \left|\dot{U}_C\right|$；电流继续增加，$\dot{U}_C > \dot{U}_L$，电路中电流 I 变为容性。由电路元件上的压降与电源电势的平衡关系可得

$$\dot{E} = \dot{U}_L + \dot{U}_C \tag{8-1}$$

以上平衡式可用电压降总和的绝对值 ΔU 来表示，即

$$E = \Delta U = \left|U_L - U_C\right| \tag{8-2}$$

可做出 ΔU 与 I 的关系曲线，如图 8-1（b）所示。

电势 E 和 ΔU 曲线的交点，就是满足上述平衡方程的点。由图 8-1（b）可以看出，存在 a_1、a_2、a_3 三个平衡点，但这三个平衡点并不都是稳定的。利用小扰动法研究各平衡点的稳定性。在回路平衡点处给一微小扰动，判断能否使回路脱离该点，重新回到原平衡点。例如 a_1 点，若回路中电流 I 稍有增加 $I+\Delta I$，此时 $\Delta U > E$，即电压降大于电势，电源提供功率不足，从而使回路电流减小，重新回到平衡点 a_1。反之，若回路中电流 I 稍有减小 $I-\Delta I$，则 $\Delta U < E$，电压降小于电势，电源提供功率过剩，使回路电流 I 增大，驱使工作点回到 a_1 点。

显然 a_1 点是稳定平衡点。用同样的方法分析 a_2、a_3 点，可知 a_3 点是稳定平衡点，而 a_2 是不稳定平衡点。但 a_1、a_3 两工作点的性质不同，回路处在 a_1 工作点时，回路电流 I 呈感性且值不大，$U_L > U_C$ 幅值也不高，属正常工作状态，称 a_1 为非谐振工作点；当回路工作在 a_3 点时，回路电流 I 呈容性且值很大，$U_L < U_C$ 幅值也很高，具有谐振特点，称为谐振工作点。

从图 8-1（b）中可以看到：当电势 E 较小时，回路存在两个可能的稳定工作点 a_1、a_3，而当 E 超过一定值以后，可能只存在一个工作点 a_3。当存在两个稳定工作点时，若电源电势逐渐上升时，回路处在非谐振工作点 a_1。若使回路由稳定工作点 a_1 跃变到稳定谐振点 a_3，回路必须经过强烈的扰动过程，使回路电流迅速增加，如回路突然发生故障、断路器跳闸或切除故障等。

这种需要经过诱发过渡过程建立谐振现象的"大扰动"称为铁磁谐振的"激发"。而且一旦"激发"起来以后，谐振状态就可以借助 a_3 点的工作稳定性得以"保持"，维持很长一段时间，不会衰减。

根据以上分析，基波铁磁谐振具有下列特点。

（1）产生串联铁磁谐振的必要条件是：谐振回路中电感和电容的伏安特性必须相交，正常运行时满足

$$\omega L > \frac{1}{\omega C} \tag{8-3}$$

由于铁磁元件电感的非线性变化，铁磁谐振的谐振范围很大，很难通过设计、运行的手段避开。

（2）对于铁磁谐振电路，在同一电源电势作用下，回路可能有不止一种稳定工作状态。在外界激发下，回路可能从非谐振工作状态跃变到谐振工作状态，电路从感性变为容性，发生相位反倾，同时产生过电压与过电流。

（3）铁磁元件的非线性是产生铁磁谐振的根本原因，但其饱和特性本身又限制了过电压的幅值，此外，回路中损耗也能使过电压降低，当回路电阻值达到一定数值时，就不会出现强烈的谐振现象。

上面仅讨论了基波铁磁谐振，事实上，在含有带铁心电感的振荡回路中，由于电感值不是常数，回路没有固定的自振频率。即使是简单的串联回路，只要参数配合恰当，谐振频率也可以是电源频率的整数倍（高次谐振波）或分数倍（分次谐振波）。

电力系统中的铁磁谐振过电压常发生在非全相运行状态中，其中电感可以是空载变压器或轻载变压器的激磁电感、消弧线圈的电感、电磁式电压互感器的电感等。电容为导线的对地电容、相间电容以及电感线圈对地的杂散电容等。由于涉及三相系统的不对称开断、断线、非线性元件特性，给分析铁磁谐振过电压带来一定的困难。

铁磁谐振一旦发生，危害极大，具体包括：

（1）可能出现幅值较高的过电压，破坏电气设备的绝缘。

（2）在非线性电感线圈中产生很大的过电流，引起线圈的危险温升，烧毁设备。

（3）可能影响过电压保护装置的工作条件。

（4）谐振会产生分频、高次等谐波分量，对系统造成谐波污染。

8.4　参数谐振过电压

本节包含参数谐振过电压的概念、参数谐振的特性、消除参数谐振过电压的方法。通过概念描述、要点分析，了解参数谐振的特性及消除参数谐振过电压的措施。

8.4.1　参数谐振过电压的概念

系统中某些电感元件的电感参数在某种情况下会发生周期性的变化，例如，发电机在转动时，电感的大小随着转子位置的不同而周期性地变化。当电机带有电容性负载，如一段空载线路，在某种参数搭配下，就有可能产生参数谐振现象。有时将这种现象称作发电机的自励磁或自激。

下面分析产生参数谐振的基本过程。

在正常运行时，水轮发电机（凸极机）的同步电抗在 $X_d = \omega L_d$ 和 $X_q = \omega L_q$ 之间周期性地变化（ $X_d = X_q$ ），且在每一个电周期 T 内电感值在 L_d 和 L_q 之间变化两个周期。当电机处于异步运行时，无论是水轮发电机还是汽轮发电机（隐极机），电抗将在一周期内在暂态电抗 X'_d 和 X_q 之间变化两个周期（ $X_q > X'_d$ ）。

为了定性分析参数谐振的发展过程，对电感参数的变化规律做一些理想化的假定：电感参数的变化是突变的，且有 $L_1 = kL_2$ ，其中 $k>1$ ，因此当电感为 L_1 和 L_3 ，电感变化的时间间隔恰好分别为其自振周期的 1/4。

$$\tau_1 = \frac{1}{4} T_1 \tag{8-4}$$

$$\tau_2 = \frac{1}{4} T_2 \tag{8-5}$$

下面以图为例，按自激发展过程分阶段说明，如图 8-2 所示。

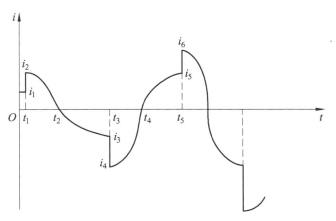

图 8-2　参数谐振的发展过程

1．$t < t_1$

设在 $t < t_1$ 时，电机绕组中流过电流为 i_1 ，该电流可以是在无励磁的情况下由剩磁产生的。

在 $t = t_1$ 时，电感参数由 L_1 突变到 L_2，由于和电感相交链的磁链 ψ 不能突变，绕组中的电流将从 i_1 突变到 i_2。此时电感中的储能从 W_1 突变到 W_2。

可见，电感从 L_1 突变到 L_2 时，线圈中的电流和磁能都增加为原来的 k 倍。能量的增加系来自使参数发生变化的机械能。

2. $t_1 < t < t_2$，$t_2 = t_1 + \tau_2$

当 $t > t_1$ 以后，由于外界无电源，也没有机械能输入（电感等于常数 L_2，没有改变），回路中出现以周期为 T_2 的自由振荡，电流按余弦规律变化，经过 $\tau_2 = T_2 / 4$ 时间以后从 i_2 降为零。这时电感中的全部磁能 kW_1 转化成电容 C 的电能 $Cu^2 / 2$，在电容上出现了电压。

在 $t = t_2 = t_1 + \tau_2$ 时，绕组的电感又从 L_2 突变到 L_1，但此时因电感中没有磁能，所以电感的变化不会引起磁能和电流的变化。

3. $t_2 < t < t_3$，$t_3 = t_2 + \tau_1$

当 $t > t_2$ 时，回路中又出现了周期为 T_1 的自由振荡，经过 $\tau_1 = T_1 / 4$ 时间电流达到幅值 i_3，这段时间内没有能量从外界输入，仅是电容 C 上的电能 kW_1 全部转变为磁能 $L_1 i_3^2 / 2$，所以有

$$\begin{cases} \dfrac{1}{2} L_1 i_3^2 = kW_1 = \dfrac{1}{2} kL_1 i_1^2 \\ i_3 = \sqrt{k} i_1 \end{cases} \tag{8-6}$$

在 $t = t_2$ 时，电感参数再一次由 L_1 突变为 L_2，根据磁链不变原理，电流又将发生突变。

$$\begin{cases} L_1 i_3 = L_2 i_4 \\ i_4 = k i_3 = k^{\frac{3}{2}} i_1 \end{cases} \tag{8-7}$$

对应的磁场能量为

$$W_4 = \frac{1}{2} L_2 i_4^2 = \frac{1}{2} L_1 k^2 i_1^2 = k^2 W_1 \tag{8-8}$$

如此循环，每经过 $\tau + \tau_2$ 时间，电流 i 增加 $\sqrt{k}$ 倍，如图 8-2 中 $i_5 = \sqrt{k} i_3 = \sqrt{k} i_1$、$i_6 = \sqrt{k} i_4 = k^2 i_1$……。经过电磁振荡，不断把机械能转化为电磁能，电感电流和电容电压越来越大，这就是参数谐振的发展过程。

由于回路中有损耗，只有参数变化时所引入的能量足以补偿回路中的损耗，才能保证谐振的发展。因此，对应于一定的回路电阻，有一定的自激范围。谐振发生后，理论上振幅趋向无穷大，而不像线性谐振那样受到回路电阻的限制。但实际上电感的饱和会使回路自动偏离谐振条件，使过电压得以限制。发电机投入电网运行前，设计部门要进行自激的校核，因此，一般正常情况下，参数谐振是不会发生的。

8.4.2 参数谐振的特性

（1）参数谐振所需的能量是由改变电感参数的原动机供给的，不需要单独电源。但是起

始时，回路需要某些起始的激发，如电机转子剩磁切割绕组而产生不大的感应电动势或电容中的残余电压，参数配合不当就可以使谐振得到发展。

（2）每次参数变化所引入的能量应该足够大，即要求电感量的变化幅值（$L_1 \sim L_2$）足够大，不仅可补偿谐振回路中电阻的损耗，而且使储能越积越大，保证谐振的发展。因此，对应一定的回路电阻有一定的自励磁范围。

（3）谐振发生以后，回路中的电流、电压值在理论上可趋于无穷大。当然，在实际中随着电流的增大，电感线圈达到磁饱和，电感迅速减小，回路自动偏离谐振条件，限制了谐振的发展，使自励磁过电压不能继续增大。

（4）当参数变化频率与振荡频率之比等于 2 时，谐振最易产生。

8.4.3　消除参数谐振过电压的方法

为了消除参数谐振过电压，可以采取下列措施：

（1）采用快速自动调节励磁装置，通常可消除同步自励磁。

（2）在超高压系统中常采用并联电抗组 X_L 补偿，补偿线路容抗 X_C，使之大于 X_d 和 X_q，使回路参数处于自励磁范围之外。

（3）临时在电机绕组中串入大电阻，以增大回路的阻尼电阻，使之大于可抑制参数谐振过电压的电阻值。

（4）在操作方式上尽可能使回路参数处于自励磁范围之外，如送空载线路，应在大容量系统侧进行，而不在孤立的电机侧进行；或增加投入发电机数量，使电源的 X_d 和 X_q 小于 X_C。

8.5　常见谐振过电压实例

本节包含操作过电压、工频过电压、谐振过电压实例，通过要点讲解、图例分析，了解过电压分析方法，掌握各种过电压电网中的影响和消除措施。

8.5.1　操作过电压实例

1. 事故原因

某钢厂的 35 kV 电炉变压器由于切空载变压器导致损坏，造成这次事故的原因是：控制电炉变压器操作的是一台真空断路器，由于真空断路器断弧能力强、时间短，其在操作时将电炉变压器的励磁电流突然截断，使回路电流变化率 $\mathrm{d}i/\mathrm{d}t$ 与在变压器绕组上产生的感应电压 $L\mathrm{d}i/\mathrm{d}t$ 均很大，从而形成了过电压。

2. 预防措施

（1）在断路器与变压器之间采用电缆连接，增加高压侧的对地电容电流来降低过电压。

（2）采用 SF_6 断路器取代真空断路器，以减小 $\mathrm{d}i/\mathrm{d}t$，从而降低操作过电压；使用油断路器或空气断路器产生的操作过电压也较低。

（3）低压侧安装 R、C 保护装置。

8.5.2 工频过电压实例

1. 事故现象

图 8-3 所示为某系统解列前后接线图和稳态电压分布图。

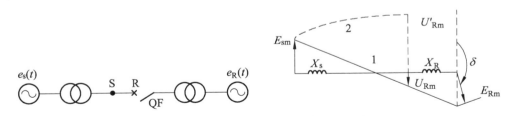

图 8-3 解列前后接线图以及稳态电压分布图

由图 8-3 可见，其为两端供电电源系统。由于系统失步，系统被迫解列，在拉开 220 kV 的断路器 QF 时，220 kV 的电压表指针突然打向满刻度，几秒钟后现象自动消失。

2. 原因分析

由于系统存在失步现象，在解列前瞬间断路器 QF 处于合闸状态，因两系统的电动势接近反相，$\delta \approx 180°$，此时沿线稳态工频电压分布如图 8-3（b）中曲线 1 所示。因 $\delta \approx 180°$，两电源的电动势接近反相，功率角使两端电压极性相反，解列点 R 处的电压为 $-U_{Rm}$。当 QF 开断时，系统解列，由于另一侧电源仍带空载线路，沿线电压分布呈余弦规律，线末电压 U'_{Rm} 最高，并与解列前的电压反极性，全线电压分布见图 8-3（b）中曲线 2。

因此，解列点的 220 kV 表计出现突然打向满刻度，并出现振荡现象，正是因解列点的电压由 $-U_{Rm}$ 过渡至 U_{Rm}，其振荡过程产生接近 3 倍的过电压，而断路器触头间的恢复电压可达 4 倍。造成过电压的主要因素是电网两端电动热功角差 δ，其次是架空线的电容效应。

3. 防止措施

（1）当系统失步运行时，采用自动装置控制断路器在两端电动势摆动，于定值范围内开断，从根源上限制解列过电压。

（2）采用金属氧化锌避雷器来限制解列过电压。

8.5.3 谐振过电压实例

某 220 kV 变电站一次系统接线图如图 8-4（a）所示。

1. 事故现象

正常运行时，2463 无进线断路器，由旁路断路器 2030 代进线开关运行，即供电方式由进线电源—进线旁路隔离开关 2463—旁母—旁路 2030 断路器—Ⅱ段母线—2201 断路器—1 号主变压器。在一次 220 kV 母线进行停电倒闸操作前，该站的 110 kV 负荷已转由 148 断路器供电，10 kV 负荷由主变压器低压侧 501 断路器供电，切除 1 号主变压器高压侧 2201 断路器后，10 kV 负荷转由 110 kV148 断路器供主变压器后再转供 10 kV 负荷。在切旁路断路器 2030 时，1 号主变压器的 220 kV 侧零序过电压保护动作。

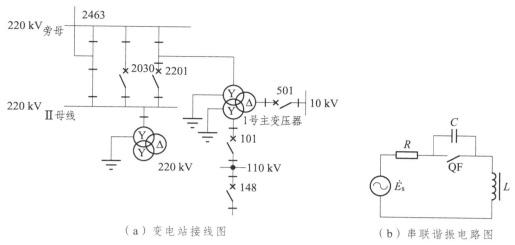

（a）变电站接线图　　　　（b）串联谐振电路图

图 8-4　220 kV 变电站接线图和串联谐振电路图

2. 事故分析

此事故是由于 2030 断路器的断口电容与 220 kV 的电压互感器发生串联谐振过电压，并在电压互感器的开口三角绕组上产生零序过电压。

图 8-4（b）为该 220 kV 变电站在切除 2030 旁路断路器时的简化电路图。设切除 2030 旁路断路器（QF）时刻为 0（即断路器在 $t = 0$ 时断开），电容 C 为 2030 旁路断路器的断口电容，L 为 220 kV 电压互感器的励磁电感，系统电势 $E_s = U_m \sin(\omega t + \varphi)$。现场对 2030 旁路断路器的断口电容进行测量，$C = 1\ 250$ pF，则 $X_C = 1/\omega C = 1/(314 \times 1250) = 2.548\ (M\Omega)$。

由制造厂家提供的励磁电抗 $X_L = 1.047\ M\Omega$，可以计算得到：$X_C / X_L = 2.548/1.047 = 2.44$，此值正好落在彼得逊谐振曲线的高频区域内。因此，可以判定这一事故为高次谐波谐振过电压。

3. 防止措施

（1）改变倒闸操作顺序。该变电站在对 220 kV 部分全停操作过程中，由于先拉开 2030 旁路断路器，后拉开 222TV 的隔离开关而造成高次谐波谐振过电压。为避免重复性事故，应做操作工作的反措施，即先拉开 222TV 的隔离开关，后切除 2030 旁路断路器，则消除产生谐振的条件，可有效防止高次谐波过电压的产生。

（2）改变系统参数。这里有三种方法可采用：

① 第一种方法是减小断路器的断口电容量 C，可采用小于 1 000 pF 的断口电容，或 X_L 小于 0.8 MΩ励磁电抗的电压互感器，这样使 $X_C / X_L \geqslant 2.8$ 以上，即可避开谐振区。

② 第二种方法是经过计算，如果拆除断路器的断口电容器不影响其在系统中的开断短路容量，便可拆除该断路器的断口电容。

③ 第三种方法是目前采用的电磁式电压互感器改为电容式电压互感器(只适用于新建)。

（3）并接电阻（或消谐器）法。在 TV 的开口三角绕组的两端并接一只电阻或消谐器，或在高压侧中性点加消谐器即可达到消谐的目的。

习 题

1. 引起工频电压升高的主要原因是什么？为什么在超高压电网中特别重视工频电压升高？

2. 试解释空载长线路的电感-电容效应现象。

3. 工频过电压对电力系统运行有什么影响？

4. 中性点接地方式对工频过电压有何影响？

5. 谐振过电压是如何产生的？

6. 谐振过电压有哪几种类型？

7. 谐振过电压对电力系统运行有什么危害？

8. 线性谐振过电压产生的原因是什么？如何限制线性谐振过电压？

9. 铁磁谐振过电压是如何产生的？铁磁谐振与线性谐振现象有什么不同？

10. 如何限制铁磁谐振过电压？

11. 某 500 kV 系统中，一台汽轮发电机和变压器带一条空载长线，发电机的阻抗 $X_d = 2\,270\,\Omega$，$X_d' = 282\,\Omega$，变压器漏抗 $X_L = 200\,\Omega$（以上均折合到 500 kV），线路长度 300 km，每相线路对地电容为 0.012 75 μF/km。

（1）估算发电机是否能产生自激过电压？

（2）若线路首端接一组 150 Mvar 的并联电抗器（$X_R = 1\,835\,\Omega$），校核能否防止自激？

12. 具有电磁型电压互感器的 10 kV 不接地系统在何种情况下会产生谐振过电压？防止措施有哪些？

13. 220 kV 系统采用电磁型电压互感器时在何种操作方式下会产生谐振过电压？如何防止？

第 9 章　高压电气设备绝缘在线检测与诊断

　　电气设备绝缘的基本任务是将设备不同电位的带电体之间及与大地可靠地隔离。绝缘材料是电气设备最主要的组成部分之一，是保证设备安全、可靠运行的决定因素。因此，绝缘材料的各种性能都应满足设备长期安全运行的要求。

　　电气设备绝缘按分子结构可分为气体、液体、固体绝缘三大类；按化学性质可分成有机绝缘和无机绝缘；按耐热性能可分为 7 个耐热等级；按所属设备又可分为电力电容器绝缘、电力电缆绝缘、高压绝缘子、高压套管绝缘、变压器绝缘和高压旋转电机绝缘等。

　　随着电力工业的迅速发展，远距离超高压输电的出现，电气设备绝缘成为电器制造及其安全运行最突出的问题。采用新型绝缘材料，设计优良的绝缘结构，使绝缘得到充分合理地利用，是保证电气设备安全、可靠运行的首要条件。因此，研究各种设备所用绝缘材料及其绝缘结构，是高电压技术的重要任务之一。

9.1　电气设备绝缘的状态维修

　　电气设备在运行过程中绝缘性能的好坏是决定其寿命的关键。从电气设备维修进步和发展看，众多国家已从停电预防性试验转为状态维修，这是因为现行绝缘预防性试验已存在问题，状态维修有很大的优越性。

9.1.1　现行绝缘预防性试验的不足

　　多年来，高压电气设备不仅在出厂前，应按有关标准进行严格而又合理的型式试验及例行试验，而且在投运前要进行交接试验，在运行过程中也要定期离线进行预防性试验。目前，预防性试验已经发展得比较完善，主要有：测量绝缘电阻、直流泄漏电流、直流耐压试验；测量介质损耗角正切值 $\tan\delta$、交流耐压试验、绝缘油试验等，根据不同的电气设备绝缘选择相关的绝缘预防性试验项目进行考核。这样做，为确保电气设备的安全曾发挥过较大的作用，直至现在仍然起着作用。

　　但是，近年来已发现：传统的绝缘预防性试验方法并非绝对可靠，存在着一定问题。例如一台 220 kV 的油纸绝缘电容式电流互感器，停电进行预防性试验，按规程加 10 kV 电压，测得其 $\tan\delta$ 为 1.4%，小于规程规定的指标 1.5%，但投运后就爆炸毁坏；一台 OY $110/\sqrt{3}$-0.006 耦合电容器，停电试验完全合格，但运行不到三个月就发生了爆炸事故；又如运行的金属氧化物避雷器，停电试验各项测量参数均未发现异常，此后运行三个月就发生了事故。类似这些情况很多，引起这些事故的原因也是多方面的，有的是由于试验参数选择不合理，有的是由于工作条件与预防性试验的条件大不相同，绝大部分电气设备的运行相电压（即工作电压）远高于其预防性试验电压。因此，当这些设备存在缺陷时，若施加很低的电压进行测试是不能发现问题的。也有的是试验周期较长，不能及时发现设备的隐患及绝缘变化的趋势，而导致事故的发生。

由此可知，传统的绝缘预防性试验方法存在着明显的不足，在运行电压下对高压电气设备绝缘进行在线检测将成为预防性试验的重要组成部分，它可以在很多方面弥补停电进行预防性试验的不足，并逐渐替代传统的预防性试验。

9.1.2 电气设备绝缘的状态维修

运行实践表明：电力系统的事故，其中很大部分是由电气设备的绝缘事故引起的。因此，世界各国都十分重视开展电气设备绝缘在线检测和诊断技术的开发和研究。

电气设备的维护大体经历了以下三种方式：故障维修、预防维修或定期检修、状态维修或预知维修。这是电气设备维修史上技术进步的标志。

研究如何根据电气设备的工作状态来确定维修工作的内容和时间，制定维修方案，这种维修方式称为状态维修或预知维修。目前，这种方式已在许多电力部门获得了较高的设备利用率和生产率，取得了较好的经济效益。

基于绝缘老化的状态维修是状态维修的主要内容，了解电气绝缘在各种应力及运行环境下的老化机理，找到能灵敏反映绝缘当前状况及其变化趋势的物理或逻辑参量，确定相应的测量方法，获得绝缘状态的重要信息，并从分析中拟定老化标准或判据。

显然，不同设备绝缘系统的检测量是不同的，例如：对电容型套管主要检测介电特性（介质损耗角正切 $\tan\delta$、电容量 C、泄漏电流 I）；对 MOA 主要检测全电流 I_x，阻性、容性电流（I_R、I_C）和功耗 P 等；对油浸电力变压器主要检测油中的特征气体 H_2、CO、CH_4、C_2H_2、C_2H_4、C_2H_6 的含量并识别故障类型；对有些绝缘主要检测局部放电并进行定位，分析放电对绝缘危害程度等。

绝缘状态维修的基础是电气绝缘的在线检测和诊断技术。既通过各种在线测量方法来正确诊断被试设备绝缘的目前状况，又根据其设备绝缘本身的特点及变化趋势等来确定能否继续运行或制订检修计划。

实现绝缘在线检测与诊断技术有以下优点：

（1）可以在电气设备的运行过程中及时发现绝缘缺陷和发展中的事故隐患，防患于未然。

（2）逐步替代传统的停电预防性试验，减少电气设备的停电时间，节省试验费用。

（3）对老旧设备或已知有缺陷、有怀疑的设备，采用在线检测可以随时检测其运行情况，一旦发现问题，能够及时退出运行，最大限度地利用这些设备的剩余寿命。事实上电气设备的寿命不取决于它运行的时间，而应由其绝缘实际状况决定能否继续使用，因而提出了"绝缘年龄"的概念。若绝缘寿命已尽，设备即退出运行。可以预料，状态维修的目标和发展趋势就是对设备绝缘寿命预测。

现代电气设备绝缘的在线检测和诊断技术的研究内容涉及绝缘故障机理、传感器与测量技术、数据采集、信号处理、数据库、专家系统、计算机、通信等技术领域。

必须指明的是：各传感器所采集的信号，既可能是电气参数，也可能是温度、压力、振动、噪声等非电参数。一些测量方法正在互相渗透，如色谱分析以前主要广泛应用于环境检测等方面，但用来检测油浸电力设备潜伏性故障后，发现它对检测局部过热、电弧放电的灵敏度远高于已采用的电气方法。还有将机械、化学、物理等方法综合用于电气绝缘的在线检测（见表 9-1），并利用现代智能诊断理论全面分析。

表 9-1　常用的电气绝缘的在线检测方法

设备名称	电气法	机械法	化学法	物理法	综合方法
发电机、电动机	局部放电（电荷量、地线电流法）	自振荡频率	红外光谱、色谱分析	微粒离子化法、电磁波法	局部放电及微粒离子化法
变压器、电抗器	局部放电（电荷量、地线电流法）	超声波、振荡加速度	色谱分析（单成分或多成分）		地线电流法及超声波法
金属氧化物避雷器（MOA）	阻性电流（基波、谐波）、功耗			湿度	湿度及阻性电流
GIS(SF$_6$及支撑绝缘子)	局部放电（电荷量、地线电流法）	超声波、振动加速度	气体色谱分析、变色法	电磁场、光测法、测气压	局部放电及测气压
交链聚乙烯电力电缆	直流泄漏、直流成分、局部放电量、$\tan\delta$法	超声波		湿度	直流成分法及$\tan\delta$法

毫无疑问，在检测中必须解决好检测项目和检测实现技术，这将是故障诊断的基础。在诊断方面，将神经网络理论、小波分析、专家系统用于其中，可对传统的按规程阈值越限判断以有力补充。

9.2　电容型设备绝缘在线检测

电容型电气设备是指全部或部分绝缘采用电容式绝缘结构的设备，包括电容式电流互感器、电容式电压互感器、高压电容式套管及耦合电容器等。其数量占发电厂、变电站设备台数的 40%～50%，是容易发生事故且停电预防性试验工作量大的设备。

对电容型设备进行绝缘在线检测，其绝缘检测参数的选择是非常重要的，从国内外的经验来看，介质损耗角正切值 $\tan\delta$ 法、电容值 C 和泄漏电流 I 是对设备绝缘缺陷反映较灵敏的测量参数。其中，$\tan\delta$ 是反映电容型设备绝缘状况的典型参数，因此，电容型设备的在线检测方法主要是指 $\tan\delta$ 的在线检测方法。

9.2.1　$\tan\delta$ 的测量原理分析

前面已对停电预防性试验中的介质损耗角正切的测量方法和影响因素做了详细分析，由于电气设备的 $\tan\delta$ 值一般很小，对测量的准确度要求很高，而 $\tan\delta$ 的在线检测比停电测的难度要大，从测量原理上多采用谐波分析法和过零相位比较法。

用谐波分析原理对 110 kV 变电站电容式套管进行在线检测和停电后加 10 kV 电压测量并将结果列于表 9-2 中。

表 9-2　电容式套管测量实例

设备名称 型号	相位	运行时测量		停电时加 10 kV 测量	
		C_x /pF	$\tan\delta_x$ /%	C_x /pF	$\tan\delta_x$ /%
变压器 （SFZ₇-31500/110）	U	234.4	0.542	233	0.40
	V	236.4	0.551	234	0.40
	W	326.6	1.629	237	0.80
电流互感器 （LCWB₆-110）	U	778.6	0.541	771	0.48
	V	750.2	0.502	748	0.47
	W	741.0	0.483	737	0.43

可以看出：除变压器 W 相数据外，对于绝缘良好的套管，运行高压下在线检测所得 C_x 与 $\tan\delta_x$ 与停电试验（加 10 kV）测得值比较接近。表中变压器 W 相套管的缺陷是在较高电压下被检测出来的，经查明：该套管在末屏向上一小段（向上第 6 屏）有放电痕迹，这充分表明在线检测更能发现绝缘缺陷，它比停电后加低压预防性试验更为有效和及时。

从表 9-2 及一些试运行的情况看，只要是良好的电容式套管，在线测得的电容量 C_x 与停电测量值间的相对误差不超过 ±2%，测得 $\tan\delta$ 值与停电测值在绝对值上的相差不超过 ±0.5%，也有的 $\tan\delta$ 测值的误差已不超过 ±0.3%。

9.2.2　影响 $\tan\delta$ 检测的主要因素

现场影响电容型设备 $\tan\delta$ 测量的因素很多，也比较复杂，以下从四个主要的方面进行讨论。

1. 运行中电压互感器（TV）角差变化的影响

在用 TV 提取标准电压信号的测量方法中，TV 低压侧和高压侧之间的相角差被认为是影响 $\tan\delta$ 测量精度的一个主要因素。由于 TV 低压侧和高压侧之间存在一个固有的相角差，这一角差与 TV 的铁心饱和程度有关，它是渐变的，可通过软件移动一个角度补偿。此外，TV 二次侧通常接有仪表，相当于 TV 的负载，它将在 TV 的二次侧和一次侧之间再叠加一个相角差，且随负载的变化而变化，这是难以确定的。由于绝缘良好的设备 $\tan\delta$ 在 0%～1.0%，对 0.2 级 TV 来说，角差变化范围为 ±10′，相当于介损 $\tan\delta$ 值变化约 ±0.29%，由此造成的测量误差几乎掩盖了设备绝缘的真实变化趋势，甚至使数据出现负值。工程测量 $\tan\delta$ 值精度到 ±0.1%，这就要求 TV 的角差变化范围在 3′ 以内。试验表明：只有 TV 的二次负载稳定的情况下能较正确地反映设备绝缘的变化。为解决这个问题，国内外也提出了修正方法或另辟新径的电压取样方法，如用光电式 TV，或用标准电容分压器组成更精确测试回路等方法，都取得了良好的效果。

2. 现场综合电磁场的干扰

变电站电气设备会受到邻相设备、母线、铁架等的电磁场干扰，负荷电流变化时会产生干扰磁场，负荷电流三相不平衡或阻抗不对称时会产生零序分量的干扰，这些干扰统称为综合电磁场干扰。尤其是相间电场干扰对测量的影响最大。

3. 电力系统中谐波分量的影响

如 110 kV 系统中电压总的谐波畸变率为 2.0%，奇次谐波电压含量为 1.6%，偶次谐波电压含量为 0.8%。实际系统中，影响 $\tan\delta$ 测量的主要因素是三次谐波，如果采用低通滤波器将三次谐波的含量限制在 1.0% 以内，则很容易将五次、七次谐波分别限制在 0.3% 和 0.1% 以内，此时谐波的影响就可以完全忽略不计。

4. 传感器角差的影响

不论采用何种测量方法，都需要用传感器将电容型设备的电流信号转换为电压信号。而任何传感器的输入和输出都是存在一定的相角差，并且这个相角差往往不是恒定的。因此，选择传感器时，必须根据实际的测量电流大小，最好使传感器工作于线性区域，这样其相角差就是恒定的，可以在软件处理中予以消除。

9.3　金属氧化物避雷器在线检测

金属氧化物避雷器（MOA）以其优异的非线性特性和大的通流能力而著称，它已作为过电压限制器广泛应用于电力系统。

在运行电压的作用下，MOA 中长期有工作电流通过，即通常所称的总的泄漏电流。一般认为，总泄漏电流包括阻性泄漏电流和容性泄漏电流，其中阻性泄漏电流是引起 MOA 劣化的主要原因。正常情况下，其大小仅占总泄漏电流的 10% ~ 20%，加之 MOA 的非线性、现场测量的干扰等因素，使准确在线检测阻性电流带来了一定的困难。比较有代表性的方法有：全电流（总泄漏电流）法、补偿法、谐波分析法。

9.3.1　全电流法

在电网电压不变的条件下，MOA 的容性泄漏电流基本不变，全电流的增加只能是阻性电流增加造成的，检测全电流的变化，亦即检测阻性电流的变化。这种方法简单、易行，无须进行任何处理。但是正常状况下，MOA 的容性电流远大于阻性电流，且两者基波又成 90° 相位差，即使阻性电流增加一倍，测出的全电流有效值或平均值也无大的变化。因此，这种方法检测的灵敏度很低，只有在严重受潮，老化或绝缘显著恶化的情况下才能表现出明显变化。

9.3.2　补偿法

电容电流补偿法是将施加在 MOA 两端的电压信号进行微分，得到一个与全电流中容性电流波形相同的补偿信号。将 MOA 的全电流信号经由电流传感器、放大器环节后，再与补偿电流信号分别送到差动放大器的同相和反相输入端，使全电流中的容性电流被抵消掉。补偿的过程就是将与 MOA 容性电流波形相同的补偿信号，经增益可调放大器自动反馈控制，得到与 MOA 的容性电流幅值相等的补偿电流信号的过程。经容性电流全补偿即全抵消处理就可得到阻性电流。

LCD-4 型泄漏电流检测仪就是基于这种原理设计的，其原理电路如图 9-1 所示。

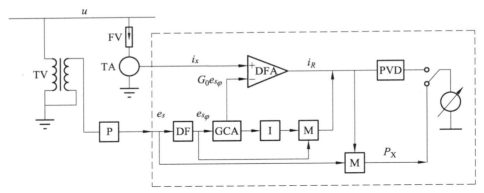

FV—MOA；TV—电压互感器；P—光电隔离器；DF—微分电路；GCA—增益控制放大器；
I—积分器；M—乘法器；TA—钳形电流互感器；DFA—差动放大器；PVD—峰值测量电路。

图 9-1 LCD-4 型泄漏电流检测仪原理接线

由图 9-1 可见，差动放大器（DFA）的两个输入端分别输入全电流 i_x 信号以及补偿电流信号 $G_0 e_{s\varphi}$，G_0 是放大器的增益，从被测相电压互感器 TV 的二次侧取样经光电隔离器 P 得到的信号 e_s，经过微分电路（DF），得到与容性电流波形相同的信号 $e_{s\varphi}$，再经增益控制放大器（GCA）放大得到 $G_0 e_{s\varphi}$，即 $G_0 \dfrac{\mathrm{d}u}{\mathrm{d}t}$，依靠自动调节电路达到平衡条件时，即可得到阻性电流。

$$\int_0^{2\pi} e_{s\varphi}(i_x - G_0 e_{s\varphi})\mathrm{d}\omega t = 0 \tag{9-1}$$

一般认为 LCD-4 仪器原理严谨，能对容性电流各次谐波分量进行补偿，可以得到阻性电流波形和峰值，并可以得到各次谐波电压产生的总功率。在实际应用中，由于实际情况比较复杂，还有一些因素是应充分考虑：

（1）现场相间耦合电容电流的干扰；

（2）MOA 中非线性电阻元件的交流伏安特性的滞回现象；

（3）系统中高次谐波影响的完全消除；

（4）TV 原副边发生较大相移的情况。

其他也有利用补偿法研制相应的仪器，并不同程度地考虑以上因素，从硬件、软件入手，使仪器不断完善，并用于电力系统中。

9.3.3 谐波分析法

基波法、三次谐波法以及各次谐波分析法统称以谐波分析为基础的方法检测 MOA 的阻性电流。

1. 基波法

这种分析法的主要依据是：在正弦电压作用下，MOA 的阻性电流中只有基波电流产生功耗，另外认为，无论谐波电压如何，阻性电流基波分量都是一个定值。因此，将全电流进行数字谐波分析，从中提取基波再分解为阻性电流和容性电流，由此得到阻性电流基波分量。根据阻性电流基波所占比例及其变化来判断 MOA 的工作状态。

测量原理如图 9-2 所示。电压信号经光电隔离进入电压跟随放大器 A$_2$，从 TA 取电流信号直接进入放大器 A$_1$，然后经 A/D 转换，将模拟信号转换为数字信号进入微型计算机分析处理，由显示窗显示或打印输出结果。

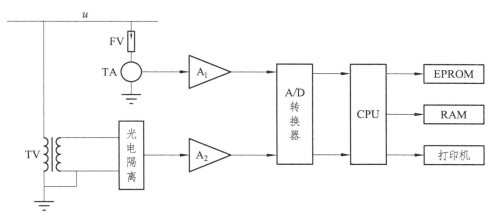

图 9-2　基波法检测阻性电流原理接线

基波法可以检测阻性电流基波分量的变化，但实际运行经验和实验结果表明，阻性电流高次谐波分量在一些情况下能灵敏地反映 MOA 的状态。而阻性电流高次谐波分量是受电网电压谐波影响的，因此必须研究在电网电压谐波影响下的阻性电流及高次谐波分量的变化，从这一角度看基波法也是存在缺陷的，需进一步改进和完善。

2. 三次谐波法

三次谐波法的原理是将 MOA 的全电流通过一个带通滤波器，滤出三次谐波分量，再经过放大器检出三次谐波分量的峰值。

在基波电压作用下，流过 MOA 中的电流也含有阻性电流三次谐波分量，测量 MOA 全电流中三次谐波电流的变化，也就是测量阻性电流三次谐波的变化，从而可以根据阻性电流三次谐波分量与阻性电流各次谐波分量之间的关系，达到检测 MOA 阻性电流变化的目的。

按这种方法制作的检测仪器主要由传感器、滤波电路组成，结构简单、现场测量简单易行，并免除测量对 TV 的依赖。但这种方法尚存在的问题有：

（1）不同的 MOA，$i_R = f(i_{R3})$ 的关系是不一样的；

（2）阻性电流三次谐波分量无法反映 MOA 的受潮及污秽状况，而潮气和污秽都是造成 MOA 故障的主要因素；

（3）电网电压有谐波成分时，三次谐波电压的存在将使 MOA 产生阻性电流三次谐波分量，如果不将它从检测结果中去掉，就会造成很大误差。

现已有对三次谐波法作改进的检测仪器，就是将检测的全电流三次谐波分量进行分解得到阻性电流三次谐波分量。

3. 各次谐波分析法

谐波法的具体原理：设系统运行电压为

$$u = \sum_{k=1}^{2n+1} U_k \sin(k\omega t + \phi_k) \tag{9-2}$$

$$i_x = \sum_{k=1}^{2n+1} I_{Xk} \sin(k\omega t + \phi_k) \tag{9-3}$$

$$i_x = i_C + i_R \tag{9-4}$$

并设

$$i_C = \sum_{k=1}^{2n+1} I_{Ck} \sin(k\omega t + \alpha_k) \tag{9-5}$$

由于

$$i_R = \sum_{k=1}^{2n+1} I_{Rk} \sin(k\omega t + \beta_k) \tag{9-6}$$

$$i_C = C\frac{\mathrm{d}u}{\mathrm{d}t} + u\frac{\mathrm{d}C}{\mathrm{d}t} \tag{9-7}$$

一般认为，在运行电压下，MOA 的电容变化很小，因此 $\dfrac{\mathrm{d}C}{\mathrm{d}t}=0$，将式（9-2）代入式（9-7），即有

$$i_C = C\frac{\mathrm{d}u}{\mathrm{d}t} = \sum_{k=1}^{2n+1} k\omega C U_k \cos(k\omega t + \phi_k) \tag{9-8}$$

若按如前所述补偿原理，其具体做法是将系统电压反相并前移 $\dfrac{\pi}{2}$，再乘以某一系数，作为补偿电流后与全电流相量相加，就得到了阻性电流，因此补偿电流为

$$i_m = m \sum_{k=1}^{2n+1} U_k \cos(k\omega t + \phi_k) \tag{9-9}$$

由式（9-9）可知，当 $m = k\omega C$ 时，得到阻性电流，因此补偿误差 Δi_C 为

$$\Delta i_C = i_C - i_m = \sum_{k=3}^{2n+1} (k-1)\omega C U_k \cos(k\omega t + \phi_k) \tag{9-10}$$

当系统电压中的高次谐波含量较大时，会给补偿法带来较大测量误差。为尽量减小因测量原理造成的误差，采用快速傅里叶变换（FFT）得到各次谐波，并认为 i_R 和 i_C 的同次谐波的相角差为 $\dfrac{\pi}{2}$，因此当 $k=1$ 时可以得到

$$I_{R1} = I_{X1} \cos(\theta_1 - \phi_1) \angle \phi_1 \tag{9-11}$$

$$I_{C1} = I_{X1} \sin(\theta_1 - \phi_1) \angle \left(\phi_1 + \frac{\pi}{2}\right) \tag{9-12}$$

基波电流相量分析如图 9-3 所示。同理，也可得到阻性电流和容性电流的各次谐波分量。可见这种方法是基波法和三次谐波法的综合。已有一些单位用谐波法制作仪器，但当电力系统中谐波分量较大时，常会遇到困难。例如某 500 kV 的 MOA，实际的 i_{R3} 为全电流的 4%，如该系统中三次谐波电压达 3%，则 I_{C3} 可能有 9%，这时测到全电流的三次谐波可能占全电流的 9% 以上，从而难以做出正确判断。

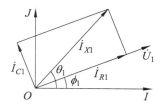

图 9-3　基波电流相量分析

谐波分析法仍建立在同次谐波电压与阻性电流是同相位的基础上，即仍未考虑 MOA 中非线性电阻元件的滞回特性，而将全电流减去容性电流各次谐波分量得到阻性电流，这才是合理的。

关于相间干扰的排除，限于篇幅，不再赘述。

9.4　电力系统绝缘配合

9.4.1　绝缘配合的概念和原则

1. 绝缘配合的定义

绝缘配合就是根据设备在电力系统中可能承受的各种电压，并综合考虑过电压的限制措施、设备的绝缘性能等因素来确定设备的绝缘水平，以便把作用于电气设备上的各种电压所引起的绝缘损坏降低到所能接受的经济运行水平。因此，电力系统绝缘配合的根本任务是：正确处理过电压和绝缘这一对矛盾，以达到优质、安全、经济供电的目的。

电力系统中绝缘配合的例子如下：
（1）架空线路与变电站之间的绝缘配合。
（2）同杆架设的双回线路之间的绝缘配合。
（3）电气设备内绝缘与外绝缘之间的绝缘配合。
（4）各种外绝缘之间的绝缘配合。
（5）各种保护装置之间的绝缘配合。
（6）被保护绝缘与保护装置之间的绝缘配合。

2. 绝缘配合的基本原则

绝缘配合的核心问题是确定各种电气设备的绝缘水平。绝缘水平是由长期最大工作电压、大气过电压及内过电压三因素中最严格的一个来决定的，它是绝缘设计的首要前提，往往以各种耐压试验所用的试验电压值来表示。由于不同电压等级系统中过电压情况不同，上述决定的考虑也是不同的。

在 220 kV 及以下系统中，要求把大气过电压限制到低于内过电压的数值是不经济的，一般由大气过电压来决定电气设备的绝缘水平。就是以避雷器残压为基础确定设备的绝缘水平，并保证输电线路有一定的耐雷水平。由于这样决定的绝缘水平在正常情况下能耐受操作过电压的作用，因此 220 kV 及以下系统一般不采用专门限制内部过电压的措施。

超高压电网的绝缘配合中，操作过电压起主导作用，故应采用专门限制内部过电压的措施。我国对超高压系统中内过电压保护原则为：主要通过改进断路器性能将操作过电压限制到一定水平，通过并联电抗器将工频过电压限制到一定水平，然后以避雷器作为内过电压的后备保护。由于内过电压出现的频率远远超过大气过电压的出现概率，这种配合方式可以使避雷器不致频繁动作，而且也可使内过电压被限制到一定水平。于是系统的绝缘水平仍以大气过电压下避雷器残压为基准来决定。

3. 绝缘水平与试验电压

所谓电气设备的绝缘水平，就是指该设备可以承受不发生闪络、击穿等损害的试验电压值。由于工频耐压值代表了绝缘对操作、雷电过电压总的耐受水平。对于 220 kV 及以下电压等级的电气设备，凡是能通过工频耐压试验，即可认为设备在运行中具有一定的可靠性。常采用 1 min 工频耐压试验代替雷电冲击与操作冲击耐压试验。对于超高压电气设备，考虑到操作波对绝缘的特殊性，还规定了操作冲击试验电压。

9.4.2　绝缘配合惯用法

1. 绝缘配合的方法

电力系统绝缘配合大致可分为以下三个阶段。

（1）多级配合（1940 年以前）。采用多级配合的原则是：价格越昂贵、修复越困难、损坏后果越严重的绝缘结构，其绝缘水平应越高。采用多级配合是由于当时所用的避雷器保护性能不够稳定和完善，因而不能把它的保护特性作为绝缘配合的基础。但是采用多级配合必然会把设备内绝缘水平抬得很高，这是特别不利的。

（2）两级配合（惯用法）。从 20 世纪 40 年代后期开始，越来越多的国家逐渐摒弃多级配合的概念而转为采用两级配合的原则，即以阀式避雷器的保护特性作为绝缘配合的基础，将它的保护水平乘上一个综合考虑各种影响因素和必要裕度的系数，就能确定绝缘应有的耐压水平。

（3）绝缘配合统计法。"统计法"规定出某一可以接受的绝缘故障率，容许冒一定的风险，用统计的观点及方法来处理绝缘配合问题，以获得优化的总经济指标。

2. 绝缘配合的惯用法

惯用法对自恢复绝缘和非自恢复绝缘都是适用的。除了在 330 kV 及以上的超高压线路绝缘的设计中采用统计法以外，惯用法是采用最广泛的绝缘配合方法。

惯用法是按作用在绝缘上的最大过电压和最小绝缘强度的概念进行配合的方法。即首先确定设备上可能出现的最危险过电压，然后根据运行经验乘上一定的裕度系数，从而确定绝缘应耐受的电压水平。但由于过电压幅值及绝缘强度都是随机变量，用惯用法选定绝缘常有较大裕度。

根据两级配合的原则，确定电气设备绝缘水平的基础是避雷器的保护水平，它就是避雷器上可能出现的最大电压，如果再考虑设备安装点与避雷器间的电气距离所引起的电压差值、绝缘老化所引起的电气强度下降、避雷器保护性能在运行中逐渐劣化、冲击电压下击穿电压的分散性、必要的安全裕度等因素而在保护水平上再乘以一个配合系数，即可得出应有的绝缘水平。

9.4.3　电气设备绝缘水平的确定

电气设备的绝缘水平与避雷器的性能、接线方式和保护配合原则有关。

1. 避雷器的保护水平

避雷器对电气设备的保护可以有两种方式：

（1）避雷器只用来保护大气过电压而不用来保护内部过电压。我国 220 kV 及以下电压等级的系统采用这种方式。也就是说，内过电压对正常绝缘无危险，避雷器在内过电压下不动作。

（2）避雷器主要用来保护大气过电压，但也用作内过电压的后备保护。即通过改进断路器性能将内过电压限制到一定水平，在内过电压作用下，避雷器一般不动作，只有在内过电压超过既定水平时，避雷器才动作，即作为后备保护作用。

2. 电气设备的绝缘水平的确定原则

工频耐压试验电压值确定程序如图 9-4 所示。

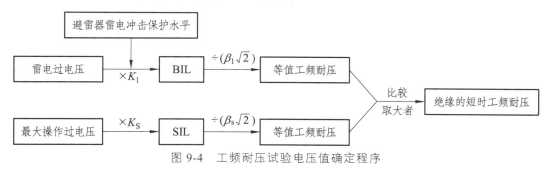

图 9-4　工频耐压试验电压值确定程序

（1）雷电过电压下的绝缘配合。电气设备在雷电过电压下的绝缘水平通常用它们的基本冲击绝缘水平（BIL）来表示。

$$BIL = K_1 U_{p(1)} \tag{9-13}$$

式中　$U_{p(1)}$ ——阀式避雷器在雷电过电压下的保护水平；

　　　　K_1——雷电过电压下的配合系数，K_1 取 1.25 ~ 1.4，在电气设备与避雷器相距很近时取 1.25，相距较远时取 1.4。

（2）操作过电压下的绝缘配合。在按内部过电压作绝缘配合时，通常不考虑谐振过电压，因为在系统设计和选择运行方式时均应设法避免谐振过电压的出现；此外，也不单独考虑工频电压升高，而把它的影响包括在最大长期工作电压内，这样一来，就归结为操作过电压下的绝缘配合了。

分两种情况来讨论：

① 对于 $1\,kV \leqslant U_m \leqslant 252\,kV$ 这一类变电站中的电气设备来说，其操作冲击绝缘水平（SIL）可按下式求得：

$$SIL = K_S K_0 U_{ph} \tag{9-14}$$

式中　　K_S——操作过电压下的配合系数；

　　　　K_0——操作过电压计算倍数。

② 对于 $U_m > 252\,kV$ 这一类变电站的电气设备来说，其操作冲击绝缘水平按下式计算：

$$SIL = K_S U_{pS} \tag{9-15}$$

其中，操作过电压下的配合系数 $K_S = 1.15 \sim 1.25$。

（3）工频绝缘水平的确定。为了检验电气设备绝缘是否达到了以上所确定的 BIL 和 SIL，就需要进行雷电冲击和操作冲击耐压试验。它们对试验设备和测试技术提出了很高的要求。对于 330 kV 及以上的超高压电气设备来说，这样的试验是完全必需的，但对于 220 kV 及以下的高压电气设备来说，应该设法用比较简单的高压试验去等效地检验绝缘耐受雷电冲击电压和操作冲击电压的能力。对高压电气设备普遍施行的工频耐压试验实际上就包含着这方面的要求和作用。

短时工频耐压试验所采用的试验电压值往往要比额定相电压高出数倍，它的目的和作用是代替雷电冲击和操作冲击耐压试验，等效地检验绝缘在这两类过电压下的电气强度。

凡是合格通过工频耐压试验的设备，绝缘在雷电和操作过电压作用下均能可靠地运行。为了更加可靠和直观，IEC 标准规定：

① 对于 300 kV 以下的电气设备。

a. 绝缘在工频工作电压、暂时过电压和操作过电压下的性能用短时（1 min）工频耐压试验来检验。

b. 绝缘在雷电过电压下的性能用雷电冲击耐压试验来检验。

② 对于 300 kV 及以上的电气设备。

a. 绝缘在操作过电压下的性能用操作冲击耐压试验来检验。

b. 绝缘在雷电过电压下的性能用雷电冲击耐压试验来检验。

（4）长时间工频高压试验。当内绝缘的老化和外绝缘的污染对绝缘在工频工作电压和过电压下的性能有影响时，尚需做长时间工频高压试验。由于试验目的不同，长时间工频高压试验时所加的试验电压值和加压时间均与短时工频耐压试验不同。

我国国家标准对各种电压等级电气设备以耐压值表示的绝缘水平做了说明，见表 9-3 和表 9-4 所列要求。

表 9-3　国家标准

系统标称电压/kV	设备最高电压/kV	设备类别	雷电冲击耐受电压/kV 相对地	相间	断口 断路器	隔离开关	短时（1 min）工频耐受电压（有效值）/kV 相对地	相间	断口 断路器	隔离开关
3	3.6	变压器	40	40	—	—	20	20	—	—
		开关	40	40	40	46	25	25	25	27
6	7.2	变压器	60（40）	60（40）	—	—	25（20）	25（20）	—	—
		开关	60（40）	60（40）	60	70	30（20）	30（20）	30	34
10	12	变压器	75（60）	75（60）	—	—	35（28）	35（28）	—	—
		开关	75（60）	75（60）	75（60）	85（70）	42（28）	42（28）	42（28）	49（35）
15	18	变压器	105	105	—	—	45	45	—	—
		开关	105	105	115	—	46	46	56	—
20	24	变压器	125（95）	125（95）	—	—	55（50）	55（50）	—	—
		开关	125	125	125	145	65	65	65	79
35	40.5	变压器	185/200	185/200	—	—	80/85	80/85	—	—
		开关	185	185	185	215	95	95	95	118
66	72.5	变压器	350	350	—	—	150	150	—	—
		开关	325	325	325	375	155	155	155	197
110	126	变压器	450/480	450/480	—	—	185/200	185/200	—	—
		开关	450、550	450、550	450、550	450、550	200、230	200、230	200、230	225、265
220	252	变压器	850、950	850、950	—	—	360、395	360、395	—	—
		开关	850、950	850、950	850、950	950、1 050	360、395	360、395	360、395	410、460

注：　①　分子、分母数据分别对应外绝缘和内绝缘。
　　　②　括号内、外数据分别对应是和非低电阻接地系统。
　　　③　开关类设备将设备最高电压称作"额定电压"。

表 9-4　330～500 kV 电气设备选用的耐受电压

系统标称电压/kV	设备最高电压/kV	雷电冲击耐受电压/kV 相对地	端口	操作冲击耐受电压/kV 相对地	相间	端口	短时（1 min）工频耐受电压（有效值）/kV 相对地	端口
330	363	1 050	1 050＋205	850	1 300	850＋295	460	520
		1 175	1 175＋205	950	1 425		510	580
500	550	1 425	1 425＋315	1 050	1 675	1 050＋450	630	790
		1 550	1 550＋315	1 175	1 800		680	790

9.4.4 中性点接地方式

1. 中性点接地方式的类型

电力系统中性点接地方式是一个涉及面很广的综合性技术课题，它对电力系统的供电可靠性、过电压与绝缘配合、继电保护、通信干扰、系统稳定等方面都有很大的影响。

电力系统中性点接地方式分为非有效接地和有效接地两大类：一类是有效接地系统，即中性点直接接地系统，包括中性点直接接地和中性点经低阻抗接地；另一类是中性点非有效接地系统，包括中性点不接地、中性点经消弧线圈接地以及中性点经电阻接地。

1）中性点不接地系统

中性点不接地系统发生单相接地时，非故障相电压升高了 $\sqrt{3}$ 倍，即非故障相对地电压升高为线电压。但此时三相线电压不变（仍然对称），故对电力系统的正常工作没有影响，系统仍可带故障运行一段时间（通常为 2 h），可由运行人员排除故障。由于非故障相电压升高为线电压，就要求系统中的各种电气设备的绝缘必须按线电压设计。但在电压等级较高的系统中，绝缘费用比较高，降低绝缘水平带来的经济效益比较显著，因此一般不采用中性点不接地方式，只有在电压等级较低的系统中，一般采用中性点不接地方式以提高系统的供电可靠性。

2）中性点经消弧线圈接地

中性点不接地系统发生单相接地故障时，接地点处的接地电流为正常时一相电容电流的 3 倍。系统的运行经验表明，对于 10 kV 及以下电力网的接地电流不超过 30 A，35 kV 等级电力网接地电流不超过 10 A，接地电弧通常可以自行熄灭。当 10 kV 电网接地电流超过 30 A，35 kV 电网超过 10 A 时，可能在接地点处产生间歇性电弧或稳定燃烧的电弧。在间歇性电弧的作用下会造成电弧过电压，从而造成两相两点，甚至多点接地故障。因此，当 3～10 kV 电网电容电流大于 30 A、35 kV 系统电容电流大于 10 A 时，应采用中性点经消弧线圈接地或电阻接地方式。

3）中性点直接接地系统

中性点不接地系统在发生单相接地故障时，相间电压不变，依然对称，系统可继续运行 2 h，所以供电可靠性高，但非故障相电压升高 $\sqrt{3}$ 倍，显然不适于高压电网中。因而我国在 110 kV 及以上系统中广泛采用中性点直接接地方式。

中性点直接接地方式是将变压器中性点与大地直接连接，强迫中性点保持地电位，正常运行时，中性点无电流流过。单相接地时构成单相短路，接地回路通过单相短路电流，各相之间电压不再对称。为了防止大的短路电流损坏设备，必须迅速切除接地相甚至三相，因而供电可靠性较低。为了提高供电可靠性，可采用装设自动重合闸装置等措施。

中性点直接接地的另一缺点是单相短路对邻近通信线路有电磁干扰。

采用中性点直接接地方式的系统，对线路绝缘水平的要求较低，可按相电压设计绝缘，因而能显著地降低绝缘造价。

2. 中性点接地方式对绝缘水平的影响

在这两类接地方式不同的电网中，过电压水平和绝缘水平都有很大的差别。

1）最大长期工作电压

在非有效接地系统中，由于单相接地故障时并不需要立即跳闸，而可以继续带故障运行一段时间，这时健全相上的工作电压升高到线电压，再考虑最大工作电压可比额定电压 U_N 高 10%～15%，可见其最大长期工作电压为 1.1～1.15 U_N。在有效接地系统中，最大长期工作电压仅为 1.1～1.15 $U_N/\sqrt{3}$。

2）雷电过电压

实际作用到绝缘上的雷电过电压幅值取决于避雷器的保护水平。由于避雷器的灭弧电压是按最大长期工作电压选定的，因而有效接地系统中所用避雷器的灭弧电压约比同一电压等级、中性点为非有效接地系统中的避雷器低 20%。

3）内部过电压

在有效接地系统中，内部过电压是在相电压的基础上产生和发展的，而在非有效接地系统中，则有可能在线电压的基础上发生和发展，因而前者要比后者低 20%～30%。

综上所述，中性点有效接地系统的绝缘水平可比非有效接地系统低 20%左右，但降低绝缘水平的经济效益大小与系统的电压等级有很大的关系。

3. 不同电压等级电网采取不同中性点接地方式

1）中性点直接接地

在 110 kV 及以上的系统中，绝缘费用在总建设费用中所占比重较大，因而采用有效接地方式以降低系统绝缘水平在经济上好处很大。110 kV 及 220 kV 系统中变压器中性点直接或经低阻抗接地，部分变压器中性点也可不接地。330 kV 及 500 kV 系统中不允许变压器中性点不接地运行。

2）中性点不接地和中性点经消弧线圈接地

在 66 kV 及以下的系统中，绝缘费用所占比重不大，降低绝缘水平在经济上的好处不明显，因而供电可靠性上升为首要考虑因素，所以一般均采用中性点非有效接地方式。3～10 kV 不直接连接发电机的系统和 35 kV、66 kV 系统，当单相接地故障电容电流不超过下列数值时，应采用不接地方式；当超过下列数值又需在接地故障条件下运行时，应采用消弧线圈接地方式：

（1）3～10 kV 钢筋混凝土或金属杆塔的架空线路构成的系统和所有 35 kV、66 kV 系统为 10 A。

（2）3～10 kV 非钢筋混凝土或非金属杆塔的架空线路构成的系统，当电压为 3 kV 和 6 kV 时，电流为 30 A；电压为 10 kV 时，电流为 20 A。

（3）3～10 kV 电缆线路构成的系统，电流为 30 A。

3）中性点经电阻接地方式

6～35 kV 配电网往往发展很快，采用电缆的比重也不断增加，且运行方式经常变化，给消弧线圈的调谐带来困难，并易引发多相短路。故近年来 6～35 kV 主要由电缆线路构成的送、配电系统，单相接地故障电容电流较大时，不再像过去那样一律采用中性点非有效接地的方式，可采用低电阻接地方式。低电阻接地属于有效接地系统，是为了获得快速选择性继电保护所需的足够电流，发生单相接地故障时立即跳闸，一般采用接地故障电流为 100 ~ 1 000 A。

9.4.5　架空线路的绝缘配合

1. 每串绝缘子个数的确定

线路绝缘子串应满足三方面的要求：在工作电压下不发生污闪；在操作过电压下不发生湿闪；具有足够的雷电冲击绝缘水平，能保证线路的耐雷水平与雷击跳闸率满足规定要求。确定绝缘子串的片数具体做法如下。

1）按工作电压所要求的泄漏距离选择串中片数

线路的闪络率与该线路的爬电比距密切相关，根据线路所在地区的污秽等级来选定绝缘子片数，就能保证必要的运行可靠性。

设每片绝缘子的几何爬电距离为 L_0（cm），即可按爬电比距的定义得

$$\lambda = \frac{nK_e L_0}{U_m} \tag{9-16}$$

式中　n——绝缘子片数；

U_m——系统最高工作电压有效值；

K_e——绝缘子爬电距离有效系数。

为了避免污闪事故，所需的绝缘子片数应为

$$n_1 \geqslant \frac{\lambda U_m}{K_e L_0} \tag{9-17}$$

2）按内部过电压进行验算，要求线路绝缘能耐受一定的内部过电压

绝缘子串在操作过电压的作用下，也不应发生湿闪。在没有完整的绝缘子串在操作波下的湿闪电压数据的情况下，只能近似地用绝缘子串的工频湿闪电压来代替。

设此时应有的绝缘子片数为 n_2'，则由 n_2' 片组成的绝缘子串的工频湿闪电压幅值为

$$U_W = 1.1 K_0 U_{ph} \tag{9-18}$$

式中　K_0——操作过电压倍数；

U_{ph}——电网相电压；

1.1——综合考虑各种影响因素和必要裕度的一个综合修正系数。

只要知道各种类型绝缘子串的工频湿闪电压与其片数的关系，就可以利用式（9-18）求得应有的 n_2' 值。

再考虑需增加的零值绝缘子片数 n_0 后，最后得出的操作过电压所要求的片数为

$$n_2 = n_2' + n_0 \tag{9-19}$$

我国规定预留的零值绝缘子片数如表 9-5 所示。

表 9-5　零值绝缘子片数

额定电压/kV	220～330		330～500	
绝缘子串类型	悬垂串	耐张串	悬垂串	耐张串
n_0	1	2	2	3

如果已掌握该绝缘子串在正极性操作冲击波下的 50% 放电电压与片数的关系，也可以用下面的方法来求出此时应有的片数 n_2' 和 n_2。

该绝缘子串应具有下式所示的 50% 操作冲击放电电压。

$$U_{50\%(S)} \geqslant K_S U_S \qquad (9\text{-}20)$$

式中　U_S——对于范围 I（ 3.6 kV $\leqslant U_m \leqslant$ 252 kV，U_m 为系统最高电压），它等于 $K_0 U_{ph}$；对于范围 II（ $U_m >$ 252 kV），它应为合空线、单相重合闸、三相重合闸这三种操作过电压中的最大者；

　　K_S——绝缘子串操作过电压配合系数，对于范围 I，取 1.17，对于范围 II，取 1.25。

3）按雷电过电压校验线路的耐雷水平和雷击跳闸率

按上面所得的 n_1 和 n_2 中较大的片数，校验线路的耐雷水平和雷击跳闸率是否符合有关规程的规定。

雷电过电压方面的要求在绝缘子片数选择中的作用一般不大，这是由于线路的耐雷性能取决于各种防雷措施的综合效果，影响因素很多。

即使验算的结果表明不能满足线路耐雷性能方面的要求，一般也不再增加绝缘子片数，而是采用诸如降低杆塔接地电阻等其他措施来解决。

2. 线路空气间隙距离的确定

输电线路的绝缘水平不仅取决于绝缘子的片数，同时也取决于线路上各种空气间隙的极间距离——空气间距，而且后者对线路建设费用的影响远远超过前者。

输电线路上的空气间隙包括以下四点：

（1）导线对地面：在选择其空气间距时，主要考虑地面车辆和行人等的安全通过、地面电场强度及静电感应等问题。

（2）导线之间：应考虑相间过电压的作用、相邻导线在大风中因不同步摆动或舞动而相互靠近等问题。导线与塔身之间的距离也决定着导线之间的空气间距。

（3）导、地线之间：按雷击于挡距中央避雷线上时不致引起导、地线间气隙击穿这一条件来选定。

（4）导线与杆塔之间：为了使绝缘子串和空气间隙的绝缘能力都得到充分发挥，显然应使气隙的击穿电压与绝缘子串的闪络电压大致相等。但在具体实施时，会遇到风力使绝缘子串发生偏斜等不利因素。

就塔头空气间隙上可能出现的电压幅值来看，一般是雷电过电压最高，操作过电压次之，工频工作电压最低；但从电压作用时间来看，情况正好相反。

由于工作电压长期作用在导线上，所以在计算它的风偏角 θ_0 时，应取该线路所在地区的

最大设计风速 v_{max}。操作过电压持续时间较短，通常在计算其风偏角 θ_S 时，取计算风速等于 $0.5 v_{max}$，雷电过电压持续时间最短，而且强风与雷击点同在一处出现的概率极小，因此通常取其计算风速等于 10 ~ 15 m/s。三种情况下的净空气间距的确定方法如下。

1）工作电压确定风偏后的净间距 S_0

S_0 的工频击穿电压幅值：

$$U_e = K_1 U_{ph} \tag{9-21}$$

式中　U_e——工频击穿电压幅值；

K_1——综合考虑工频电压升高、气象条件、必要的安全裕度等因素的空气间隙工频配合系数。

2）操作过电压要求确定风偏后的净间距 S_S

要求 S_S 的正极性操作冲击波下的50%击穿电压为

$$U_{50\%(S)} = K_2 U_S = K_2 K_0 U_{ph} \tag{9-22}$$

式中　U_S——计算用最大操作过电压；

K_2——空气间隙操作配合系数，对于范围Ⅰ，取 1.03；对于范围Ⅱ，取 1.1。

在缺乏空气间隙50%操作冲击击穿电压的实验数据时，也可采取先估算出等值的工频击穿电压 U_e，然后求取应有的空气间距的方法。

由于长气隙在不利的操作冲击波形下的击穿电压显著低于其工频击穿电压，其折算系数 $\beta_S < 1$，如再计入分散性较大等不利因素，可取 $\beta_S = 0.82$，即

$$U_e = \frac{U_{50\%(S)}}{\beta_S} \tag{9-23}$$

3）按雷电过电压所要求的净间距 S_1

通常取 S_1 的50%雷电冲击电压 $U_{50\%(1)}$ 等于绝缘子串的50%雷电冲击闪络电压 U_{CFO} 的85%，即

$$U_{50\%(1)} = U_{CFO} \tag{9-24}$$

其目的是减少绝缘子串的沿面闪络，减少釉面受损的可能性。求得以上的净间距后，即可确定绝缘子串处于垂直状态时对杆塔应有的水平距离。

$$L_0 = S_0 + l \sin \theta_0$$
$$L_S = S_S + l \sin \theta_S$$
$$L_1 = S_1 + l \sin \theta_1 \tag{9-25}$$

式中　l——绝缘子串长度。

最后，选三者中最大的一个，就得出了导线与杆塔之间的水平距离 L。表 9-6 列出了各级电压线路所需的净间距值。当海拔高度超过 1 000 m 时，应按有关规定对净间距值进行校正；对于发电厂、变电站，各个 S 值应再增加10%的裕度，以保证安全。

表 9-6　各级电压线路所需的净间距值

系统标称电压/kV	20	35	66	110	220	330	500
雷电过电压间隙/cm	35	45	65	100	190	230（260）	330（370）
操作过电压间隙/cm	12	25	50	70	145	195	270
工频电压间隙/cm	5	10	20	25	55	90	130
悬垂绝缘子串的绝缘子个数	2	3	5	7	13	17（19）	25（28）

注：① 绝缘子形式一般为 XP 型；330 kV、500 kV 括号外为 XP3 型。
　　② 绝缘子适用于 0 级污秽。污秽地区绝缘加强时，间隙一般仍用表中的数值。
　　③ 330 kV、500 kV 括号内雷电过电压间隙与括号内绝缘子个数相对应，适用于发电厂、变电站进线保护段杆塔。

9.4.6　电气设备试验电压的确定

1. 内绝缘的冲击试验电压

内绝缘的冲击试验电压是与避雷器的残压相配合的。全波试验电压值是当线路远处落雷时，冲击波沿输电线路向变电站传播。由于冲击电晕的作用，变压器上电压波形的振荡不明显，故有工频激磁的变压器的全波冲击试验电压 U 可按下式决定：

$$U = 1.1(1.1U_B + 15) \tag{9-26}$$

式中　U_B——避雷器 5 kA 残压。

避雷器 5 kA 残压乘以 1.1 是考虑避雷器与变压器间的振荡，15 是考虑避雷器连线及接地电阻上压降的影响。括号外的 1.1 叫作累积系数。

2. 外绝缘的冲击试验电压

外绝缘的累积效应很小，但受大气条件的影响较大。考虑到一般电器及变压器使用在海拔 1 000 m 及以下，取空气密度修正系数为 0.925，湿度修正系数为 0.91，二者乘积为 0.84，所以外绝缘的全波试验电压 U_{WQ} 为

$$U_{WQ} = \frac{1.1U_B + 15}{0.84} \tag{9-27}$$

外绝缘的截波试验电压 U_{WJ} 为

$$U_{WJ} = \frac{1.25(1.1U_B + 15)}{0.84} \tag{9-28}$$

3. 内绝缘的工频试验电压

工频试验电压按内部过电压水平计算为 $K_0 U_{xg}$，内绝缘承受的内部过电压的强度与承受的 1 min 工频电压强度之比 β_2 为 1.3～1.35。考虑到累计效应，内绝缘的 1 min 工频试验电压有效值为

$$U_{NG} = \frac{1.1}{1.3 \sim 1.35} k_0 U_{xg} \tag{9-29}$$

变压器的内绝缘还应按大气过电压来校验。若冲击试验电压除以内绝缘的冲击系数 β_1 后高于式（9-29）的值时，则应按较高的值选定工频试验电压。

习　题

1. 什么是绝缘水平？
2. 试说明绝缘配合的基本原则。
3. 何为绝缘配合？
4. 说明绝缘配合统计法的特点。
5. 说明绝缘配合惯用法的特点。
6. 说明避雷器性能对电气设备绝缘水平的影响。
7. 说明确定电气设备绝缘水平的基本原则。
8. 我国电力系统中性点接地方式有哪些类型？各有何特点？
9. 为什么消弧线圈一般采取过补偿？
10. 说明线路绝缘子片数确定的基本步骤。
11. 说明线路空气间隙距离确定的基本步骤。
12. 说明内绝缘的冲击试验电压确定原则。
13. 说明外绝缘的冲击试验电压确定原则。
14. 说明内绝缘的工频试验电压确定原则。

第 10 章　牵引供变电系统

10.1　牵引变电所主要设备

10.1.1　高压互感器

高压互感器有两大类：电压互感器和电流互感器。

电压互感器一次侧接在电网相线之间或者电网相线与中性线之间，二次侧接电压表或功率表、电度表的电压线圈以及继电器或自动装置的电压线圈，用以测量电压。电流互感器一次侧串接在线路中，二次侧接电流表或有关仪表、继电器或自动装置的电流线圈，用以测量线路中的电流。

互感器具有扩张量程、隔离高电压、使电气仪表和继电器标准化等作用。

电网电压很高，工作电流经常很大，而电气仪表和继电器只有在低电压和较小电流下才有好的技术经济性能，因此常用互感器将电信号变小，以达到扩张量程的目的。电网电压及电流虽然多种多样，但电气仪表和继电器的额定电压及电流绝大多数可以做成互感器二次侧额定的电压或电流，这样就给这类产品的生产带来了很大的经济性。此外，互感器的一次侧和二次侧在电气上相互绝缘，二次侧电压很低，可以较好地保证二次系统设备和操作人员的安全。

220 ~ 330 kV 电流互感器一般为户外柱式安装，大多采用干式、油浸式、FS_6 气体绝缘式；当与 GIS 组合电器配合使用时，采用干式并集成于 GIS 气室内，当与 HGIS（高压开关设备）组合电器配合使用时采用套管式。27.5 kV 及 2×27.5 kV 电流互感器根据设备布置特点，其选型有较大区别，与户内 GIS 柜配合使用时采用干式，户外布置时多采用油浸式单体安装或采用 F 式与断路器同支架安装。

220 ~ 330 kV 电压互感器一般为户外柱式安装，大多采用油浸电磁式和电容分压式。27.5 kV 及 2×27.5 kV 电压互感器根据设备布置的特点，其选型有较大区别，户内安装时采用干式，户外布置时多采用油浸电磁式或干式。

10.1.2　2×27.5 kV 馈线侧组合电器柜

AT（自耦变压器）牵引供电方式 2×27.5 kV 侧除了能够采用分散设备全户外布置方式外，还可以采用 GIS 开关柜和空气绝缘开关设备（AIS）室内布置两种方式。

GIS 开关柜把断路器、隔离开关（电动或手动）、母线、电压互感器、电流互感器、接线端子等单体设备全部集成在一个 600 mm 宽的金属封闭柜子里，充以一定气压的 FS_6 绝缘气体，如图 10-1 和图 10-2 所示。AIS 开关柜将断路器、电压互感器、隔离开关、所用变压器等设备装在由金属隔板隔成的柜子里，成为各个独立的功能单元。AIS 可用手车移出，设备外绝缘采用空气绝缘，母线置于柜顶或柜底，柜子宽度通常为 800 mm 或 1 200 mm。

图 10-1 42×27.5 kV 户内 GIS 柜   图 10-2 2×27.5 kV 户内 GIS 柜内部构造

除价格较高外，GIS 与 AIS 开关柜在占地面积、施工、运行、免维护及可靠性等各方面都有着较大的优势。与 AIS 相比，GIS 体积更小，维护工作量更少，设备技术水平更高。随着生产及技术国产化，其成本逐渐降低，使用也在日渐推广。

10.2 牵引变电所向接触网的供电方式

牵引变电所向接触网的供电方式，主要是根据牵引变电所的分布情况、供电长度、线路情况以及供电的可靠性而定。通常牵引变电所向牵引网供电有单边供电和双边供电两种方式。

10.2.1 单边供电

将两个牵引变电所之间的接触网分成两个供电分区，每一个供电分区只能从一端的牵引变电所获得电能，此方式称之为单边供电，如图 10-3 所示。

图 10-3 单边供电示意图

单边供电时，当某一供电分区接触网发生故障，只影响本供电分区，而不影响相邻供电分区的正常供电，从而故障范围缩小，而且，单边供电方式的牵引变电所馈电线保护装置也比较简单。目前，各国此方法采用较多，我国单线电气化铁路全部采用单边供电。

10.2.2　上下行并联供电

在复线电气化区段，采用较多的是单边上、下行并联供电方式。在相邻两牵引变电所之间的供电分区分界点设置分区所（具有断路器），分别将两个供电分区上、下行接触网并联，使每个供电分区实现并联供电，如图 10-4 所示。

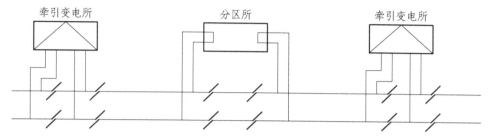

图 10-4　上下行并联供电示意图

这种供电方式的优点是，它能均衡上下行供电臂的电流，降低接触网损耗，提高供电水平，在有轻重车方向和线路有较大坡度情况下，效果更为显著。我国复线电气化铁路大多采用这种供电方式。若复线上、下行牵引网实现分开的单边供电，则由于上、下行列车负荷不同，致使上、下行接触网之间将出现较大电压差，并联运行可有效避免这种现象。

10.2.3　双边供电

在相邻两个牵引变电所之间的接触网中央断开处设置断路器，需要时将断路器闭合，则相邻牵引变电所间的供电分区可同时从两侧牵引变电所获取电能，这种供电方式称之为双边供电，如图 10-5 所示。当断路器断开时，即成为单边供电。设断路器的处所称为分区亭。

图 10-5　双边供电示意图

双边供电均衡了负荷，可以提高接触网的电压，使整个供电范围内接触网电压水平有较大提高，并降低接触网中的电能损耗。但双边供电一旦某处发生故障时，影响范围大，会波及两个供电分区。另外，当牵引变电所电源侧线路发生故障时，低压侧向高压侧有反馈，会造成继电保护设置困难。双边供电的两变电所的电源频率必须一致，电压尽量相等，还必须考虑双边供电以后对三相电力系统的影响。由于不同国家的电网结构和管理模式不同，采用单边供电还是双边供电也主要取决于各国国情。我国高速铁路的牵引供电系统一直采用单边供电方式，双边供电方式在我国实际工程中没有得到应用，但在国外，如俄罗斯的高速铁路就采用了双边供电方式。

当某一牵引变电所发生严重故障或需要停电检修时，该变电所负担的供电臂通过闭合分区亭的开关，由两侧相邻的牵引变电所临时供电，这种供电方式称为越区供电。越区供电时，相邻变电所的供电范围扩大，严重影响供电质量，一般不被允许，只是在保证客运和重点列车正点运行等情况下采用，作为避免中断行车的一种临时措施。

10.3 接触网的防雷

接触网是牵引供电系统的主要构成部分，大部分暴露在自然环境中，且无备用系统，因此一旦遭雷击形成永久性故障，将造成供电区段的停运。根据规范，只有强雷区接触网才架设独立的避雷线，但我国高速铁路接触网一般处于多雷区，接触网需设置避雷线，防止遭受雷击引起损坏。

我国高速铁路的主要供电方式有 AT 供电和带回流线的直接供电，雷击承力索（接触线）、正馈线都会导致绝缘子对地闪络。当沿线接地电阻不能满足要求时，雷击保护线、正馈线还会导致反击，进而引发供电系统故障。

近年来，接触网因遭雷击而引发牵引供电系统故障的案例时有发生（见图 10-6）。例如，2011 年 7 月 10 日，京沪高铁滕州至枣庄段因暴雨雷电天气致使供电系统故障，进而损伤接触网，迫使京沪高铁陷入短暂瘫痪。2013 年 5 月 27 日，京广高铁郴州西至乐昌东区段接触网遭遇雷击，致使多趟列车不同程度晚点。2016 年 6 月 1 日，宁安高铁池州段接触网遭雷击失火，并引发部分高铁接触网燃烧，事故造成宁安高铁部分列车停运或延误。

图 10-6　雷击高铁概念图

雷击让高铁接触网最薄弱之处暴露无遗，为了保证高铁运行的安全性和可靠性，必须要采取有效的防雷措施。

10.3.1　接触网雷害类型

接触网系统常见的雷害类型主要有直击雷过电压和感应雷过电压两种。其中，直击雷过电压主要是雷闪击回流线等接地部分和雷击承力索或接触线等高压部分而产生的过电压。感应雷过电压指的是雷闪击接触网附近地面后产生的过电压。

当雷电直接击中接触网支柱或回流线时，雷电流通过支柱内部钢筋或接地引下线流入大地。由于支柱接地电阻以及钢筋和引下线的阻抗作用，雷击点的电位会提升，绝缘子两端电位差会增大，当电位差超出绝缘子冲击放电电压时，绝缘子就会发生闪络，引起跳闸。

当雷电直接击中接触线或承力索时，接触线与承力索在波阻抗和雷电流的作用下，电位上升，绝缘子两端电压差增大，如图 10-7 所示。雷击接触网或承力索产生的直击雷过电压幅值与雷电流幅值成正比，即雷击过电压约为 100 倍的雷电流幅值，有可能产生几十到几百万伏特的过电压，这足以造成绝缘子闪络，引起跳闸。这两种情况分别称为雷电绕击和雷电直击。

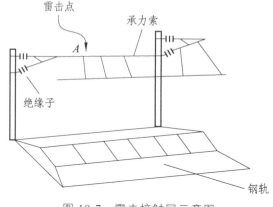

图 10-7　雷击接触网示意图

当雷电击中接触网附近地面时，由于电磁感应，在导线或回流线上产生较高的感应电压，当该电压超过绝缘子的 $U_{50\%}$ 闪络电压时，将导致绝缘子闪络，引起跳闸。

10.3.2　接触网防雷体系

不同的国家和地区都有自己的接触网防雷体系。由于地质、气候、供电系统结构等差异，我国的防雷体系不能完全套用德国、日本等高速铁路发达国家的防雷标准。因此，有必要在参考国外高速铁路牵引供电系统防雷手段的同时，结合我国高铁的具体情况，探索出一套适合我国高速铁路牵引供电系统的防雷体系。

1. 日本防雷体系

日本有着特殊的地理条件和气象条件，在电气化铁路防雷设计中，根据雷击频度和线路重要程度，将国土防雷等级划分为 A、B、C 区域，并制定了相应的防雷措施。A 区为雷害严重且重要线路，需进行全面防雷保护，全线架设避雷线。B 区为雷害比较严重且重要线路，需对雷害场所、重点设备进行必要的防雷保护，在特别需要的场所沿接触网架设避雷线。A、B 区避雷器设置在牵引变电所出口、接触网隔离开关两侧、架空线与电缆连接处及架空线终端。C 区为 A、B 区以外的区域，避雷器设置在牵引变电所出口、接触网隔离开关两侧及架空线与电缆连接处。

2. 德国防雷体系

德国的高速铁路（ICE）通达全国各地。德国铁路实际测量结果表明，接触网每百公里每年可能遭受一次雷击。因此，在接触网的防雷设计中，未考虑直击雷防护，仅采用避雷器来限制感应雷击过电压。由于欧洲国家雷击次数少，因此，采用自动重合闸的手段完全能够满足可靠供电的要求，故欧洲国家铁路防雷措施较为简单。

3. 我国国内防雷体系

根据雷电日的数量，我国将雷击区域分为 4 个等级：年平均雷电日在 20 d 及以下地区为少雷区，年平均雷电日在 20 d 以上、40 d 及以下地区为多雷区，年平均雷电日在 40 d 以上、60 d 及以下地区为高雷区，年平均雷电日在 60 d 以上地区为强雷区。

高速铁路牵引网绝大部分没有直击雷防护措施，即在线路上无避雷线和避雷针。但是在线路的一些关键部位装设了避雷器，如在隧道口两端、变电所入口、长大桥两端。

隧道内部的绝缘相对较弱，接触网与隧道壁距离较近，容易出现雷击造成隧道壁放电现象。因此为防止外部过电压的侵入，在隧道出、入口两端各装设一套避雷器。

高速铁路在跨越河流和山谷等区域时，往往采用高架桥方式，高架桥上接触网支柱皆通过桥墩中的接地引下线和内部钢筋结构接地，接地电阻难以达到规程要求。因此在大桥两端装设避雷器，用以防止雷击高架桥上接触悬挂系统产生的过电压造成绝缘闪络。

10.3.3 接触网防雷措施

牵引供电系统的接触网防雷较单一地以避雷器为主，在变电所出口、锚段关节、长大隧道口、长大桥梁均装设了避雷器，但整体效果并不好，而且在运行过程中避雷器爆炸的情况时有发生，严重时将导致永久性停电。为了做好接触网的防雷工作，还应尝试其他的防雷措施。

1. 架设避雷线

避雷线主要用于保护架空线路免受雷电直击。它由悬挂在被保护物上空的接地线、接地引下线和接地体三部分组成。避雷线通过其屏蔽作用不仅可以减少雷电直击导线的概率，还可以降低雷电感应过电压的幅值。架设避雷线是一种较为有效的线路防雷措施，在电力系统中有多年的运行经验，可以安装在承力索上方或者支柱上方。

架设避雷线除防护直击雷之外，还可以对雷电流进行分流，以减少流入杆塔的雷电流，使塔顶电位下降。同时还能对导线耦合，降低导线上的感应过电压，对输电线路可以起到很好的防雷保护。

避雷线安装示意图如图 10-8 所示。

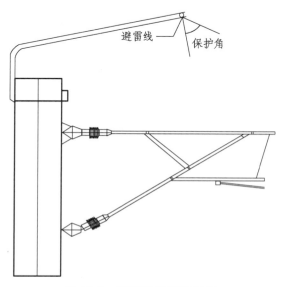

图 10-8　避雷线安装示意图

将避雷线安装在杆塔顶部，对地高度较正馈线高出 2 ~ 2.5 m（直供方式时对地高度较接触线高出 1.5 ~ 2 m），并与地线相连接，与支柱钢筋连在一起。通过支柱底部的接地孔接地，以保证雷击过电压及时通过接地引下线泄漏至大地中，从而有效防止直击雷。

避雷线除了要在保护范围内具有引雷作用外，还要求避雷器的泄流通道（回路）的阻抗（包括引流线电抗和接地电阻）很小，这也是保护的必要条件。因为在雷电直击避雷线时，很高的引流线电抗和接地电阻可能产生很高的电压，引起避雷线在空气中、绝缘物或地面上对被保护物反击。我国电力行业标准《交流电气装置的过电压保护和绝缘配合》（DL/T 620—1997）中规定，避雷线保护范围内可遭受雷击概率为 1‰，即保护范围可靠率可达 999‰。保护范围是指被保护物遭受雷击的概率在可接受值之内的空间。

避雷线一般用于输电线路的直击雷防护，也可用于保护发电厂和变电所。保护范围的长度与线路等长，而且两端还有其保护的半个圆锥体空间。常用保护角的大小来表示其对导线的保护程度。保护角是指避雷线和边导线的连线与经过避雷线的垂直线之间的夹角。雷击导线的概率随保护角的减小而降低，所以按线路重要程度的不同，通常在 15° ~ 30°之间选不同的保护角。

单根避雷线在水平面上每侧保护范围（见图 10-9）的宽度可由下式确定：

当 $h_x \geqslant h/2$ 时：

$$r_x = 0.47(h - h_x)p \tag{10-1}$$

当 $h_x < h/2$ 时：

$$r_x = (h - 1.53h_x)p \tag{10-2}$$

式中　h——避雷器高度，m；

　　　h_x——被保护物高度，m；

　　　r_x——保护范围，m；

　　　p——高度修正系数。

当 $h \leqslant 30$ m 时：

$$p = 1 \tag{10-3}$$

当 30 m$< h \leqslant 120$ m 时：

$$p = 5.5/\sqrt{h} \tag{10-4}$$

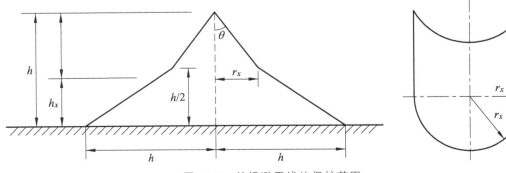

图 10-9　单根避雷线的保护范围

双根避雷线的外侧保护范围按单线的计算方法确定（见图 10-10）。两线之间各横截面的保护范围，应由通过两避雷线点及保护范围上部边缘最低点 O 的圆弧确定。O 点的高度如下式计算：

$h \leqslant 30$ m 时：

$$h_0 = h - D/4 \qquad\qquad (10\text{-}5)$$

$h > 30$ m 时：

$$h_0 = h - D/4p \qquad\qquad (10\text{-}6)$$

式中　D——两线间距离，m；

　　　h_0——两避雷器线间保护范围边缘的最低点高度，m。

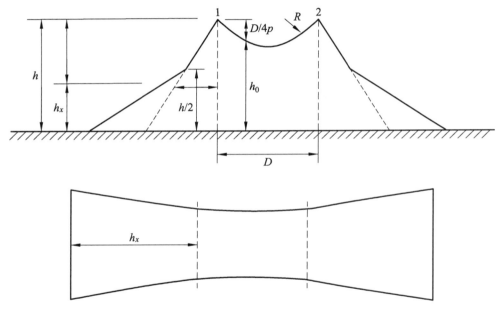

图 10-10　双根平行等高避雷线的保护范围

2. 安装并联间隙

并联间隙防雷，是一种"疏导型"的防雷保护措施，和传统防雷保护方式不一样。"疏导型"防雷保护是指允许线路有一定的雷击跳闸率，雷击引起线路绝缘闪络后，采取措施引导工频续流电弧飘离绝缘子串燃烧。虽有雷击闪络，但无永久性故障，提高了重合闸成功的概率。

并联间隙是在绝缘子串旁并联一对金属电极（又称招弧角或引弧角），构成保护间隙，通常保护间隙的距离小于绝缘子串的串长，如图 10-11 所示。并联间隙防雷保护装置应具有引导雷电放电、转移疏导工频电弧和均匀工频电场 3 种功能，这与组成并联间隙招弧角的形状和尺寸有很大关系。

图 10-11　并联间隙

当架空线路遭受雷击时，并联间隙因冲击放电电压低于绝缘子串的放电电压，故首先放电，随后产生工频短路电弧。短路电弧在电动力和热浮力的作用下，向远离绝缘子串的方向运动，最后稳定在并联间隙端部进行燃烧，直至跳闸熄灭。由于电弧被拉向远离绝缘子串的方向，从而避免了其对绝缘子串的灼烧，有效地保护了绝缘子串不受损伤。

另一方面，高压架空线路上由于绝缘子的工频闪络如污闪、湿闪、冰闪等造成的事故也很多，给电力系统带来的损害也很严重。因此，安装并联间隙的另一个优点是当绝缘子发生闪络时，能够有效地将绝缘子表面的工频电弧拉到远处燃烧，有效地保护绝缘子。

这种防雷方法的缺点是，在绝缘子串上大量安装了并联防雷保护间隙，线路在雷电过电压下的绝缘水平会不可避免地降低，耐雷水平也会降低，线路耐雷水平的降低往往会导致雷击跳闸率的升高。

在实际运用中，引弧并联间隙作为一种线路防雷保护方式，应起到以下作用：正常运行时，能改善绝缘子电压分布；能在可靠定位雷电放电路径的同时，具有尽可能高的雷电放电电压；能定位、疏导工频电弧，保护绝缘子和导线免受工频电弧的灼烧；引弧并联间隙的气隙距离一般取绝缘子串长度的 70% ~ 95%。

并联间隙结构简单、成本低，应用并联间隙保护与不采取措施情况相比，雷击跳闸率会略有增加，但可降低接触网运行维护工作量，适宜差异化特殊选用。

3. 增设避雷器

避雷器能够通过其非线性伏安特性限制绝缘子两端的电压，使绝缘子不发生闪络，并抑制工频续流，防止线路因雷击跳闸。在有雷击发生时，只要避雷器的冲击放电电压小于绝缘子的冲击放电电压，避雷器就会动作，以避免变电所馈线断路器跳闸。同时，由于避雷器动作后吸收了雷电能量，绝缘子支柱等受到的冲击电压仅为避雷器的残压，提高了耐雷水平，避雷器防护效果好，但成本略高。

目前，接触网常用的避雷器为带脱离器的氧化锌避雷器，采用无间隙金属氧化物避雷器，阈值（42 kV）小于接触网绝缘子的耐压值（270 kV 以上）。当雷击时，避雷器先动作，泄放雷电流，可有效切除工频续流。

　　雷电击中接触网时，如果产生的电压大于避雷器的放电电压，避雷器会立即将雷电流释放出来，并在工频电压下表现出高电阻，截断工频续流，避免绝缘子出现闪络，使接触网持续稳定地工作下去。将线路避雷器安装在支柱上，可以有效降低雷击跳闸率。

　　按照接触网跳闸率的相关规定要求，雷击跳闸率的控制标准为 0.83。为了保证防雷效果，要尽量密集地安装避雷器，按照一个锚段设置一个避雷器的标准进行设置，可以将雷击跳闸率控制在 0.452 左右，符合规定要求。但是由于避雷器经过长期使用会出现老化，安装过于密集并不科学，为了保证避雷效果，只需要将线路避雷器安装在雷击相对集中的地方。

　　虽然设置避雷器对提高接触网的耐雷水平有一定作用，但必须认识到接触网安装避雷器的不足之处和其在整个牵引供电系统防雷保护作用的局限性。接触网上安装的避雷器保护范围有限，只能防止其保护范围内的接触网绝缘闪络、电动车组车顶保护电器动作。接触网用氧化锌避雷器（见图 10-12）大都采用带串联间隙的结构，其复合绝缘子长度短，污秽条件下的工频电压耐受能力低，可能会增加污闪事故率。如大密度安装避雷器，则每年的预防试验和维修工作量极大，维修费用也将大大增加。

图 10-12　氧化锌避雷器

　　综上所述，接触网上安装避雷器的保护距离和发挥的作用有限，只能作为牵引供电系统防雷措施的一种补充。由于雷击发生的时间、地点以及雷击强度的随机性，对雷击的防范难度很大，要达到完全阻止或避免雷击事故的发生是不可能的，只能将雷电灾害程度尽量降低，尽可能降低被保护的接触网和牵引变电设备遭受雷击损害的风险。

　　4. 使用合成绝缘子

　　接触网受到雷击后，会出现重合闸失败的情况。究其原因，主要是因为工频续流电弧被灼烧后出现破损、炸裂，无法自动恢复线路绝缘性，导致重合闸失败。为了避免绝缘子被烧毁，首先要疏导工频电弧，避免电弧在绝缘子的表面燃烧；其次，使用避雷器和避雷线来避免工频电弧和线路闪络建立；除此以外还要注意提高绝缘子的抗灼烧能力。

当前输配电线路中的绝缘子主要使用合成硅橡胶绝缘子（见图 10-13）和玻璃绝缘子两种。在抵御灼烧能力方面，合成绝缘子具有明显的优势，当合成绝缘子被工频电弧灼烧时，喷出的气体有吹弧效果，会使电弧从绝缘子的表面离开。此外，在局部受热的情况下，硅橡胶材料不会马上炸裂，有助于恢复绝缘。在经过灼烧后，合成绝缘子伞群不会脱落，并且具有良好的绝缘效果，线路达到了重合闸的效果。而瓷绝缘子如果被灼烧，绝缘就会失效，线路重合闸就会失败。

图 10-13　合成硅橡胶绝缘子

虽然合成绝缘子有良好的抗灼烧能力，但工频电弧仍会破坏合成绝缘子。经灼烧后硅橡胶材料成分会产生变化，一些容易分解的物质受热后会挥发，致使绝缘子的憎水性和抗污性降低。在以后的运行过程中，灼烧部分很有可能出现老化脱落情况，严重影响线路运行的安全。

综合以上分析可以看出，合成绝缘子虽然可以提升线路重合闸成功的概率，但不能根本性解决线路防雷问题。因此，要使用其他防护措施对其进行补充。

5. 接地防雷

接触网的防雷接地应充分利用铁路的综合接地，并且《高速铁路设计规范》（TB 10621—2014）规定：牵引网中的防雷接地装置在贯通地线上的接入点与其他设备在贯通地线的接入点间距不应小于 15 m。可见，牵引供电系统的防雷接地与铁路工程的综合接地系统间有着密不可分的关系。

防雷设备的接地装置是用来向大地引泄雷电流的。接地装置的效果和作用可以用它的冲击接地电阻值来代表。冲击接地电阻是在冲击电流或雷电流沿着接地线入地时呈现的电阻，是接地装置对地电位的峰值与入地电流的比值。冲击接地电阻是一个瞬间值冲击接地电阻，无法在现场进行测试，一般使用工频接地电阻来规定杆塔的接地电阻。

降低接地电阻可以有效地提高线路的耐雷水平，当接触网的支柱形式、尺寸与绝缘子形式和数量确定后，影响接触网反击耐雷水平的主要因素则是杆塔接地电阻的电阻值。当分别取接地电阻值为 7 Ω、15 Ω、30 Ω、50 Ω时，耐雷水平见表 10-1。

表 10-1 耐雷水平

接地电阻/Ω	7	15	30	50
耐雷水平/kV	43.27	26.4	15.2	9.73
耐雷水平概率 P_1/%	32.1	50.1	67.2	77.5
相对危险系数	1	1.56	2.09	2.41

表中，相对危险系数是指在该接地电阻条件下的耐雷水平概率与 7 Ω接地电阻时的耐雷水平概率之比。

缩短接地间距，增加接地数量可以提高接触网耐雷水平。按常规做法接触网采用钢筋混凝土支柱不做接地极，回流线每隔 1~2 km 与钢轨流线圈中性点连接。在接地电阻值为 10 Ω，接触网钢柱采用 30 Ω 的接地装置的情况下，其耐雷水平为 23.2 kV。如果接地电阻值为 10 Ω 不变，将接地间距缩短，耐雷水平见表 10-2。

表 10-2 接地间距不同时的耐雷水平

接地电阻/Ω	60	120	240	480	1 000
耐雷水平/kV	31.5	27.2	24.9	23.85	23.2
耐雷水平概率 P_1/%	43.9	49.1	52.1	53.6	54.5
相对危险系数	1	1.1	1.18	1.22	1.24

10.4 接触网的接地

10.4.1 接地分类

接触网的接地按其作用可分为工作接地和保护接地，如图 10-14 所示。

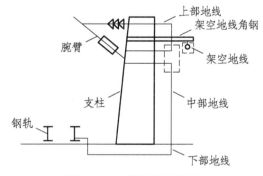

图 10-14 接触网的接地

工作接地是出于设备运行的需要而进行的接地。其中，接触网支柱宜利用回流线和保护线作为闪络保护地线的集中接地方式。当成排支柱不悬挂回流线和保护线时，可增设架空地线实现集中接地。零散的接触网支柱宜单独设接地极接地（有信号轨道电路区段），或通过接地线直接接钢轨（无信号轨道电路区段）。与回流线或保护线连接的吸上线在有信号轨道电路区段，可直接接扼流变压器线圈中性点，在无信号轨道电路区段，也需要通过接扼流变压器线圈中性点后接钢轨。设有综合接地系统的高速铁路，回流线或保护线可采用非绝缘架设。

保护接地是指电力设备的金属外壳、钢柱及混凝土支柱等，由于绝缘损坏有可能带电，为了防止这种电压危及人身安全而设的接地，如接触网支柱的接地等。接地原则：对于距离接触网带电体 5 m 以内的金属结构物都需要进行安全接地，可单独设接地极或纳入综合接地系统。开关、避雷器、吸流变压器等设备的底座应单独设接地极。接触网钢柱可通过架空地线或单独设接地极。架空地线下锚处及长度超过 1 000 m 的锚段中间应单独设接地极。对于避雷器等设备双接地的情况，一端要接入回流线或保护线，另一端要接入接地极。当独立供电线支柱成排出现时，一些支柱要设置专门的接地。

10.4.2　接地装置

接地装置由接地体和接地线两部分构成。埋入地中并直接与大地接触的金属物体，称为接地体或接地极；而由若干接地体在大地中相互连接而构成的总体，称为接地网；连接接触网设备、支柱、支持结构的接地螺栓与接地体的金属导线，称为接地线。

接触网设备及其邻近物接地装置的接地电阻值不应大于表 10-3 中所规定的数值。

表 10-3　接触网设备及其邻近物体接地装置的接地电阻值

类　别	接地电阻值/Ω
开关、避雷器、吸流变压器 架空线路	10
零散的接触网支柱 距接触网带电体 5 m 以内的金属结构	30
避雷线	10

接地体通常采用直径 50 mm、长 2~2.5 m 的钢管，或采用截面为 50 mm×50 mm×5 m、长 2.5 m 的角钢，端部削尖，打入地中。接地线一般采用圆钢，埋入地下的接地线直径应不小于 12 mm，露出地面的接地线直径应不小于 10 mm。接地线按其布置方式又可分为外引式和环路式两种。外引式是将接地体引出户外某处集中埋于地下，环路式则是将接地体围绕电气设备或建筑物四周打入地中。接地体上端应露出沟底 100~200 mm，以便于接地线可靠焊接。

远离铁路线路的供电线、捷接线等，如不能利用钢轨作为自然接地体，应按照规定设置人工接地装置。所有接地装置的接地线均应有可靠的电气连接。

10.4.3　综合接地

随着高速铁路的快速发展，采用的电子设备增多，接地装置的数量和种类也大大增加。如果单设地线，会严重影响线路的稳定性，并且各独立接地体的电位差也会对电气设备造成伤害，所以高速铁路逐渐将接触网接地纳入综合接地系统。

综合接地系统是将铁路沿线的牵引供电回流系统、电力供电系统、信号系统、通信及其电子信息系统、控制系统、铁路护栏、声屏障、隧道桥梁的金属结构、建筑物基础等众多需要接地的设备和系统，通过贯通地线连成一体的接地系统，用于解决各设备和系统之间的电势差问题，可有效降低钢轨电位，保证人身、设备安全。

对于接入安全接地系统的金属体，在任何情况下接触电压都应符合表 10-4 中的要求。

表 10-4　接触网设备及其邻近物体接地装置的接地电阻值

系统运行状态	接触电压允许值/V	轨道电位/V
正常运行状态下（$t>300$ s）	60	120
正常运行状态下（$t=300$ s）	65	130
正常运行状态下（$t=100$ s）	785	1 684

根据上述接触电压控制原则，一般由供电计算确定支柱是否全部直接纳入综合接地系统，上、下行保护线是否需要并联以及并联的间隔距离是多少，然后由接触网专业负责实施。通过考虑各类电气设备的安全接地和工作接地，钢轨和保护线每隔约 1 km 与综合接地线相连接，能有效减少不同系统之间由于接地网问题而引起的干扰。

路基区段接触网支柱基础均直接纳入综合接地系统时，一般是利用综合地线在每个支柱基础处预留的接地端子与支柱预留孔进行连接。

桥梁区段贯通地线铺设在两侧的通信信号电缆槽内，接地极充分利用桥墩基础设置。接触网基础为桥梁预留基础，预留上下两块定位钢板；接触网预留基础锚栓与下部预留定位钢板焊接后，与桥梁梁体内的纵向接地钢筋连接，接入综合接地系统。

隧道地段需要纳入综合接地范围的设施有：所有接触网钢结构，如吊柱、下锚底座、锚臂、支架等隧道内钢筋结构。接触网基础采用预留槽道方式时，隧道施工需直接将槽道与二次衬砌内的环向或纵向接地钢筋焊接，纳入综合接地系统。接触网基础采用后植锚栓时，隧道施工应预留接地端子，此接地端子与二次衬砌的环向或纵向接地钢筋焊接，纳入综合接地系统；站后施工时将吊柱与此接地端子连接，纳入综合接地系统。

当正线为无砟轨道区段或线间有客车上水设施等金属物时，在线间敷设一根热浸镀锌扁钢，将线间接触网基础的接地端子等电位连接，无砟轨道板及相关金属设施的接地均可就近与扁钢连接。

习　题

1. 悬挂在轨道上方沿轨道敷设并和铁路轨顶保持一定距离的输电网称为（　　）。

　　A. 馈电线　　　　　B. 钢轨回路　　　　C. 回流线　　　　　D. 接触网

2. 目前单相工频 25 kV 牵引网供电方式不包括（　　）。

　　A. 混合供电方式　　　　　　　　B. 自耦变压器供电方式

　　C. 直供加回流供电方式　　　　　D. 同相供电方式

3. 三相牵引变电所中,变压器 A 侧有两端分别接入接触网的两个相邻供电区段。把这两个供电区段连在一起须使用(　　　)。

    A. 隔离开关　　　　　　　　　　B. 分区亭

    C. 分段绝缘器　　　　　　　　　D. 分相绝缘器

4. 牵引变电所内不包括的变压器类型有(　　　)。

    A. 牵引变压器　　　　　　　　　B. 所用变压器

    C. 动力变压器　　　　　　　　　D. 升压变压器

5. 牵引变电所的主体部分是(　　　)。

    A. 变压器　　　　B. 断路器　　　　C. 母线　　　　D. 电气主接线

6. 电流互感器又称为(　　　)。

    A. 仪用变压器　　B. 保护设备　　C. 补偿设备　　D. 仪用变流器

7. 把电能汇聚在一起后进行重新分配的导线称为(　　　)。

    A. 回流线　　　　B. 馈线　　　　C. 接地线　　　　D. 母线

8. 牵引供电系统主要有三大组成,下列(　　　)不属于组成之一。

    A. 接触网　　　　　　　　　　　B. 外部电源

    C. 数据采集与监视控制系统　　　D. 牵引变电所

9. 由于交通运输的重要性,所有轨道交通的牵引供电都属于电力部门供电的(　　　)。

    A. 二级负荷　　　　　　　　　　B. 重要负荷

    C. 三级负荷　　　　　　　　　　D. 一级负荷

10. 电力牵引的制式是指供电系统向电动车辆或电力机车所采用的(　　　)。

    A. 电流和频率制式　　　　　　　B. 频率和相位制式

    C. 电压和电流制式　　　　　　　D. 电压和频率制式

11. 当前世界各国干线电气化铁路应用较普遍的牵引供电制式是(　　　)。

    A. 工频单相交流制　　　　　　　B. 工频三相交流制

    C. 低频单相交流制　　　　　　　D. 直流制

附　录

附录 A　一球接地时，标准球隙放电电压表

附表 A-1　球隙的工频交流、负极性冲击、正或负极性直流放电电压（kV，峰值）

$t = 20\ ^\circ\text{C}$，$P = 1.013 \times 10^5\ \text{Pa}$

间隙距离/cm	球直径/cm												间隙距离/cm
	2	5	6.25	10	12.5	15	25	50	75	100	150	200	
					(195)	(209)	244	263	265	266	266	266	10
						(219)	261	286	290	292	292	292	11
						(229)	275	309	315	318	318	318	12
							(289)	331	339	342	342	342	13
							(302)	353	363	366	366	366	14
							(314)	373	387	390	390	390	15
							(326)	392	410	414	414	414	16
0.05	2.8						(337)	411	432	438	438	438	17
0.10	4.7						(347)	429	453	462	462	462	18
0.15	6.4						(357)	445	473	486	486	486	19
0.20	8.0	8.0											
0.25	9.6	9.6					(366)	460	492	510	510	510	20
								489	530	555	560	560	22
0.30	11.2	11.2						515	565	595	610	610	24
0.40	14.4	14.3	14.2					(540)	600	635	655	660	26
0.50	17.4	17.4	17.2	16.8	16.8	16.8		(565)	635	675	700	705	28
0.60	20.4	20.4	20.2	19.9	19.9	19.9							
0.70	23.2	23.4	23.2	23.0	23.0	23.0		(585)	665	710	745	750	30
								(605)	695	745	790	795	32
0.80	25.8	26.3	26.2	26.0	26.0	26.0		(625)	725	780	835	840	34

间隙距离/cm	球直径/cm												间隙距离/cm
	2	5	6.25	10	12.5	15	25	50	75	100	150	200	
0.90	28.3	29.2	29.1	28.9	28.9	28.9		(640)	750	815	875	885	36
1.0	30.7	32.0	31.9	31.7	31.7	31.7	31.7	(665)	(775)	845	915	930	38
1.2	(35.1)	37.6	37.5	37.4	37.4	37.4	37.4						
1.4	(38.5)	42.9	42.9	42.9	42.9	42.9	42.9	(670)	(800)	875	955	975	40
									(850)	945	1 050	1 080	45
1.5	(40.0)	45.5	45.5	45.5	45.5	45.5	45.5		(895)	1 010	1 130	1 180	50
1.6		48.1	48.1	48.1	48.1	48.1	48.1		(935)	(1 060)	1 210	1 260	55
1.8		53.0	53.5	53.5	53.5	53.5	53.5		(970)	(1 110)	1 280	1 340	60
2.0		57.5	58.5	59.0	59.0	59.0	59.0	59.0	59.0				
2.2		61.5	63.0	64.5	64.5	64.5	64.5	64.5	64.5	(1 160)	1 340	1 410	65
										(1 200)	1 390	1 480	70
2.4		65.5	67.5	69.5	70.0	70.0	70.0	70.0	70.0	(1 230)	1 440	1 540	75
2.6		(69.0)	72.0	74.5	75.0	75.5	75.5	75.5	75.5		(1 490)	1 600	80
2.8		(72.5)	76.0	79.5	80.0	80.5	81.0	81.0	81.0		(1 540)	1 660	85
3.0		(75.5)	79.5	84.0	85.0	85.5	86.0	86.0	86.0	86.0			
3.5		(82.5)	(87.5)	95.0	97.0	98.0	99.0	99.0	99.0	99.0	(1 580)	1 720	90
											(1 660)	1 840	100
4.0		(88.5)	(95.0)	105	108	110	112	112	112	112	(1 730)	(1 940)	110
4.5			(101)	115	119	122	125	125	125	125	(1 800)	(2 020)	120
5.0			(107)	123	129	133	137	138	138	138	138	(2 100)	130
5.5				(131)	138	143	149	151	151	151	151		
6.0				(138)	146	152	161	164	164	164	164	(2 180)	140
												(2 250)	150
6.5				(144)	(154)	161	173	177	177	177	177		
7.0				(150)	(161)	169	184	189	190	190	190		
7.5				(155)	(168)	177	195	202	203	203	203		
8.0					(174)	(185)	206	214	215	215	215		
9.0					(185)	(198)	226	239	240	241	241		

注：① 本表不适用于测量 10 kV 以下的冲击电压。

② 对球间距离大于 0.5D，在括号里的数字的准确程度较低。

附表 A-2　正极性冲击放电电压（kV，幅值）

$t = 20\ ^\circ\text{C}$，$P = 1.013 \times 10^5\ \text{Pa}$

间隙距离 /cm	球直径/cm												间隙距离 /cm
	2	5	6.25	10	12.5	15	25	50	75	100	150	200	
					(215)	(226)	254	263	265	266	266	266	10
						(238)	273	287	290	292	292	292	11
						(249)	291	311	315	318	318	318	12
							(308)	334	339	342	342	342	13
							(323)	357	363	366	366	366	14
							(337)	380	387	390	390	390	15
							(350)	402	411	414	414	414	16
0.05							(362)	422	435	438	438	438	17
0.10							(374)	442	458	462	462	462	18
0.15							(385)	461	482	486	486	486	19
0.20													
0.25							(395)	480	505	510	510	510	20
								510	545	555	560	560	22
0.30	11.2	11.2						540	585	600	610	610	24
0.40	14.4	14.3	14.2					570	620	645	655	660	26
0.50	17.4	17.4	17.2	16.8	16.8	16.8		(595)	660	685	700	705	28
0.60	20.4	20.4	20.2	19.9	19.9	19.9							
0.70	23.2	23.4	23.2	23.0	23.0	23.0		(620)	695	725	745	750	30
								(640)	725	760	790	795	32
0.80	25.8	26.3	26.2	26.0	26.0	26.0		(660)	755	795	835	840	34
0.90	28.3	29.2	29.1	28.9	28.9	28.9		(680)	785	830	880	885	36
1.0	30.7	32.0	31.9	31.7	31.7	31.7	31.7	(700)	(810)	865	925	935	38
1.2	(35.1)	37.8	37.6	37.4	37.4	37.4	37.4						
1.4	(38.5)	43.3	43.2	42.9	42.9	42.9	42.9	(715)	(835)	900	965	980	40

间隙距离/cm	球直径/cm												间隙距离/cm
	2	5	6.25	10	12.5	15	25	50	75	100	150	200	
									(890)	980	1 060	1 090	45
1.5	(40.0)	46.2	45.9	45.5	45.5	45.5	45.5		(940)	1 040	1 150	1 190	50
1.6		49.0	48.6	48.1	48.1	48.1	48.1		(985)	(1 100)	1 240	1 290	55
1.8		54.5	54.0	53.5	53.5	53.5	53.5		(1 020)	(1 150)	1 310	1 380	60
2.0		59.5	59.0	59.0	59.0	59.0	59.0	59.0	59.0				
2.2		64.0	64.0	64.5	64.5	64.5	64.5	64.5	64.5	(1 200)	1 380	1 470	65
										(1 240)	1 430	1 550	70
2.4		69.0	69.0	70.0	70.0	70.0	70.0	70.0	70.0	(1 280)	1 480	1 620	75
2.6		(73.0)	73.5	75.5	75.5	75.5	75.5	75.5	75.5		(1 530)	1 690	80
2.8		(77.0)	78.0	80.5	80.5	80.5	81.0	81.0	81.0		(1 580)	1 760	85
3.0		(81.0)	82.0	85.5	85.5	85.5	86.0	86.0	86.0	86.0			
3.5		(90.0)	(91.5)	97.5	98.0	98.5	99.0	99.0	99.0	99.0	(1 630)	1 820	90
											(1 720)	1 930	100
4.0		(97.5)	(101)	109	110	111	112	112	112	112	(1 790)	(2 030)	110
4.5			(108)	120	122	124	125	125	125	125	(1 860)	(2 120)	120
5.0			(115)	130	134	136	138	138	138	138	138	(2 200)	130
5.5				(139)	145	147	151	151	151	151	151		
6.0				(148)	155	158	163	164	164	164	164	(2 280)	140
												(2 350)	150
6.5				(156)	(164)	168	175	177	177	177	177		
7.0				(163)	(173)	178	187	189	190	190	190		
7.5				(170)	(181)	187	199	202	203	203	203		
8.0					(189)	(196)	211	214	215	215	215		
9.0					(203)	(212)	233	239	240	241	241		

注：括号内的数据为间隙大于 0.5D 时，其准确程度较低。

附录 B　国家标准规定的有关设备参数

附表 B-1　3～220 kV 电气设备选用的耐受电压　　　　单位：kV

系统标称电压	设备最高电压	设备类别	雷电冲击耐受电压				短时（1 min）工频耐受电压（有效值）			
			相对地	相间	断口		相对地	相间	断口	
					断路器	隔离开关			断路器	隔离开关
3	3.6	变压器	40	40	—	—	20	20	—	—
		开关	40	40	40	46	25	25	25	27
6	7.2	变压器	60(40)	60(40)	—	—	25(20)	25(20)	—	—
		开关	60(40)	60(40)	60	70	30(20)	30(20)	30	34
10	12	变压器	75(60)	75(60)	—	—	35(28)	35(28)	—	—
		开关	75(60)	75(60)	75(60)	85(70)	42(28)	42(28)	42(28)	49(35)
15	18	变压器	105	105	—	—	45	45	—	—
		开关	105	105	115	—	46	46	56	—
20	24	变压器	125(95)	125(95)	—	—	55(50)	55(50)	—	—
		开关	125	125	125	145	65	65	65	79
35	40.5	变压器	185/200	185/200	—	—	80/85	80/85	—	—
		开关	185	185	185	215	95	95	95	118
66	72.5	变压器	350	350	—	—	150	150	—	—
		开关	325	325	325	375	155	155	155	197
110	126	变压器	450/480	450/480	—	—	185/200	185/200	—	—
		开关	450、550	450、550	450、550	450、550	200、230	200、230	200、230	225、265
220	252	变压器	850、950	850、950	—	—	360、395	360、395	—	—
		开关	850、950	850、950	850、950	950、1 050	360、395	360、395	360、395	410、460

附录 C　外绝缘破坏性放电电压的大气校正因数

标准参考大气条件：

（1）温度：$t_0 = 20\,°C$；

（2）压力：$P_0 = 101.3\ kPa$；

（3）绝对湿度：$h_0 = 11\ g/m^3$。

1. 大气校正因数

外绝缘破坏性放电电压与试验时的大气条件有关。通常，给定空气放电路径的破坏性放电电压随着空气密度或湿度的增加而升高；但当相对湿度大于 80% 时，破坏性放电会变得不规则（特别是当破坏性放电发生在绝缘表面时）。

利用校正因数可将测得的闪络电压值换算到标准参考大气条件下的电压值，反之，也可将标准参考大气条件下规定的试验电压值换算到试验条件下的电压值。

破坏性放电电压值正比于大气校正因数 K_t。K_t 是空气密度校正因数 K_1 和湿度校正因数 K_2 的乘积，即

$$K_t = K_1 K_2$$

实际加于试品外绝缘的电压值 U 由规定的标准参考大气条件下的试验电压 U_0 乘以 K_t 求得，即

$$U = U_0 K_t$$

1）空气密度校正因数 K_1

空气密度校正因数 K_1 取决于相对空气密度 δ，其表达式为

$$K_1 = \delta^m$$

式中，m 为空气密度校正指数。

当温度为 t（以 °C 表示）和大气压力为 P（以 kPa 表示）时，相对空气密度为

$$\delta = \frac{P}{P_0} \cdot \frac{273 + t_0}{273 + t}$$

2）湿度校正因数 K_2

湿度校正因数可表示为

$$K_2 = K^W$$

式中，W 为湿度校正指数；K 取决于试验电压类型，并为绝对湿度 h 与相对空气密度 δ 的比值 h/δ 的函数。为实用起见，可采用附图 C-1 所示的曲线来近似求取，但对 h/δ 值超过 15 g/m^3 的湿度校正仍在研究中，图中的曲线可认为是上限。

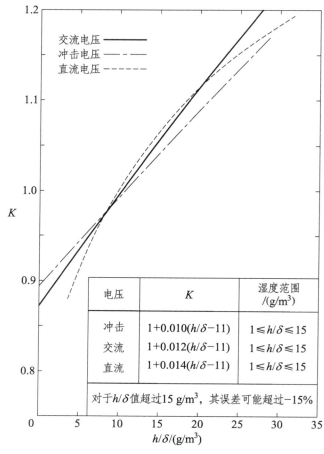

附图 C-1　K 与 h/δ 的关系曲线

3）指数 m 和 W

校正因数依赖于预放电形式，由此引入 g。

$$g = \frac{U_b}{500l\delta K}$$

式中，U_b 是指实际大气条件时的 50%破坏性放电电压值（测量或估算），kV；l 为试品最短放电路径，m；相对空气密度 δ 和参数 K 均为实际值。

在耐受电压试验时 U_b 可以假定为 1.1 倍试验电压值。空气密度校正指数 m 和湿度校正指数 W 与参数 g 的关系曲线如附图 C-2 所示。

2. 湿度测量

湿度的测量通常用通风式精密干湿球温度计，绝对湿度是干、湿两个温度计读数的函数，可由附图 C-3 查出，同时也可查到相对湿度。

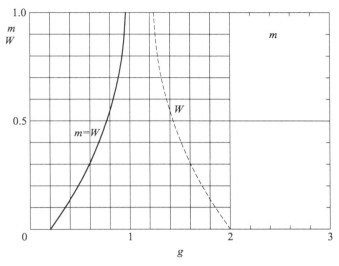

附图 C-2　空气密度校正指数 m 和湿度校正指数 W 与参数 g 的关系曲线

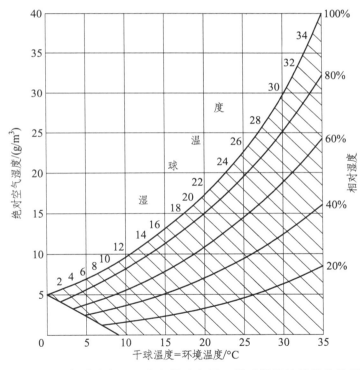

附图 C-3　标准大气压下空气湿度与干、湿球温度计读数的关系

非标准大气压条件时需将湿度图读数与修正值 ΔH 相加以得到实际湿度值。 ΔH 为

$$\Delta H = \frac{1.445}{273+T_{\mathrm{D}}} \Delta t \cdot \Delta P$$

式中： T_{D} 为空气干球温度， ℃； Δt 为干、湿球温度之差； ΔP 为标准大气压与实际大气压之差， kPa； ΔH 为绝对湿度的修正值， g/m^3 。

参考文献

[1] 喻剑辉，张元芳. 高电压技术[M]. 北京：中国电力出版社，2006.

[2] 关根志. 高电压工程基础[M]. 北京：中国电力出版社，2003.

[3] 严璋，朱德恒. 高电压绝缘技术[M]. 3 版. 北京：中国电力出版社，2015.

[4] 方瑜，等. 高电压技术[M]. 北京：中国电力出版社，2021.

[5] 沈诗佳，程航，冯春祥，等. 高电压技术[M]. 北京：中国电力出版社，2012.

[6] 申积良，王稳. 雷电危害及其防护[M]. 北京：中国电力出版社，2022.

[7] 陶劲松. 高电压工程学习指导[M]. 北京：中国电力出版社，2016.

[8] 张晓蓉，张力. 高电压技术[M]. 2 版. 北京：中国电力出版社，2014.

[9] 陈昌渔，王昌长，高胜友. 高电压试验技术[M]. 4 版. 北京：清华大学出版社，2017.

[10] 高长伟，韩刚，姚颖. 高电压技术[M]. 北京：清华大学出版社，2017.

[11] 唐兴祚，方飚. 高电压技术[M]. 3 版. 重庆：重庆大学出版社，2022.

[12] 李群湛，连级三，高仕斌. 高速铁路电气化工程[M]. 成都：西南交通大学出版社，2006.

[13] 王勋. 电气化铁道概论[M]. 北京：中国铁道出版社，2009.

[14] 王海姣. 高铁牵引变电所的防雷保护研究[D]. 北京：北京交通大学，2014

[15] 梁济民. 既有线接触网接地技术研究及改造设计[D]. 成都：西南交通大学. 2014.

[16] 刘淑萍. 高速铁路牵引供电系统继电保护研究[D]. 成都：西南交通大学，2015.

[17] 《中国电力百科全书》编辑委员会，中国电力出版社《中国电力百科全书》编辑组.中国电力百科全书. 输电与配电卷[M]. 2 版. 北京：中国电力出版社，2001.

[18] 陈维贤. 电网过电压教程[M]. 北京：中国电力出版社，1996.

[19] KHALIFA M. High-Voltage Engineering：Theory and Practice[M]. New York and Basel：Marcel Dekker，Inc. 1990.

[20] NAIDU M. S，KAMARAJU V. High Voltage Engineering[M]. 2nd ed. New York：McGraw Hil，1995.

[21] DENNO. K. High voltage engineering in power systems[M]. Boca Raton：CRC Press Inc. 1992.

[22] 国家能源局. 高压电器高电压试验技术操作细则：NB/T 42102—2016[S]. 北京：中国电力出版社，2016.

[23] 国家能源局. 高电压测试设备通用技术条件 第 11 部分：特高频局部放电检测仪：DL/T 846.11—2016[S]. 北京：中国电力出版社，2016.